线性代数

第2版

主　编　王　坤　周　岩
副主编　樊剑武　赵冬梅
主　审　徐玉民

机械工业出版社

本书介绍了矩阵、行列式、向量的线性相关性、线性方程组、矩阵的对角化及二次型方面的知识. 本书特点是科学性与通俗性相结合，叙述简洁，由浅入深，循序渐进；例题精选，习题适量，书末给出部分习题参考答案.

本书可作为高等院校的理工、经管、医药和农林等非数学类专业的教材或教学参考书，对报考硕士研究生的学生，也具有较高的参考价值.

图书在版编目(CIP)数据

线性代数/王坤，周岩主编. —2版. —北京：机械工业出版社，2014.12(2019.1重印)
ISBN 978-7-111-48310-6

Ⅰ.①线… Ⅱ.①王…②周… Ⅲ.①线性代数-高等学校-教材 Ⅳ.①O151.2

中国版本图书馆CIP数据核字(2014)第261135号

机械工业出版社(北京市百万庄大街22号 邮政编码100037)
策划编辑：郑 玫 责任编辑：郑 玫
版式设计：赵颖喆 责任校对：闫玥红
封面设计：鞠 杨 责任印制：常天培
北京机工印刷厂印刷
2019年1月第2版第4次印刷
190mm×210mm · 7印张 · 206千字
标准书号：ISBN 978-7-111-48310-6
定价：29.80元

凡购本书，如有缺页、倒页、脱页，由本社发行部调换

电话服务
服务咨询热线：010-88379833
读者购书热线：010-88379649

网络服务
机 工 官 网：www.cmpbook.com
机 工 官 博：weibo.com/cmp1952
教育服务网：www.cmpedu.com
金 书 网：www.golden-book.com

前 言

本书第1版自2012年出版以来，又经过三个年级的教学实践，编者根据教学积累的一些经验，对部分内容进行了修改，成为第2版.

这次修订，对每一章的自测题进行了更换，并在第三章增加了向量空间一节，同时也修正了第1版中在印刷上的一些不足之处.

使用第1版的教师和学生，提出了不少宝贵意见，借此机会向他们表示深切的谢意，并恳请大家继续关心本书的第2版，对不妥之处予以批评指正.

编 者

2015年1月

第1版前言

近十几年来，中国高等教育得到了快速发展. 一方面，本科教育已经形成了本科一、二、三批多层次办学格局；另一方面，教学内容越来越多，课时相对偏少. 在这种形势下，如继续沿袭统一要求的教材与教法，将不能很好地满足学生的学习需求，会出现部分学生“食而不化”的现象.

基于以上的认识，近年来，我们在线性代数课程教学中，采用了适应性教学方式. 力图为不同层次的学生提供适应其发展需求的教学内容，因材施教，力争在有限的时间内使学生更好地学习数学知识，掌握数学思想，提高数学素养，让学生在学习过程中感受成功，享受学习的快乐.

本教材是在总结我们近年“适应性教学方式”经验的基础上编写而成的，以满足不同专业、不同层次的学生对线性代数的不同要求. 在编写本书时，我们遵循从具体到抽象、从特殊到一般以及“尊重科学性，突出实用性”的原则，在保留线性代数基本内容的前提下，以矩阵为主线阐述知识，略去了一些理论推导，力求做到通俗易懂.

在第一章中，为了叙述简练，直接给出了矩阵的概念，而重点是讨论矩阵的运算、矩阵的初等变换及其应用；第二章采用了比较简便的递归法来定义行列式，把重点放在行列式的计算和应用上；第三章以具体例子引出向量线性相关的概念，深入浅出地分析了向量组的极大无关组、向量组的秩和矩阵的秩等难点，并讨论了线性方程组解的结构及求解；第四章介绍矩阵的特征值和特征向量、矩阵的对角化方法、实二次型以及化二次型为标准形的方法，并给出了正定二次型的概念及其判别法. 书中还配备了丰富的例题与习题，使学生通过学习和练习，能够较好地掌握线性代数的基本概念和方法. 本教材课内教学需要32 ~40 学时.

另外，为了帮助学生巩固其所学的基本概念、基本方法和提高其分析问题、解决问题的能力，在每一章中编写了“解题方法导引”一节，本节着重于概念的运用和方法的归纳，并配有适量的例题. 本节内容不但可供任课教师上习题课选用或学生自学用，也可作为报考研究生的学生的复习材料．附录列出了线性代数知识在实际问题中的应用，籍以帮助学生提高应用数学知识解决实际问题的能力．

本书由王坤、周岩主编，樊剑武、赵冬梅任副主编，参加编写的人员还有：肖晓丹、张波、李秀菊．

徐玉民教授对本书作了仔细的审校，提出了一些具体的修改意见，为本书增色不少，对此我们表示由衷的感谢．

鉴于编者水平有限，书中难免会有不足及欠妥之处，敬请读者和使用教师批评指正．

编　者

2012 年 1 月

目　　录

第一章　矩　　阵

矩阵是线性代数的主要研究对象之一. 它在线性代数与数学的许多分支中都有重要的应用，许多实际问题可以用矩阵表达并结合有关理论得到解决. 在这一章里，我们主要介绍：矩阵的运算，矩阵的初等变换和逆矩阵，以及分块矩阵.

第一节　矩阵及其运算

一、矩阵的概念

定义 1　由 $m\times n$ 个数 a_{ij} $(i=1, 2, \cdots, m; j=1, 2, \cdots, n)$ 排成的 m 行 n 列的矩形数表

$$\boldsymbol{A}=\begin{pmatrix} a_{11} & a_{12} & \cdots & a_{1n} \\ a_{21} & a_{22} & \cdots & a_{2n} \\ \vdots & \vdots & & \vdots \\ a_{m1} & a_{m2} & \cdots & a_{mn} \end{pmatrix}$$

称为 m 行 n 列**矩阵**，简称 $m\times n$ 矩阵. 其中，a_{ij} 称为矩阵 $\boldsymbol{A}$ 的第 i 行第 j 列元素. 元素是实数的矩阵称为实矩阵，元素为复数的矩阵称为复矩阵. 如不特别声明，本书中所讨论的矩阵均指实矩阵. $m\times n$ 矩阵 $\boldsymbol{A}$ 可简记为 $\boldsymbol{A}=(a_{ij})_{m\times n}$.

$n\times n$ 矩阵称为 n 阶方阵或 n 阶矩阵. n 阶方阵

$$\boldsymbol{A}=\begin{pmatrix} a_{11} & a_{12} & \cdots & a_{1n} \\ a_{21} & a_{22} & \cdots & a_{2n} \\ \vdots & \vdots & & \vdots \\ a_{n1} & a_{n2} & \cdots & a_{nn} \end{pmatrix}$$

的左上角至右下角元素的连线称为**主对角线**，左下角至右上角元素的连线称为**副对角线**. 1 阶方阵是一个数，括号可略去.

$1\times n$ 矩阵称为行矩阵或行向量，$m\times 1$ 矩阵称为列矩阵或列向量. 行向量和列向量统称向量. 向量的元素称为分量，由 n 个分量组成的向量称为 n 维向量.

通常用黑体大写字母 $\boldsymbol{A}$，$\boldsymbol{B}$，$\boldsymbol{C}$，…表示矩阵，用黑体小写字母 $\boldsymbol{a}$，$\boldsymbol{b}$，$\boldsymbol{c}$，…或黑体小写希腊字母 $\boldsymbol{\alpha}$，$\boldsymbol{\beta}$，$\boldsymbol{\gamma}$，…表示向量. 矩阵与向量有密切联系，矩阵 $\boldsymbol{A}=(a_{ij})_{m\times n}$ 可以看成由 m 个 n 维行向量

$$\boldsymbol{a}_i=(a_{i1},\ a_{i2},\ \cdots,\ a_{in})\quad(i=1,\ 2,\ \cdots,\ m)$$

组成，也可以看成由 n 个 m 维列向量

$$\boldsymbol{a}_j=\begin{pmatrix}a_{1j}\\a_{2j}\\\vdots\\a_{mj}\end{pmatrix}\qquad(j=1,\ 2,\ \cdots,\ n)$$

组成.

元素全是零的矩阵，称为**零矩阵**，记作 $\boldsymbol{O}$. 如果要指明其行数与列数，则记为 $\boldsymbol{O}_{m\times n}$.

行数相同、列数也相同的两个矩阵，称为**同型矩阵**. 如果两个同型矩阵 $\boldsymbol{A}=(a_{ij})_{m\times n}$，$\boldsymbol{B}=(b_{ij})_{m\times n}$ 的对应元素分别相等，即

$$a_{ij}=b_{ij}\qquad(i=1,\ 2,\ \cdots,\ m;\ j=1,\ 2,\ \cdots,\ n)$$

则称这两个矩阵相等，记为 $\boldsymbol{A}=\boldsymbol{B}$.

二、矩阵的线性运算

定义 2 设 $\boldsymbol{A}=(a_{ij})_{m\times n}$，$\boldsymbol{B}=(b_{ij})_{m\times n}$ 为两个同型矩阵. 将它们的对应元素分别相加，得到一个新的矩阵

$$\begin{pmatrix}a_{11}+b_{11} & a_{12}+b_{12} & \cdots & a_{1n}+b_{1n}\\ a_{21}+b_{21} & a_{22}+b_{22} & \cdots & a_{2n}+b_{2n}\\ \vdots & \vdots & & \vdots\\ a_{m1}+b_{m1} & a_{m2}+b_{m2} & \cdots & a_{mn}+b_{mn}\end{pmatrix}$$

称为矩阵 $\boldsymbol{A}$ 与矩阵 $\boldsymbol{B}$ 的和，记为 $\boldsymbol{A}+\boldsymbol{B}$.

例如：$\boldsymbol{A}=\begin{pmatrix}2 & -1 & 1\\0 & 3 & 2\end{pmatrix}$，$\boldsymbol{B}=\begin{pmatrix}1 & 2 & 3\\4 & 0 & 3\end{pmatrix}$，则 $\boldsymbol{A}+\boldsymbol{B}=\begin{pmatrix}3 & 1 & 4\\4 & 3 & 5\end{pmatrix}$.

定义 3 设 $\boldsymbol{A}=(a_{ij})_{m\times n}$，$\lambda$ 为一个数，则矩阵

$$\begin{pmatrix} \lambda a_{11} & \lambda a_{12} & \cdots & \lambda a_{1n} \\ \lambda a_{21} & \lambda a_{22} & \cdots & \lambda a_{2n} \\ \vdots & \vdots & & \vdots \\ \lambda a_{m1} & \lambda a_{m2} & \cdots & \lambda a_{mn} \end{pmatrix}$$

称为数 λ 与矩阵 $\boldsymbol{A}$ 的**数乘矩阵**，记为 $\lambda\boldsymbol{A}$.

若 $\boldsymbol{A}=(a_{ij})_{m\times n}$，则称 $(-a_{ij})_{m\times n}$ 为 $\boldsymbol{A}$ 的负矩阵，记为 $-\boldsymbol{A}$，显然，$-\boldsymbol{A}=(-1)\boldsymbol{A}$.

由此可定义矩阵的减法：$\boldsymbol{A}-\boldsymbol{B}=\boldsymbol{A}+(-\boldsymbol{B})$.

矩阵的加法和数与矩阵的乘法称为矩阵的线性运算，不难验证矩阵的线性运算满足下列运算规律：

(1) $\boldsymbol{A}+\boldsymbol{B}=\boldsymbol{B}+\boldsymbol{A}$

(2) $(\boldsymbol{A}+\boldsymbol{B})+\boldsymbol{C}=\boldsymbol{A}+(\boldsymbol{B}+\boldsymbol{C})$

(3) $\boldsymbol{A}+\boldsymbol{O}=\boldsymbol{A}$

(4) $\boldsymbol{A}+(-\boldsymbol{A})=\boldsymbol{O}$

(5) $1\boldsymbol{A}=\boldsymbol{A}$

(6) $k(\boldsymbol{A}+\boldsymbol{B})=k\boldsymbol{A}+k\boldsymbol{B}$

(7) $(k+l)\boldsymbol{A}=k\boldsymbol{A}+l\boldsymbol{A}$

(8) $k(l\boldsymbol{A})=(kl)\boldsymbol{A}$

以上 $\boldsymbol{A}$，$\boldsymbol{B}$，$\boldsymbol{C}$ 都是 $m\times n$ 矩阵，k，l 是数.

三、矩阵的乘法

定义 4 设矩阵 $\boldsymbol{A}=(a_{ij})_{m\times s}$，$\boldsymbol{B}=(b_{ij})_{s\times n}$，则称矩阵 $\boldsymbol{C}=(c_{ij})_{m\times n}$ 为矩阵 $\boldsymbol{A}$ 与 $\boldsymbol{B}$ 的乘积，其中

$$c_{ij}=a_{i1}b_{1j}+a_{i2}b_{2j}+\cdots+a_{is}b_{sj}=\sum_{k=1}^{s}a_{ik}b_{kj}$$
$$(i=1,2,\cdots,m;\ j=1,2,\cdots,n)$$

记为 $\boldsymbol{C}=\boldsymbol{AB}$.

由上述定义可知，矩阵 $\boldsymbol{A}$ 与 $\boldsymbol{B}$ 的乘积 $\boldsymbol{AB}$ 的第 i 行第 j 列元素 c_{ij} 等于 $\boldsymbol{A}$ 的第 i 行各元素与 $\boldsymbol{B}$ 的第 j 列对应元素的乘积之和(如下).

$$\begin{pmatrix} a_{11} & a_{12} & \cdots & a_{1s} \\ \vdots & \vdots & & \vdots \\ a_{i1} & a_{i2} & \cdots & a_{is} \\ \vdots & \vdots & & \vdots \\ a_{m1} & a_{m2} & \cdots & a_{ms} \end{pmatrix} \begin{pmatrix} b_{11} & \cdots & b_{1j} & \cdots & b_{1n} \\ b_{21} & \cdots & b_{2j} & \cdots & b_{2n} \\ \vdots & & \vdots & & \vdots \\ b_{s1} & \cdots & b_{sj} & \cdots & b_{sn} \end{pmatrix}$$

注意，只有当第一个矩阵的列数等于第二个矩阵的行数时，两个矩阵才能相乘.

例 1 设矩阵

$$\boldsymbol{A}=\begin{pmatrix} 1 & 0 & 1 \\ 2 & 1 & 0 \end{pmatrix},\ \boldsymbol{B}=\begin{pmatrix} 1 & 0 & 1 & 1 \\ 1 & 1 & 2 & -1 \\ -1 & 0 & -1 & 0 \end{pmatrix}$$

求 $\boldsymbol{AB}$.

解

$$\boldsymbol{AB}=\begin{pmatrix} 1 & 0 & 1 \\ 2 & 1 & 0 \end{pmatrix}\begin{pmatrix} 1 & 0 & 1 & 1 \\ 1 & 1 & 2 & -1 \\ -1 & 0 & -1 & 0 \end{pmatrix}$$

$$=\begin{pmatrix} 0 & 0 & 0 & 1 \\ 3 & 1 & 4 & 1 \end{pmatrix}$$

例 2 设矩阵

$$\boldsymbol{A}=\begin{pmatrix} 0 & 0 \\ 0 & 1 \end{pmatrix},\ \boldsymbol{B}=\begin{pmatrix} 0 & 1 \\ 0 & 0 \end{pmatrix}$$

求 $\boldsymbol{AB}$ 和 $\boldsymbol{BA}$.

解

$$\boldsymbol{AB}=\begin{pmatrix} 0 & 0 \\ 0 & 1 \end{pmatrix}\begin{pmatrix} 0 & 1 \\ 0 & 0 \end{pmatrix}=\begin{pmatrix} 0 & 0 \\ 0 & 0 \end{pmatrix}$$

$$\boldsymbol{BA}=\begin{pmatrix} 0 & 1 \\ 0 & 0 \end{pmatrix}\begin{pmatrix} 0 & 0 \\ 0 & 1 \end{pmatrix}=\begin{pmatrix} 0 & 1 \\ 0 & 0 \end{pmatrix}$$

由例 2 可知，一般地，$\boldsymbol{AB}\neq\boldsymbol{BA}$，即矩阵的乘法不满足变换律；但矩阵的乘法仍满足下列运算规律：

(1) $(\boldsymbol{AB})\boldsymbol{C}=\boldsymbol{A}(\boldsymbol{BC})$

(2) $\boldsymbol{A}(\boldsymbol{B}+\boldsymbol{C})=\boldsymbol{AB}+\boldsymbol{AC}$

$(\boldsymbol{B}+\boldsymbol{C})\boldsymbol{A}=\boldsymbol{BA}+\boldsymbol{CA}$

(3) $\lambda(\boldsymbol{AB})=(\lambda\boldsymbol{A})\boldsymbol{B}=\boldsymbol{A}(\lambda\boldsymbol{B})$

有了矩阵的乘法，就可以定义 n 阶方阵的幂. 设 $\boldsymbol{A}$ 是 n 阶方阵，k 是正整数，定义

$$\boldsymbol{A}^1=\boldsymbol{A},\ \boldsymbol{A}^2=\boldsymbol{A}^1\boldsymbol{A}^1,\ \cdots,\ \boldsymbol{A}^{k+1}=\boldsymbol{A}^k\boldsymbol{A}^1$$

方阵的幂满足下列运算规律：

(1) $\boldsymbol{A}^k\boldsymbol{A}^l=\boldsymbol{A}^{k+l}$

(2) $(\boldsymbol{A}^k)^l=\boldsymbol{A}^{kl}$

注意 由于矩阵的乘法不满足交换律，所以在一般情况下(设 $\boldsymbol{A}$，$\boldsymbol{B}$ 为 n 阶方阵)，$(\boldsymbol{AB})^k\neq\boldsymbol{A}^k\boldsymbol{B}^k$，但如下规律成立.

(3) 设 $\boldsymbol{A}$，$\boldsymbol{B}$ 是 n 阶方阵，且 $\boldsymbol{AB}=\boldsymbol{BA}$，则

$$(\boldsymbol{AB})^k=\boldsymbol{A}^k\boldsymbol{B}^k$$

例 3 求证

$$\begin{pmatrix}1 & 1\\ 0 & 1\end{pmatrix}^n=\begin{pmatrix}1 & n\\ 0 & 1\end{pmatrix}$$

证 用数学归纳法. 当 $n=1$ 时，等式显然成立. 设 $n=k$ 时等式成立，即设

$$\begin{pmatrix}1 & 1\\ 0 & 1\end{pmatrix}^k=\begin{pmatrix}1 & k\\ 0 & 1\end{pmatrix}$$

当 $n=k+1$ 时，有

$$\begin{pmatrix}1 & 1\\ 0 & 1\end{pmatrix}^{k+1}=\begin{pmatrix}1 & 1\\ 0 & 1\end{pmatrix}^k\begin{pmatrix}1 & 1\\ 0 & 1\end{pmatrix}=\begin{pmatrix}1 & k\\ 0 & 1\end{pmatrix}\begin{pmatrix}1 & 1\\ 0 & 1\end{pmatrix}$$

$$=\begin{pmatrix}1 & k+1\\ 0 & 1\end{pmatrix}$$

于是等式得证.

四、矩阵的转置

定义 5 设 $\boldsymbol{A}=(a_{ij})$ 是一个 $m\times n$ 矩阵，把 $\boldsymbol{A}$ 的行列互换而得到的 $n\times m$ 矩阵，称为 $\boldsymbol{A}$ 的**转置矩阵**，记为 $\boldsymbol{A}^{\mathrm{T}}$(或 $\boldsymbol{A}'$)，即

$$\boldsymbol{A}^{\mathrm{T}}=\begin{pmatrix} a_{11} & a_{21} & \cdots & a_{m1} \\ a_{12} & a_{22} & \cdots & a_{m2} \\ \vdots & \vdots & & \vdots \\ a_{1n} & a_{2n} & \cdots & a_{mn} \end{pmatrix}$$

转置矩阵满足下列运算规律(假设运算都是可行的, λ 是数):

(1) $(\boldsymbol{A}^{\mathrm{T}})^{\mathrm{T}}=\boldsymbol{A}$

(2) $(\boldsymbol{A}+\boldsymbol{B})^{\mathrm{T}}=\boldsymbol{A}^{\mathrm{T}}+\boldsymbol{B}^{\mathrm{T}}$

(3) $(\lambda\boldsymbol{A})^{\mathrm{T}}=\lambda\boldsymbol{A}^{\mathrm{T}}$

(4) $(\boldsymbol{AB})^{\mathrm{T}}=\boldsymbol{B}^{\mathrm{T}}\boldsymbol{A}^{\mathrm{T}}$

例 4 设矩阵

$$\boldsymbol{A}=\begin{pmatrix} 2 & 0 & -1 \\ 1 & 2 & 3 \end{pmatrix},\ \boldsymbol{B}=\begin{pmatrix} 1 & 4 & -1 \\ 0 & 2 & 3 \\ 2 & 0 & 1 \end{pmatrix}$$

求 $(\boldsymbol{AB})^{\mathrm{T}}$.

解法 1

$$\boldsymbol{AB}=\begin{pmatrix} 2 & 0 & -1 \\ 1 & 2 & 3 \end{pmatrix}\begin{pmatrix} 1 & 4 & -1 \\ 0 & 2 & 3 \\ 2 & 0 & 1 \end{pmatrix}=\begin{pmatrix} 0 & 8 & -3 \\ 7 & 8 & 8 \end{pmatrix}$$

故

$$(\boldsymbol{AB})^{\mathrm{T}}=\begin{pmatrix} 0 & 7 \\ 8 & 8 \\ -3 & 8 \end{pmatrix}$$

解法 2

$$(\boldsymbol{AB})^{\mathrm{T}}=\boldsymbol{B}^{\mathrm{T}}\boldsymbol{A}^{\mathrm{T}}=\begin{pmatrix} 1 & 0 & 2 \\ 4 & 2 & 0 \\ -1 & 3 & 1 \end{pmatrix}\begin{pmatrix} 2 & 1 \\ 0 & 2 \\ -1 & 3 \end{pmatrix}=\begin{pmatrix} 0 & 7 \\ 8 & 8 \\ -3 & 8 \end{pmatrix}$$

如果 n 阶方阵 $\boldsymbol{A}$ 满足 $\boldsymbol{A}^{\mathrm{T}}=\boldsymbol{A}$, 即 $a_{ij}=a_{ji}(i, j=1, 2, \cdots, n)$, 则称 $\boldsymbol{A}$ 为**对称矩阵**, 对称矩阵的特点是: 它的元素以主对角线为对称轴对应元素相等.

例 5 设 $\boldsymbol{A}, \boldsymbol{B}$ 为 n 阶对称矩阵, 证明: $\boldsymbol{AB}$ 是对称矩阵的充要条件是 $\boldsymbol{AB}=\boldsymbol{BA}$.

证 必要性: 设 $\boldsymbol{AB}$ 是对称矩阵, 即 $(\boldsymbol{AB})^{\mathrm{T}}=\boldsymbol{AB}$. 又 $(\boldsymbol{AB})^{\mathrm{T}}=$

$\boldsymbol{B}^{\mathrm{T}}\boldsymbol{A}^{\mathrm{T}}=\boldsymbol{BA}$，所以 $\boldsymbol{AB}=\boldsymbol{BA}$.

充分性：设 $\boldsymbol{AB}=\boldsymbol{BA}$. 因 $(\boldsymbol{AB})^{\mathrm{T}}=\boldsymbol{B}^{\mathrm{T}}\boldsymbol{A}^{\mathrm{T}}=\boldsymbol{BA}=\boldsymbol{AB}$，所以 $\boldsymbol{AB}$ 是对称矩阵.

五、对角阵和单位阵

定义 6 称方阵

$$\boldsymbol{\Lambda}=\begin{pmatrix}\lambda_1 & 0 & \cdots & 0\\ 0 & \lambda_2 & \cdots & 0\\ \vdots & \vdots & & \vdots\\ 0 & 0 & \cdots & \lambda_n\end{pmatrix}$$

为 n 阶**对角阵**，记为 $\boldsymbol{\Lambda}=\mathrm{diag}(\lambda_1,\lambda_2,\cdots,\lambda_n)$. 特别，当 $\lambda_1=\lambda_2=\cdots=\lambda_n=1$ 时，称为 n 阶**单位矩阵**，简称为 n 阶单位阵，记为 $\boldsymbol{E}_n$ 或简记为 $\boldsymbol{E}$，即

$$\boldsymbol{E}=\begin{pmatrix}1 & 0 & \cdots & 0\\ 0 & 1 & \cdots & 0\\ \vdots & \vdots & & \vdots\\ 0 & 0 & \cdots & 1\end{pmatrix}$$

对任一方阵 $\boldsymbol{A}$，恒有 $\boldsymbol{EA}=\boldsymbol{AE}=\boldsymbol{A}$，这是单位阵的重要性质，它表明，单位阵在方阵中的地位类似于数 1 在数乘运算中的地位.

第二节　逆　矩　阵

在第一节中，我们介绍了矩阵的加法、减法、乘法，自然地，我们会想到矩阵的乘法是否也和数的乘法一样有逆运算. 这就是本节要讨论的问题.

定义 设 $\boldsymbol{A}$ 是一个 n 阶方阵，如果存在 n 阶方阵 $\boldsymbol{B}$，使得

$$\boldsymbol{AB}=\boldsymbol{BA}=\boldsymbol{E}$$

则称 $\boldsymbol{B}$ 是 $\boldsymbol{A}$ 的一个**逆矩阵**，并称 $\boldsymbol{A}$ 为可逆矩阵.

由定义可知，如果方阵 $\boldsymbol{A}$ 可逆，则其逆矩阵是唯一的，事实上，设 $\boldsymbol{B}$，$\boldsymbol{C}$ 都是 $\boldsymbol{A}$ 的逆矩阵，即

$$\boldsymbol{AB}=\boldsymbol{BA}=\boldsymbol{E},\ \boldsymbol{AC}=\boldsymbol{CA}=\boldsymbol{E}$$

则

$$B = BE = B(AC) = (BA)C = EC = C$$

所以 A 的逆矩阵是唯一的.

因逆矩阵是唯一的，故将 A 的逆矩阵记为 A^{-1}.

可逆矩阵的性质：

(1) $(A^{-1})^{-1} = A$

(2) 如果 A 可逆，那么 A^{T} 也可逆，且 $(A^{\mathrm{T}})^{-1} = (A^{-1})^{\mathrm{T}}$

(3) 若 A，B 为 n 阶可逆矩阵，则 AB 也可逆，且 $(AB)^{-1} = B^{-1}A^{-1}$

下面证明性质(3)，其余性质的证明请读者完成.

证 因 A^{-1}，B^{-1}存在，又

$$(AB)(B^{-1}A^{-1}) = A(BB^{-1})A^{-1} = AEA^{-1} = AA^{-1} = E$$

$$(B^{-1}A^{-1})(AB) = B^{-1}(A^{-1}A)B = B^{-1}EB = B^{-1}B = E$$

可知 $B^{-1}A^{-1}$是 AB 的逆矩阵.

更进一步，如果 A_1，A_2，…，A_s 都是同阶可逆矩阵，那么 $A_1A_2\cdots A_s$ 也是可逆矩阵，且

$$(A_1A_2\cdots A_s)^{-1} = A_s^{-1}\cdots A_2^{-1}A_1^{-1}$$

例 1 证明零矩阵不可逆.

证 这是因为对任何矩阵 B，$OB = BO = O \neq E$.（O、B 为同阶方阵）

例 2 若方阵 A 满足等式 $A^2 - A + E = O$，问 A 是否可逆？若 A 可逆，求出 A^{-1}.

解 由 $A^2 - A + E = O$ 可得

$$A - A^2 = E$$

再变形得

$$A(E - A) = (E - A)A = E$$

由逆矩阵的定义可知 A 可逆，且

$$A^{-1} = E - A$$

第三节 矩阵的初等变换

矩阵的初等变换是矩阵的一种最基本的运算，它有着广泛的应用，矩阵的初等变换不只是可用语言表述，而且可用矩阵的乘法运算来表示，本节主要介绍矩阵的初等变换的概念及初等变换在求逆

矩阵中的应用.

定义 1 矩阵的行(列)初等变换是指下列三种变换:

(1) 互换矩阵中 i, j 两行(列)的位置，记为 $r_i \leftrightarrow r_j$ ($c_i \leftrightarrow c_j$);

(2) 用非零常数 k 乘矩阵的第 i 行(列)，记为 kr_i (kc_i);

(3) 把矩阵第 i 行(列)的 k 倍加到第 j 行(列)上去，记为 $r_j + kr_i$ ($c_j + kc_i$)

矩阵的初等行变换和初等列变换，统称为矩阵的**初等变换**.

定义 2 由单位阵 $\boldsymbol{E}$ 经过一次初等变换得到的矩阵称为**初等矩阵**.

对应于三种初等行、列变换，有三种类型的初等矩阵.

(1) 互换单位阵 $\boldsymbol{E}$ 的第 i 行(列)与第 j 行(列)的位置得初等矩阵

$$\boldsymbol{E}_{ij} = \begin{pmatrix} 1 & & & & & & & & \\ & \ddots & & & & & & & \\ & & 1 & & & & & & \\ & & & 0 & \cdots & 1 & & & \\ & & & \vdots & \ddots & \vdots & & & \\ & & & 1 & \cdots & 0 & & & \\ & & & & & & 1 & & \\ & & & & & & & \ddots & \\ & & & & & & & & 1 \end{pmatrix} \begin{matrix} \\ \\ \\ \leftarrow 第\,i\,行 \\ \\ \leftarrow 第\,j\,行 \\ \\ \\ \\ \end{matrix}$$

(2) 以非零常数 k 乘单位阵的第 i 行(列)，得初等矩阵

$$\boldsymbol{E}_i(k) = \begin{pmatrix} 1 & & & & \\ & \ddots & & & \\ & & k & & \\ & & & \ddots & \\ & & & & 1 \end{pmatrix} \begin{matrix} \\ \\ \leftarrow 第\,i\,行 \\ \\ \\ \end{matrix}$$

(3) 将单位阵 $\boldsymbol{E}$ 中第 i 行的 k 倍加到第 j 行上，也相当于第 j 列的 k 倍加到第 i 列上去得初等矩阵

$$\boldsymbol{E}_{ji}(k) = \begin{pmatrix} 1 & & & & & & \\ & \ddots & & & & & \\ & & 1 & & & & \\ & & \vdots & \ddots & & & \\ & & k & \cdots & 1 & & \\ & & & & & \ddots & \\ & & & & & & 1 \end{pmatrix} \begin{matrix} \\ \\ \leftarrow 第\,i\,行 \\ \\ \leftarrow 第\,j\,行 \\ \\ \\ \end{matrix}$$

例 1 计算下列初等矩阵与矩阵 $\boldsymbol{A}=(a_{ij})_{3\times n}$，$\boldsymbol{B}=(b_{ij})_{3\times 2}$，$\boldsymbol{C}=(c_{ij})_{3\times 3}$的乘积.

$$\boldsymbol{E}_2(k)\boldsymbol{A}=\begin{pmatrix}1&0&0\\0&k&0\\0&0&1\end{pmatrix}\begin{pmatrix}a_{11}&a_{12}&\cdots&a_{1n}\\a_{21}&a_{22}&\cdots&a_{2n}\\a_{31}&a_{32}&\cdots&a_{3n}\end{pmatrix}=\begin{pmatrix}a_{11}&a_{12}&\cdots&a_{1n}\\ka_{21}&ka_{22}&\cdots&ka_{2n}\\a_{31}&a_{32}&\cdots&a_{3n}\end{pmatrix}$$

$$\boldsymbol{E}_{13}(k)\boldsymbol{B}=\begin{pmatrix}1&0&k\\0&1&0\\0&0&1\end{pmatrix}\begin{pmatrix}b_{11}&b_{12}\\b_{21}&b_{22}\\b_{31}&b_{32}\end{pmatrix}=\begin{pmatrix}b_{11}+kb_{31}&b_{12}+kb_{32}\\b_{21}&b_{22}\\b_{31}&b_{32}\end{pmatrix}$$

$$\boldsymbol{C}\boldsymbol{E}_{23}=\begin{pmatrix}c_{11}&c_{12}&c_{13}\\c_{21}&c_{22}&c_{23}\\c_{31}&c_{32}&c_{33}\end{pmatrix}\begin{pmatrix}1&0&0\\0&0&1\\0&1&0\end{pmatrix}=\begin{pmatrix}c_{11}&c_{13}&c_{12}\\c_{21}&c_{23}&c_{22}\\c_{31}&c_{33}&c_{32}\end{pmatrix}$$

由例 1，一般地我们不难得到

定理 1 设 $\boldsymbol{A}$ 是一个 $m\times n$ 矩阵，对 $\boldsymbol{A}$ 施行一次初等行变换的结果，等于在 $\boldsymbol{A}$ 的左边乘以相应的 m 阶初等矩阵；对 $\boldsymbol{A}$ 施行一次初等列变换的结果，等于在 $\boldsymbol{A}$ 的右边乘以相应的 n 阶初等矩阵.

初等变换对应初等矩阵，由以上结论，我们很容易验证

$$\boldsymbol{E}_i(k)\boldsymbol{E}_i\left(\frac{1}{k}\right)=\boldsymbol{E}_i\left(\frac{1}{k}\right)\boldsymbol{E}_i(k)=\boldsymbol{E}$$

$$\boldsymbol{E}_{ij}(k)\boldsymbol{E}_{ij}(-k)=\boldsymbol{E}_{ij}(-k)\boldsymbol{E}_{ij}(k)=\boldsymbol{E}$$

$$\boldsymbol{E}_{ij}\boldsymbol{E}_{ij}=\boldsymbol{E}$$

所以，初等矩阵都是可逆矩阵，其逆矩阵也为初等矩阵，且

$$\boldsymbol{E}_i^{-1}(k)=\boldsymbol{E}_i\left(\frac{1}{k}\right),\ \boldsymbol{E}_{ij}^{-1}(k)=\boldsymbol{E}_{ij}(-k),\ \boldsymbol{E}_{ij}^{-1}=\boldsymbol{E}_{ij}$$

下面介绍用初等变换求逆矩阵的方法.

定理 2 任意一个 $m\times n$ 矩阵 $\boldsymbol{A}$，必可经有限次初等变换化为如下形式的矩阵 $\boldsymbol{B}$(称 $\boldsymbol{B}$ 为矩阵 $\boldsymbol{A}$ 的标准形)

$$\boldsymbol{B}=\begin{pmatrix}1&0&\cdots&0&\cdots&0\\0&1&\cdots&0&\cdots&0\\\vdots&\vdots&&\vdots&&\vdots\\0&0&\cdots&1&\cdots&0\\0&0&\cdots&0&\cdots&0\\\vdots&\vdots&&\vdots&&\vdots\\0&0&\cdots&0&\cdots&0\end{pmatrix}$$

亦即存在 m 阶初等矩阵 $\boldsymbol{P}_1$, $\boldsymbol{P}_2$, $\cdots$, $\boldsymbol{P}_s$ 与 n 阶初等矩阵 $\boldsymbol{Q}_1$, $\boldsymbol{Q}_2$, $\cdots$, $\boldsymbol{Q}_l$ 使得

$$\boldsymbol{P}_s\cdots\boldsymbol{P}_2\boldsymbol{P}_1\boldsymbol{A}\boldsymbol{Q}_1\boldsymbol{Q}_2\cdots\boldsymbol{Q}_l=\boldsymbol{B}$$

证　设 $\boldsymbol{A}=(a_{ij})_{m\times n}$

若 $\boldsymbol{A}=\boldsymbol{O}$，则 $\boldsymbol{A}$ 是 $\boldsymbol{B}$ 的形式.

以下不妨设 $\boldsymbol{A}\neq\boldsymbol{O}$，经过初等变换，$\boldsymbol{A}$ 一定可以变成一个左上角元素不为零的矩阵.

当 $a_{11}\neq 0$ 时，将第一行的 $(-a_{11}^{-1}a_{i1})$ 倍加到第 i 行上去 $(i=2, 3, \cdots, m)$，将第一列的 $(-a_{11}^{-1}a_{1j})$ 倍加到第 j 列上去 $(j=2, 3, \cdots, n)$，并把第一行乘以 a_{11}^{-1}，$\boldsymbol{A}$ 就变成如下形式

$$\begin{pmatrix} 1 & 0 & \cdots & 0 \\ 0 & a'_{22} & \cdots & a'_{2n} \\ \vdots & \vdots & & \vdots \\ 0 & a'_{m2} & \cdots & a'_{mn} \end{pmatrix} \xlongequal{\text{记作}} \begin{pmatrix} 1 & \boldsymbol{O} \\ \boldsymbol{O} & \boldsymbol{A}_1 \end{pmatrix}$$

对 $\boldsymbol{A}_1$，重复以上的讨论，直至把 $\boldsymbol{A}$ 化为 $\boldsymbol{B}$ 的形式，便可得定理的结论.

定理 3　设 $\boldsymbol{A}$ 是 n 阶方阵，则 $\boldsymbol{A}$ 可逆的充要条件是 $\boldsymbol{A}$ 可表示为有限个初等矩阵的乘积.

证　充分性是显然的，下证必要性.

由定理 2，存在初等矩阵 $\boldsymbol{P}_1$, $\boldsymbol{P}_2$, $\cdots$, $\boldsymbol{P}_s$ 及 $\boldsymbol{Q}_1$, $\boldsymbol{Q}_2$, $\cdots$, $\boldsymbol{Q}_l$ 使得

$$\boldsymbol{P}_s\cdots\boldsymbol{P}_2\boldsymbol{P}_1\boldsymbol{A}\boldsymbol{Q}_1\boldsymbol{Q}_2\cdots\boldsymbol{Q}_l=\begin{pmatrix} 1 & & & & & 0 \\ & \ddots & & & & \\ & & 1 & & & \\ & & & 0 & & \\ & & & & \ddots & \\ 0 & & & & & 0 \end{pmatrix}=\boldsymbol{B}$$

因 $\boldsymbol{A}$ 可逆，故 $\boldsymbol{B}$ 也可逆，从而 $\boldsymbol{B}$ 必定是单位阵 $\boldsymbol{E}$，否则 $\boldsymbol{B}$ 至少有一行全为零，而成为不可逆矩阵，于是有

$$\boldsymbol{P}_s\cdots\boldsymbol{P}_2\boldsymbol{P}_1\boldsymbol{A}\boldsymbol{Q}_1\boldsymbol{Q}_2\cdots\boldsymbol{Q}_l=\boldsymbol{E}$$

即

$$\boldsymbol{A}=\boldsymbol{P}_1^{-1}\boldsymbol{P}_2^{-1}\cdots\boldsymbol{P}_s^{-1}\boldsymbol{Q}_l^{-1}\cdots\boldsymbol{Q}_2^{-1}\boldsymbol{Q}_1^{-1} \tag{1.1}$$

由于 $\boldsymbol{P}_i^{-1}$, $\boldsymbol{Q}_j^{-1}$ $(i=1, 2, \cdots, s; j=1, 2, \cdots, l)$ 是初等矩阵，故定理得证.

由定理2，还可以得到一种求逆矩阵的方法.

当$\boldsymbol{A}$可逆时，将式(1.1)改写为

$$\boldsymbol{Q}_1\boldsymbol{Q}_2\cdots\boldsymbol{Q}_l\boldsymbol{P}_s\cdots\boldsymbol{P}_2\boldsymbol{P}_1\boldsymbol{A}=\boldsymbol{E} \tag{1.2}$$

及

$$\boldsymbol{Q}_1\boldsymbol{Q}_2\cdots\boldsymbol{Q}_l\boldsymbol{P}_s\cdots\boldsymbol{P}_2\boldsymbol{P}_1\boldsymbol{E}=\boldsymbol{A}^{-1} \tag{1.3}$$

式(1.2)与式(1.3)表明，如果对可逆矩阵$\boldsymbol{A}$和同阶单位阵$\boldsymbol{E}$作同样的初等行变换，那么当$\boldsymbol{A}$变为单位阵时，$\boldsymbol{E}$就变为$\boldsymbol{A}^{-1}$，即

$$(\boldsymbol{A}\mid\boldsymbol{E})\xrightarrow{\text{初等行变换}}(\boldsymbol{E}\mid\boldsymbol{A}^{-1})$$

例2 求矩阵

$$\boldsymbol{A}=\begin{pmatrix}1&2&3\\2&1&2\\1&3&4\end{pmatrix}$$

的逆矩阵$\boldsymbol{A}^{-1}$.

解

$$(\boldsymbol{A}\mid\boldsymbol{E})=\left(\begin{array}{ccc|ccc}1&2&3&1&0&0\\2&1&2&0&1&0\\1&3&4&0&0&1\end{array}\right)\xrightarrow[r_3-r_1]{r_2-2r_1}\left(\begin{array}{ccc|ccc}1&2&3&1&0&0\\0&-3&-4&-2&1&0\\0&1&1&-1&0&1\end{array}\right)$$

$$\xrightarrow{r_2\leftrightarrow r_3}\left(\begin{array}{ccc|ccc}1&2&3&1&0&0\\0&1&1&-1&0&1\\0&-3&-4&-2&1&0\end{array}\right)\xrightarrow{r_3+3r_2}\left(\begin{array}{ccc|ccc}1&2&3&1&0&0\\0&1&1&-1&0&1\\0&0&-1&-5&1&3\end{array}\right)$$

$$\xrightarrow{r_1-2r_2}\left(\begin{array}{ccc|ccc}1&0&1&3&0&-2\\0&1&1&-1&0&1\\0&0&-1&-5&1&3\end{array}\right)\xrightarrow[\substack{r_2+r_3\\r_3\times(-1)}]{r_1+r_3}\left(\begin{array}{ccc|ccc}1&0&0&-2&1&1\\0&1&0&-6&1&4\\0&0&1&5&-1&-3\end{array}\right)$$

所以

$$\boldsymbol{A}^{-1}=\begin{pmatrix}-2&1&1\\-6&1&4\\5&-1&-3\end{pmatrix}$$

例3 求矩阵

$$\boldsymbol{A}=\begin{pmatrix}1&0&0&0\\a&1&0&0\\a^2&a&1&0\\a^3&a^2&a&1\end{pmatrix}$$

的逆矩阵 A^{-1}.

解

$$(A \mid E) \xrightarrow[\substack{r_3 - ar_2 \\ r_2 - ar_1}]{r_4 - ar_3} \left(\begin{array}{cccc|cccc} 1 & 0 & 0 & 0 & 1 & 0 & 0 & 0 \\ 0 & 1 & 0 & 0 & -a & 1 & 0 & 0 \\ 0 & 0 & 1 & 0 & 0 & -a & 1 & 0 \\ 0 & 0 & 0 & 1 & 0 & 0 & -a & 1 \end{array}\right)$$

所以

$$A^{-1} = \begin{pmatrix} 1 & 0 & 0 & 0 \\ -a & 1 & 0 & 0 \\ 0 & -a & 1 & 0 \\ 0 & 0 & -a & 1 \end{pmatrix}$$

例 4 求解矩阵方程

$$\begin{pmatrix} 1 & 2 & 3 \\ 2 & 1 & 2 \\ 1 & 3 & 4 \end{pmatrix} X = \begin{pmatrix} 1 & 0 \\ 0 & 2 \\ 1 & 3 \end{pmatrix}$$

解 设矩阵

$$A = \begin{pmatrix} 1 & 2 & 3 \\ 2 & 1 & 2 \\ 1 & 3 & 4 \end{pmatrix}$$

由例 2 知 A 可逆，因此方程两端左乘 A^{-1} 可得

$$X = A^{-1}\begin{pmatrix} 1 & 0 \\ 0 & 2 \\ 1 & 3 \end{pmatrix} = \begin{pmatrix} -2 & 1 & 1 \\ -6 & 1 & 4 \\ 5 & -1 & -3 \end{pmatrix}\begin{pmatrix} 1 & 0 \\ 0 & 2 \\ 1 & 3 \end{pmatrix} = \begin{pmatrix} -1 & 5 \\ -2 & 14 \\ 2 & -11 \end{pmatrix}$$

第四节 分 块 矩 阵

对于阶数较高的矩阵，将其划分为若干个小矩阵，使高阶矩阵的运算转化为低阶矩阵的运算，这是处理高阶矩阵常用的方法，它可以大大简化运算步骤 .

将矩阵 A 用若干条横直线和竖直线分成许多个小矩阵，每一个

小矩阵称为 $\boldsymbol{A}$ 的子块，以子块为元素的矩阵称为**分块矩阵.**

例如

$$\boldsymbol{A}=\left(\begin{array}{ccc:c}1 & 0 & 0 & 2\\ 0 & 1 & 0 & -1\\ 0 & 0 & 1 & 2\\ \hdashline 0 & 0 & 0 & 1\end{array}\right)=\begin{pmatrix}\boldsymbol{E}_3 & \boldsymbol{A}_1\\ \boldsymbol{0} & \boldsymbol{E}_1\end{pmatrix}$$

其中

$$\boldsymbol{E}_3=\begin{pmatrix}1 & 0 & 0\\ 0 & 1 & 0\\ 0 & 0 & 1\end{pmatrix},\ \boldsymbol{A}_1=\begin{pmatrix}2\\ -1\\ 2\end{pmatrix},\ \boldsymbol{0}=(0\quad 0\quad 0),\ \boldsymbol{E}_1=(1)$$

为子块.

一个矩阵的分块是任意的，如上述矩阵 $\boldsymbol{A}$ 也可划分成

$$\boldsymbol{A}=\left(\begin{array}{cc:cc}1 & 0 & 0 & 2\\ \hdashline 0 & 1 & 0 & -1\\ 0 & 0 & 1 & 2\\ \hdashline 0 & 0 & 0 & 1\end{array}\right)\quad 或\quad \boldsymbol{A}=\left(\begin{array}{c:cc:c}1 & 0 & 0 & 2\\ 0 & 1 & 0 & -1\\ \hdashline 0 & 0 & 1 & 2\\ 0 & 0 & 0 & 1\end{array}\right)$$

我们在对分块矩阵进行运算时，是将子块当做元素来处理，按矩阵的运算规则来进行，即要求分块后的矩阵运算和对应子块的运算都是可行的，现在说明如下：

(1) 设矩阵 $\boldsymbol{A}$ 与 $\boldsymbol{B}$ 的行数相同，列数相同，采用相同的分块法，有

$$\boldsymbol{A}=\begin{pmatrix}\boldsymbol{A}_{11} & \cdots & \boldsymbol{A}_{1r}\\ \vdots & & \vdots\\ \boldsymbol{A}_{s1} & \cdots & \boldsymbol{A}_{sr}\end{pmatrix},\ \boldsymbol{B}=\begin{pmatrix}\boldsymbol{B}_{11} & \cdots & \boldsymbol{B}_{1r}\\ \vdots & & \vdots\\ \boldsymbol{B}_{s1} & \cdots & \boldsymbol{B}_{sr}\end{pmatrix}$$

其中 $\boldsymbol{A}_{ij}$与 $\boldsymbol{B}_{ij}$的行数相同、列数相同，那么

$$\boldsymbol{A}\pm\boldsymbol{B}=\begin{pmatrix}\boldsymbol{A}_{11}\pm\boldsymbol{B}_{11} & \cdots & \boldsymbol{A}_{1r}\pm\boldsymbol{B}_{1r}\\ \vdots & & \vdots\\ \boldsymbol{A}_{s1}\pm\boldsymbol{B}_{s1} & \cdots & \boldsymbol{A}_{sr}\pm\boldsymbol{B}_{sr}\end{pmatrix}$$

(2) 设 $\boldsymbol{A}=\begin{pmatrix}\boldsymbol{A}_{11} & \cdots & \boldsymbol{A}_{1r}\\ \vdots & & \vdots\\ \boldsymbol{A}_{s1} & \cdots & \boldsymbol{A}_{sr}\end{pmatrix}$, λ 为数, 则

$$\lambda\boldsymbol{A}=\begin{pmatrix}\lambda\boldsymbol{A}_{11} & \cdots & \lambda\boldsymbol{A}_{1r}\\ \vdots & & \vdots\\ \lambda\boldsymbol{A}_{s1} & \cdots & \lambda\boldsymbol{A}_{sr}\end{pmatrix}$$

(3) 设 $\boldsymbol{A}$ 为 $m\times l$ 矩阵, $\boldsymbol{B}$ 为 $l\times n$ 矩阵, 分块成

$$\boldsymbol{A}=\begin{pmatrix}\boldsymbol{A}_{11} & \cdots & \boldsymbol{A}_{1t}\\ \vdots & & \vdots\\ \boldsymbol{A}_{s1} & \cdots & \boldsymbol{A}_{st}\end{pmatrix},\ \boldsymbol{B}=\begin{pmatrix}\boldsymbol{B}_{11} & \cdots & \boldsymbol{B}_{1r}\\ \vdots & & \vdots\\ \boldsymbol{B}_{t1} & \cdots & \boldsymbol{B}_{tr}\end{pmatrix}$$

其中, $\boldsymbol{A}_{i1}$, $\boldsymbol{A}_{i2}$, $\cdots$, $\boldsymbol{A}_{it}$的列数分别等于$\boldsymbol{B}_{1j}$, $\boldsymbol{B}_{2j}$, $\cdots$, $\boldsymbol{B}_{tj}$的行数, 那么

$$\boldsymbol{AB}=\begin{pmatrix}\boldsymbol{C}_{11} & \cdots & \boldsymbol{C}_{1r}\\ \vdots & & \vdots\\ \boldsymbol{C}_{s1} & \cdots & \boldsymbol{C}_{sr}\end{pmatrix}$$

其中, $\boldsymbol{C}_{ij}=\sum\limits_{k=1}^{t}\boldsymbol{A}_{ik}\boldsymbol{B}_{kj}(i=1,\cdots,s;\ j=1,\cdots,r)$.

即在用分块法计算 $\boldsymbol{AB}$ 时, 对 $\boldsymbol{A}$ 的列的分法要与 $\boldsymbol{B}$ 的行的分块一致, 这样才能保证矩阵 $\boldsymbol{A}$ 与 $\boldsymbol{B}$ 的乘积是可行的.

(4) 求 $\boldsymbol{A}$ 的转置时, 不仅仅是把每个子块看作元素后对矩阵作转置, 而且每个子块也要作转置. 如:

设　$\boldsymbol{A}=\begin{pmatrix}\boldsymbol{A}_{11} & \boldsymbol{A}_{12} & \boldsymbol{A}_{13}\\ \boldsymbol{A}_{21} & \boldsymbol{A}_{22} & \boldsymbol{A}_{23}\end{pmatrix}$, 则 $\boldsymbol{A}^{\mathrm{T}}=\begin{pmatrix}\boldsymbol{A}_{11}^{\mathrm{T}} & \boldsymbol{A}_{21}^{\mathrm{T}}\\ \boldsymbol{A}_{12}^{\mathrm{T}} & \boldsymbol{A}_{22}^{\mathrm{T}}\\ \boldsymbol{A}_{13}^{\mathrm{T}} & \boldsymbol{A}_{23}^{\mathrm{T}}\end{pmatrix}$.

例 1　设矩阵

$$\boldsymbol{A}=\begin{pmatrix}1 & 0 & 0 & 0\\ 0 & 1 & 0 & 0\\ -1 & 2 & 1 & 0\\ 1 & 1 & 0 & 1\end{pmatrix},\ \boldsymbol{B}=\begin{pmatrix}1 & 0 & 1 & 0\\ 0 & 0 & 0 & 1\\ 0 & 0 & 1 & 2\\ 0 & 0 & 0 & -1\end{pmatrix}$$

利用分块矩阵求 $\boldsymbol{A}+\boldsymbol{B}$, $\boldsymbol{AB}$.

解 将$\boldsymbol{A}, \boldsymbol{B}$分块成

$$\boldsymbol{A}=\left(\begin{array}{cc:cc} 1 & 0 & 0 & 0 \\ 0 & 1 & 0 & 0 \\ \hdashline -1 & 2 & 1 & 0 \\ 1 & 1 & 0 & 1 \end{array}\right)=\begin{pmatrix} \boldsymbol{E} & \boldsymbol{O} \\ \boldsymbol{A}_1 & \boldsymbol{E} \end{pmatrix}$$

$$\boldsymbol{B}=\left(\begin{array}{cc:cc} 1 & 0 & 1 & 0 \\ 0 & 0 & 0 & 1 \\ \hdashline 0 & 0 & 1 & 2 \\ 0 & 0 & 0 & -1 \end{array}\right)=\begin{pmatrix} \boldsymbol{B}_1 & \boldsymbol{E} \\ \boldsymbol{O} & \boldsymbol{B}_2 \end{pmatrix}$$

则

（1）

$$\boldsymbol{A}+\boldsymbol{B}=\begin{pmatrix} \boldsymbol{E}+\boldsymbol{B}_1 & \boldsymbol{E} \\ \boldsymbol{A}_1 & \boldsymbol{E}+\boldsymbol{B}_2 \end{pmatrix}$$

而

$$\boldsymbol{E}+\boldsymbol{B}_1=\begin{pmatrix} 2 & 0 \\ 0 & 1 \end{pmatrix},\ \boldsymbol{E}+\boldsymbol{B}_2=\begin{pmatrix} 2 & 2 \\ 0 & 0 \end{pmatrix}$$

故

$$\boldsymbol{A}+\boldsymbol{B}=\left(\begin{array}{cc:cc} 2 & 0 & 1 & 0 \\ 0 & 1 & 0 & 1 \\ \hdashline -1 & 2 & 2 & 2 \\ 1 & 1 & 0 & 0 \end{array}\right)$$

（2）

$$\boldsymbol{AB}=\begin{pmatrix} \boldsymbol{E} & \boldsymbol{O} \\ \boldsymbol{A}_1 & \boldsymbol{E} \end{pmatrix}\begin{pmatrix} \boldsymbol{B}_1 & \boldsymbol{E} \\ \boldsymbol{O} & \boldsymbol{B}_2 \end{pmatrix}=\begin{pmatrix} \boldsymbol{B}_1 & \boldsymbol{E} \\ \boldsymbol{A}_1\boldsymbol{B}_1 & \boldsymbol{A}_1+\boldsymbol{B}_2 \end{pmatrix}$$

而

$$\boldsymbol{A}_1\boldsymbol{B}_1=\begin{pmatrix} -1 & 2 \\ 1 & 1 \end{pmatrix}\begin{pmatrix} 1 & 0 \\ 0 & 0 \end{pmatrix}=\begin{pmatrix} -1 & 0 \\ 1 & 0 \end{pmatrix}$$

$$\boldsymbol{A}_1+\boldsymbol{B}_2=\begin{pmatrix} -1 & 2 \\ 1 & 1 \end{pmatrix}+\begin{pmatrix} 1 & 2 \\ 0 & -1 \end{pmatrix}=\begin{pmatrix} 0 & 4 \\ 1 & 0 \end{pmatrix}$$

故

$$AB = \left(\begin{array}{cc:cc} 1 & 0 & 1 & 0 \\ 0 & 0 & 0 & 1 \\ \hdashline -1 & 0 & 0 & 4 \\ 1 & 0 & 1 & 0 \end{array}\right)$$

设 $\boldsymbol{A}$ 为 n 阶方阵，若 $\boldsymbol{A}$ 的分块矩阵只有在主对角线上有非零子块，其余子块都为零矩阵，且非零子块都是方阵，那么，称 $\boldsymbol{A}$ 为**分块对角阵**.

设 $\boldsymbol{A}$ 为分块对角阵

$$\boldsymbol{A} = \begin{pmatrix} \boldsymbol{A}_1 & & & \\ & \boldsymbol{A}_2 & & \\ & & \ddots & \\ & & & \boldsymbol{A}_m \end{pmatrix}$$

如果 $\boldsymbol{A}_i(i=1, 2, \cdots, m)$ 都可逆，则 $\boldsymbol{A}$ 也可逆，且按逆矩阵的定义有

$$\boldsymbol{A}^{-1} = \begin{pmatrix} \boldsymbol{A}_1^{-1} & & & \\ & \boldsymbol{A}_2^{-1} & & \\ & & \ddots & \\ & & & \boldsymbol{A}_m^{-1} \end{pmatrix}$$

例 2 设

$$\boldsymbol{A} = \begin{pmatrix} 2 & 4 & 0 & 0 & 0 \\ 0 & -2 & 0 & 0 & 0 \\ 0 & 0 & 3 & 0 & 0 \\ 0 & 0 & 0 & 1 & 0 \\ 0 & 0 & 0 & 3 & 4 \end{pmatrix}$$

求 $\boldsymbol{A}^{-1}$.

解 $\boldsymbol{A}$ 的分块矩阵为

$$\boldsymbol{A} = \begin{pmatrix} \boldsymbol{A}_1 & & \\ & \boldsymbol{A}_2 & \\ & & \boldsymbol{A}_3 \end{pmatrix}$$

其中 $\boldsymbol{A}_1=\begin{pmatrix}2 & 4\\ 0 & -2\end{pmatrix}$, $\boldsymbol{A}_2=(3)$, $\boldsymbol{A}_3=\begin{pmatrix}1 & 0\\ 3 & 4\end{pmatrix}$. 而 $\boldsymbol{A}_1^{-1}=\begin{pmatrix}\frac{1}{2} & 1\\ 0 & -\frac{1}{2}\end{pmatrix}$,

$\boldsymbol{A}_2^{-1}=\left(\frac{1}{3}\right)$, $\boldsymbol{A}_3^{-1}=\begin{pmatrix}1 & 0\\ -\frac{3}{4} & \frac{1}{4}\end{pmatrix}$. 故

$$\boldsymbol{A}^{-1}=\begin{pmatrix}\frac{1}{2} & 1 & 0 & 0 & 0\\ 0 & -\frac{1}{2} & 0 & 0 & 0\\ 0 & 0 & \frac{1}{3} & 0 & 0\\ 0 & 0 & 0 & 1 & 0\\ 0 & 0 & 0 & -\frac{3}{4} & \frac{1}{4}\end{pmatrix}$$

*第五节　解题方法导引

一、矩阵的运算

例 1　已知

$$\boldsymbol{A}=\begin{pmatrix}1 & -1 & -1 & -1\\ -1 & 1 & -1 & -1\\ -1 & -1 & 1 & -1\\ -1 & -1 & -1 & 1\end{pmatrix}$$

证明:(1) $\boldsymbol{A}^2=4\boldsymbol{E}$;(2) $\boldsymbol{A}^n=2^n\boldsymbol{E}$($n$ 为偶数);(3) $\boldsymbol{A}^n=2^{n-1}\boldsymbol{A}$($n$ 为奇数).

证　(1)

$$\boldsymbol{A}^2=\begin{pmatrix}1 & -1 & -1 & -1\\ -1 & 1 & -1 & -1\\ -1 & -1 & 1 & -1\\ -1 & -1 & -1 & 1\end{pmatrix}\begin{pmatrix}1 & -1 & -1 & -1\\ -1 & 1 & -1 & -1\\ -1 & -1 & 1 & -1\\ -1 & -1 & -1 & 1\end{pmatrix}$$

$$=\begin{pmatrix}4&0&0&0\\0&4&0&0\\0&0&4&0\\0&0&0&4\end{pmatrix}=4\boldsymbol{E}$$

(2) $\boldsymbol{A}^n=(\boldsymbol{A}^2)^{\frac{n}{2}}=(4\boldsymbol{E})^{\frac{n}{2}}=2^n\boldsymbol{E}$（$n$ 为偶数）.

(3) $\boldsymbol{A}^n=(\boldsymbol{A}^2)^{\frac{n-1}{2}}\boldsymbol{A}=(4\boldsymbol{E})^{\frac{n-1}{2}}\boldsymbol{A}=2^{n-1}\boldsymbol{A}$（$n$ 为奇数）.

例 2 设

$$\boldsymbol{A}=\begin{pmatrix}1&\alpha&\beta\\0&1&\alpha\\0&0&1\end{pmatrix}$$

求 $\boldsymbol{A}^n$.

解法 1 （用数学归纳法）直接计算，有

$$\boldsymbol{A}^2=\begin{pmatrix}1&2\alpha&\alpha^2+2\beta\\0&1&2\alpha\\0&0&1\end{pmatrix}$$

$$\boldsymbol{A}^3=\begin{pmatrix}1&3\alpha&\frac{3\times2}{2}\alpha^2+3\beta\\0&1&3\alpha\\0&0&1\end{pmatrix}$$

假设

$$\boldsymbol{A}^n=\begin{pmatrix}1&n\alpha&\frac{n(n-1)}{2}\alpha^2+n\beta\\0&1&n\alpha\\0&0&1\end{pmatrix}\tag{1.4}$$

成立，则

$$\boldsymbol{A}^{n+1}=\begin{pmatrix}1&\alpha&\beta\\0&1&\alpha\\0&0&1\end{pmatrix}\begin{pmatrix}1&n\alpha&\frac{n(n-1)}{2}\alpha^2+n\beta\\0&1&n\alpha\\0&0&1\end{pmatrix}$$

$$=\begin{pmatrix}1&(n+1)\alpha&\frac{(n+1)n}{2}\alpha^2+(n+1)\beta\\0&1&(n+1)\alpha\\0&0&1\end{pmatrix}$$

故式(1.4)对一切自然数 n 成立.

解法2 (用二项式定理)令

$$\boldsymbol{B}=\begin{pmatrix}0&\alpha&\beta\\0&0&\alpha\\0&0&0\end{pmatrix}$$

则

$$\boldsymbol{A}=\boldsymbol{E}+\boldsymbol{B},\ \boldsymbol{B}^2=\begin{pmatrix}0&0&\alpha^2\\0&0&0\\0&0&0\end{pmatrix},\ \boldsymbol{B}^3=\boldsymbol{O}$$

由于 $\boldsymbol{E}$ 与 $\boldsymbol{B}$ 可换，由二项式定理，有

$$\begin{aligned}\boldsymbol{A}^n&=\boldsymbol{E}+\mathrm{C}_n^1\boldsymbol{B}+\mathrm{C}_n^2\boldsymbol{B}^2\\&=\begin{pmatrix}1&n\alpha&\dfrac{n(n-1)}{2}\alpha^2+n\beta\\0&1&n\alpha\\0&0&1\end{pmatrix}\end{aligned}$$

注 二项式定理：设 $\boldsymbol{A}$, $\boldsymbol{B}$ 为同阶方阵，且 $\boldsymbol{AB}=\boldsymbol{BA}$，则有

$$(\boldsymbol{A}+\boldsymbol{B})^n=\sum_{k=0}^{n}\mathrm{C}_n^k\boldsymbol{A}^k\boldsymbol{B}^{n-k}$$

例3 设 $\boldsymbol{A}$ 为一方阵，若满足 $\boldsymbol{A}^{\mathrm{T}}=-\boldsymbol{A}$，则称 $\boldsymbol{A}$ 为反对称阵. 若 $\boldsymbol{B}$ 为任一方阵，证明：(1) $\boldsymbol{B}+\boldsymbol{B}^{\mathrm{T}}$ 为一对称阵，$\boldsymbol{B}-\boldsymbol{B}^{\mathrm{T}}$ 为一反对称阵；(2) 任一方阵 $\boldsymbol{B}$ 都可表示为一对称阵和一反对称阵之和 .

证 (1) 设 $\boldsymbol{C}=\boldsymbol{B}+\boldsymbol{B}^{\mathrm{T}}$，$\boldsymbol{P}=\boldsymbol{B}-\boldsymbol{B}^{\mathrm{T}}$，则

$$\boldsymbol{C}^{\mathrm{T}}=(\boldsymbol{B}+\boldsymbol{B}^{\mathrm{T}})^{\mathrm{T}}=\boldsymbol{B}^{\mathrm{T}}+(\boldsymbol{B}^{\mathrm{T}})^{\mathrm{T}}=\boldsymbol{B}+\boldsymbol{B}^{\mathrm{T}}=\boldsymbol{C}$$

$$\begin{aligned}\boldsymbol{P}^{\mathrm{T}}&=(\boldsymbol{B}-\boldsymbol{B}^{\mathrm{T}})^{\mathrm{T}}=\boldsymbol{B}^{\mathrm{T}}-(\boldsymbol{B}^{\mathrm{T}})^{\mathrm{T}}=\boldsymbol{B}^{\mathrm{T}}-\boldsymbol{B}=-(\boldsymbol{B}-\boldsymbol{B}^{\mathrm{T}})\\&=-\boldsymbol{P}\end{aligned}$$

所以 $\boldsymbol{B}+\boldsymbol{B}^{\mathrm{T}}$ 为对称阵，$\boldsymbol{B}-\boldsymbol{B}^{\mathrm{T}}$ 为反对称阵.

(2) 设 $$\boldsymbol{C}_1=\frac{\boldsymbol{B}+\boldsymbol{B}^{\mathrm{T}}}{2},\ \boldsymbol{P}_1=\frac{\boldsymbol{B}-\boldsymbol{B}^{\mathrm{T}}}{2}$$

由 (1) 知 $\boldsymbol{C}_1$ 为对称阵，$\boldsymbol{P}_1$ 为反对称阵，且 $\boldsymbol{B}=\boldsymbol{C}_1+\boldsymbol{P}_1$.

例4 设

$$\boldsymbol{A}=\begin{pmatrix}1&0&2\\0&2&0\\0&0&1\end{pmatrix}$$

求 $(A+3E)^{-1}(A^2-9E)$.

解 易见 $A+3E$ 是 A^2-9E 的因子，且 $A+3E$ 可逆，先化简后求值，得

$$(A+3E)^{-1}(A^2-9E) = (A+3E)^{-1}(A+3E)(A-3E)$$

$$=A-3E=\begin{pmatrix} -2 & 0 & 2 \\ 0 & -1 & 0 \\ 0 & 0 & -2 \end{pmatrix}$$

二、矩阵可逆的判定及逆矩阵的求法

1. 抽象矩阵可逆的判别

抽象矩阵（即没有给出矩阵中的元素的矩阵）可逆的判别，往往依据逆矩阵的定义来完成．注意定义中只要验证 $AB=E$，则 A，B 都可逆，且 $A^{-1}=B$，$B^{-1}=A$. 此结论将在下一章给出.

例 5 设方阵 A 满足 $aA^2+bA+cE=O$（$c\neq 0$），试证 A 可逆，并求 A^{-1}.

证 将已知等式化为 $AB=BA=E$ 的形式

$$aA^2+bA=-cE,\ A\left(-\frac{a}{c}A-\frac{b}{c}E\right)=E$$

同理 $\left(-\frac{a}{c}A-\frac{b}{c}E\right)A=E.$

故 A 可逆，且 $A^{-1}=-\frac{a}{c}A-\frac{b}{c}E.$

例 6 设 $A^k=O$（k 为正整数），证明

$$(E-A)^{-1}=E+A+A^2+\cdots+A^{k-1}$$

证 $(E-A)(E+A+A^2+\cdots+A^{k-1})$

$$=E+A+A^2+\cdots+A^{k-1}-A-A^2-\cdots-A^k$$

$$=E-A^k=E$$

所以 $E-A$ 可逆，且 $(E-A)^{-1}=E+A+A^2+\cdots+A^{k-1}$.

2. 数码方阵的逆矩阵的求法．

数码方阵，即给出方阵中的具体元素是数或字母，这类问题处理的方法一般为：初等变换法、伴随矩阵法（将在下一章讲到）.

求数字方阵的逆阵，常用初等行、列变换，即

$$(\boldsymbol{A} \vdots \boldsymbol{E}) \xrightarrow[\text{行变换}]{\text{仅用初等}} (\boldsymbol{E} \vdots \boldsymbol{A}^{-1})$$

或

$$\begin{pmatrix} \boldsymbol{A} \\ \cdots \\ \boldsymbol{E} \end{pmatrix} \xrightarrow[\text{列变换}]{\text{仅用初等}} \begin{pmatrix} \boldsymbol{E} \\ \cdots \\ \boldsymbol{A}^{-1} \end{pmatrix}$$

例 7 求矩阵 $\boldsymbol{A}=\begin{pmatrix} 1 & 2 \\ 2 & 2 \end{pmatrix}$的逆矩阵.

解

$$\begin{pmatrix} 1 & 2 \\ 2 & 2 \\ \hdashline 1 & 0 \\ 0 & 1 \end{pmatrix} \xrightarrow{c_2-2c_1} \begin{pmatrix} 1 & 0 \\ 2 & -2 \\ \hdashline 1 & -2 \\ 0 & 1 \end{pmatrix} \xrightarrow{c_1+c_2} \begin{pmatrix} 1 & 0 \\ 0 & -2 \\ \hdashline -1 & -2 \\ 1 & 1 \end{pmatrix}$$

$$\xrightarrow{\left(-\frac{1}{2}\right)c_2} \begin{pmatrix} 1 & 0 \\ 0 & 1 \\ \hdashline -1 & 1 \\ 1 & -\frac{1}{2} \end{pmatrix}$$

所以

$$\boldsymbol{A}^{-1}=\begin{pmatrix} -1 & 1 \\ 1 & -\frac{1}{2} \end{pmatrix}$$

三、解矩阵方程

方法 1 初等变换法：利用矩阵初等变换直接求 $\boldsymbol{AX}=\boldsymbol{B}$ 中的 $\boldsymbol{X}$. 由于$\boldsymbol{A}^{-1}$ $(\boldsymbol{A} \vdots \boldsymbol{B})=(\boldsymbol{E} \vdots \boldsymbol{A}^{-1}\boldsymbol{B})$，而 $\boldsymbol{A}^{-1}$可以表示为一些初等矩阵的乘积，所以把分块矩阵 $(\boldsymbol{A} \vdots \boldsymbol{B})$ 进行初等行变换，把 $\boldsymbol{A}$ 变成 $\boldsymbol{E}$ 的同时，子块 $\boldsymbol{B}$ 也就变为 $\boldsymbol{A}^{-1}\boldsymbol{B}$，这样就可求得 $\boldsymbol{X}$.

例 8 解矩阵方阵

$$\begin{pmatrix} 1 & 2 & -1 \\ 4 & 0 & 1 \\ -1 & 3 & -2 \end{pmatrix}\boldsymbol{X}=\begin{pmatrix} -3 & -5 \\ 6 & -1 \\ -8 & -5 \end{pmatrix}$$

解

$$\left(\begin{array}{ccc:cc}1&2&-1&-3&-5\\4&0&1&6&-1\\-1&3&-2&-8&-5\end{array}\right)\xrightarrow[r_3+r_1]{r_2-4r_1}\left(\begin{array}{ccc:cc}1&2&-1&-3&-5\\0&-8&5&18&19\\0&5&-3&-11&-10\end{array}\right)$$

$$\xrightarrow[r_2-3r_3]{-2r_2}\left(\begin{array}{ccc:cc}1&2&-1&-3&-5\\0&1&-1&-3&-8\\0&5&-3&-11&-10\end{array}\right)\xrightarrow[r_1-2r_2]{r_3-5r_2}\left(\begin{array}{ccc:cc}1&0&1&3&11\\0&1&-1&-3&-8\\0&0&2&4&30\end{array}\right)$$

$$\xrightarrow{\frac{1}{2}r_3}\left(\begin{array}{ccc:cc}1&0&1&3&11\\0&1&-1&-3&-8\\0&0&1&2&15\end{array}\right)\xrightarrow[r_2+r_3]{r_1-r_3}\left(\begin{array}{ccc:cc}1&0&0&1&-4\\0&1&0&-1&7\\0&0&1&2&15\end{array}\right)$$

得 $\boldsymbol{X}=\begin{pmatrix}1&-4\\-1&7\\2&15\end{pmatrix}$

注意 只有 $\boldsymbol{AX}=\boldsymbol{B}$，$\boldsymbol{A}$ 可逆时才能使用上述方法，当然若 $\boldsymbol{XA}=\boldsymbol{B}$（$\boldsymbol{A}$ 可逆），两边转置 $\boldsymbol{A}^{\mathrm{T}}\boldsymbol{X}^{\mathrm{T}}=\boldsymbol{B}^{\mathrm{T}}$，便可用上述方法求得 $\boldsymbol{X}^{\mathrm{T}}$，再求 $\boldsymbol{X}$.

方法 2 解矩阵方程的待定元素法：如 $\boldsymbol{AX}=\boldsymbol{B}$，当 $\boldsymbol{A}$ 不可逆，或 $\boldsymbol{A}$ 不是方阵时，我们可设 $\boldsymbol{X}=(x_{ij})$，根据矩阵方程列出 x_{ij} 所满足的方程组，通过解方程组求出 x_{ij}，从而得到 $\boldsymbol{X}=(x_{ij})$.

例 9 解矩阵方程

$$\begin{pmatrix}1&-1&0\\2&0&1\end{pmatrix}\boldsymbol{X}=\begin{pmatrix}2&5\\1&4\end{pmatrix}$$

解 由所给矩阵方程可知 $\boldsymbol{X}$ 应为 3×2 矩阵. 设

$$\boldsymbol{X}=\begin{pmatrix}a&b\\a_1&b_1\\a_2&b_2\end{pmatrix}$$

则

$$\begin{pmatrix}1&-1&0\\2&0&1\end{pmatrix}\begin{pmatrix}a&b\\a_1&b_1\\a_2&b_2\end{pmatrix}=\begin{pmatrix}2&5\\1&4\end{pmatrix}$$

由矩阵相等定义知 $\begin{cases} a-a_1=2 \\ b-b_1=5 \\ 2a+a_2=1 \\ 2b+b_2=4 \end{cases}$，解得 $\begin{cases} a_1=a-2 \\ b_1=b-5 \\ a_2=1-2a \\ b_2=4-2b \end{cases}$

所以 $\boldsymbol{X}=\begin{pmatrix} a & b \\ a-2 & b-5 \\ 1-2a & 4-2b \end{pmatrix}$，其中 a，b 为任意实数.

例 10 求满足 $\boldsymbol{A}^2=\boldsymbol{O}$ 的一切二阶方阵 $\boldsymbol{A}$.

解 设

$$\boldsymbol{A}=\begin{pmatrix} a & b \\ c & d \end{pmatrix}$$

由 $\boldsymbol{A}^2=\boldsymbol{O}$ 可得 $a^2+bc=(a+d)b=(a+d)c=d^2+bc=0$

若 $a+d\neq 0$，则 $b=c=0$，得 $a=d=0$，这与 $a+d\neq 0$ 矛盾，故 $a+d=0$，即 $a=-d$，这时 b，c 满足 $a^2+bc=0$.

由此 $\boldsymbol{A}=\begin{pmatrix} a & b \\ c & -a \end{pmatrix}$，其中 $a^2+bc=0$

例 11 解矩阵方程 $\boldsymbol{AX}+\boldsymbol{E}=\boldsymbol{A}^2+\boldsymbol{X}$，其中

$$\boldsymbol{A}=\begin{pmatrix} 1 & 0 & 1 \\ 0 & 2 & 0 \\ 1 & 6 & 1 \end{pmatrix}$$

$\boldsymbol{E}$ 为三阶单位方阵.

解 将矩阵方程化为

$$(\boldsymbol{A}-\boldsymbol{E})\boldsymbol{X}=\boldsymbol{A}^2-\boldsymbol{E}=(\boldsymbol{A}-\boldsymbol{E})(\boldsymbol{A}+\boldsymbol{E})$$

可以验证 $\boldsymbol{A}-\boldsymbol{E}$ 可逆，两边左乘 $(\boldsymbol{A}-\boldsymbol{E})^{-1}$ 得

$$\boldsymbol{X}=(\boldsymbol{A}-\boldsymbol{E})^{-1}(\boldsymbol{A}-\boldsymbol{E})(\boldsymbol{A}+\boldsymbol{E})=\boldsymbol{A}+\boldsymbol{E}$$

$$=\begin{pmatrix} 2 & 0 & 1 \\ 0 & 3 & 0 \\ 1 & 6 & 2 \end{pmatrix}$$

注 本题提示我们在解矩阵方程时，先要尽量化简矩阵方程，然后再计算.

四、分块矩阵求逆矩阵

方法 1 分块对角阵求逆矩阵可按下面结论来求得，若

$$A=\begin{pmatrix}A_1 & 0 & \cdots & 0\\ 0 & A_2 & \cdots & 0\\ \vdots & \vdots & & \vdots\\ 0 & 0 & \cdots & A_r\end{pmatrix},\ B=\begin{pmatrix}0 & \cdots & 0 & B_1\\ 0 & \cdots & B_2 & 0\\ \vdots & & \vdots & \vdots\\ B_r & \cdots & 0 & 0\end{pmatrix}$$

的子块 A_i 与 B_i（$i=1, 2, \cdots, r$）均可逆，则 A，B 可逆，且

$$A^{-1}=\begin{pmatrix}A_1^{-1} & 0 & \cdots & 0\\ 0 & A_2^{-1} & \cdots & 0\\ \vdots & \vdots & & \vdots\\ 0 & 0 & \cdots & A_r^{-1}\end{pmatrix},\ B^{-1}=\begin{pmatrix}0 & \cdots & 0 & B_r^{-1}\\ 0 & \cdots & B_{r-1}^{-1} & 0\\ \vdots & & \vdots & \vdots\\ B_1^{-1} & \cdots & 0 & 0\end{pmatrix}$$

例 12 设

$$A=\begin{pmatrix}0 & 0 & 3 & -2\\ 0 & 0 & 5 & -3\\ 3 & 4 & 0 & 0\\ 1 & 1 & 0 & 0\end{pmatrix}$$

求 A^{-1}.

解 对 A 分块如下

$$A_1=\begin{pmatrix}3 & -2\\ 5 & -3\end{pmatrix},\ A_2=\begin{pmatrix}3 & 4\\ 1 & 1\end{pmatrix}$$

则
$$A=\begin{pmatrix}O & A_1\\ A_2 & O\end{pmatrix}$$

可求得

$$A_1^{-1}=\begin{pmatrix}-3 & 2\\ -5 & 3\end{pmatrix},\ A_2^{-1}=\begin{pmatrix}-1 & 4\\ 1 & -3\end{pmatrix}$$

故

$$A^{-1}=\begin{pmatrix}0 & A_2^{-1}\\ A_1^{-1} & 0\end{pmatrix}=\begin{pmatrix}0 & 0 & -1 & 4\\ 0 & 0 & 1 & -3\\ -3 & 2 & 0 & 0\\ -5 & 3 & 0 & 0\end{pmatrix}$$

方法2 解矩阵方程组法.

例13 设方阵

$$\boldsymbol{P}=\begin{pmatrix}\boldsymbol{A} & \boldsymbol{B}\\ \boldsymbol{O} & \boldsymbol{C}\end{pmatrix}$$

其中 $\boldsymbol{A}$ 为 r 阶可逆方阵, $\boldsymbol{C}$ 为 $n-r$ 阶可逆方阵, 证明 $\boldsymbol{P}$ 为可逆矩阵, 并求 $\boldsymbol{P}^{-1}$.

证 由可逆矩阵定义可设 $\boldsymbol{PQ}=\boldsymbol{QP}=\boldsymbol{E}$, 将 $\boldsymbol{Q}$ 作如下分块

$$\boldsymbol{Q}=\begin{array}{c}\\ r\\ n-r\end{array}\begin{array}{c}\begin{array}{cc}r & n-r\end{array}\\ \begin{pmatrix}\boldsymbol{Q}_{11} & \boldsymbol{Q}_{12}\\ \boldsymbol{Q}_{21} & \boldsymbol{Q}_{22}\end{pmatrix}\end{array}$$

则有

$$\boldsymbol{PQ}=\begin{pmatrix}\boldsymbol{A} & \boldsymbol{B}\\ \boldsymbol{O} & \boldsymbol{C}\end{pmatrix}\begin{pmatrix}\boldsymbol{Q}_{11} & \boldsymbol{Q}_{12}\\ \boldsymbol{Q}_{21} & \boldsymbol{Q}_{22}\end{pmatrix}=\begin{pmatrix}\boldsymbol{AQ}_{11}+\boldsymbol{BQ}_{21} & \boldsymbol{AQ}_{12}+\boldsymbol{BQ}_{22}\\ \boldsymbol{CQ}_{21} & \boldsymbol{CQ}_{22}\end{pmatrix}$$

$$=\begin{pmatrix}\boldsymbol{E}_r & \boldsymbol{O}\\ \boldsymbol{O} & \boldsymbol{E}_{n-r}\end{pmatrix}$$

得矩阵方程组

$$\begin{cases}\boldsymbol{AQ}_{11}+\boldsymbol{BQ}_{21}=\boldsymbol{E}_r & (1)\\ \boldsymbol{AQ}_{12}+\boldsymbol{BQ}_{22}=\boldsymbol{O} & (2)\\ \boldsymbol{CQ}_{21}=\boldsymbol{O} & (3)\\ \boldsymbol{CQ}_{22}=\boldsymbol{E}_{n-r} & (4)\end{cases}$$

由式（3）、式（4）得 $\boldsymbol{Q}_{21}=\boldsymbol{O}$, $\boldsymbol{Q}_{22}=\boldsymbol{C}^{-1}$. 分别代入式（1），式（2），得 $\boldsymbol{Q}_{11}=\boldsymbol{A}^{-1}$, $\boldsymbol{Q}_{12}=-\boldsymbol{A}^{-1}\boldsymbol{BC}^{-1}$.

故
$$\boldsymbol{Q}=\begin{pmatrix}\boldsymbol{A}^{-1} & -\boldsymbol{A}^{-1}\boldsymbol{BC}^{-1}\\ \boldsymbol{O} & \boldsymbol{C}^{-1}\end{pmatrix}$$

可验证 $\boldsymbol{QP}=\boldsymbol{E}$，由此可知 $\boldsymbol{P}$ 可逆，且 $\boldsymbol{P}^{-1}=\boldsymbol{Q}$.

习 题 一

习 题

1. 已知向量 $\boldsymbol{\alpha}_1=(1,2,3)$，$\boldsymbol{\alpha}_2=(3,2,1)$，$\boldsymbol{\alpha}_3=(-2,0,2)$，$\boldsymbol{\alpha}_4=(1,2,4)$，求（1）$3\boldsymbol{\alpha}_1+2\boldsymbol{\alpha}_2-5\boldsymbol{\alpha}_3+4\boldsymbol{\alpha}_4$；（2）$5\boldsymbol{\alpha}_1+2\boldsymbol{\alpha}_2-\boldsymbol{\alpha}_3-\boldsymbol{\alpha}_4$.

2. 已知向量 $\boldsymbol{\alpha}_1=(2,5,1,3)$，$\boldsymbol{\alpha}_2=(10,1,5,10)$，$\boldsymbol{\alpha}_3=(4,1,-1,1)$，且 $3(\boldsymbol{\alpha}_1-\boldsymbol{\beta})+2(\boldsymbol{\alpha}_2+\boldsymbol{\beta})=5(\boldsymbol{\alpha}_3+\boldsymbol{\beta})$，求 $\boldsymbol{\beta}$.

3. 计算：

（1）$\begin{pmatrix}1&6&4\\-4&2&8\end{pmatrix}+\begin{pmatrix}-2&0&1\\2&-3&4\end{pmatrix}$.

（2）$\begin{pmatrix}1&2\\0&1\end{pmatrix}-\begin{pmatrix}2&-2\\0&3\end{pmatrix}$.

（3）$2\begin{pmatrix}1&0\\0&0\end{pmatrix}+4\begin{pmatrix}0&1\\0&0\end{pmatrix}+6\begin{pmatrix}0&0\\1&0\end{pmatrix}+8\begin{pmatrix}0&0\\0&1\end{pmatrix}$.

4. 计算下列矩阵的乘积：

（1）$(1,2,3)\begin{pmatrix}1\\2\\3\end{pmatrix}$；（2）$\begin{pmatrix}a\\b\end{pmatrix}(r,s,t)$；

（3）$\begin{pmatrix}1&2\\4&2\end{pmatrix}\begin{pmatrix}2&-1&1\\0&3&2\end{pmatrix}$；（4）$\begin{pmatrix}a_{11}&a_{12}&a_{13}\\a_{21}&a_{22}&a_{23}\\a_{31}&a_{32}&a_{33}\end{pmatrix}\begin{pmatrix}x_1\\x_2\\x_3\end{pmatrix}$.

5. 已知

$$\boldsymbol{A}=\begin{pmatrix}3&1&1\\2&1&2\\1&2&3\end{pmatrix},\ \boldsymbol{B}=\begin{pmatrix}1&1&-1\\2&-1&0\\1&0&1\end{pmatrix}$$

计算 $\boldsymbol{AB}-\boldsymbol{BA}$.

6. 计算 $\boldsymbol{A}^n$，其中

（1）$\boldsymbol{A}=\begin{pmatrix}1&0\\\lambda&1\end{pmatrix}$；　　（2）$\boldsymbol{A}=\begin{pmatrix}0&1&0\\0&0&1\\0&0&0\end{pmatrix}$.

7. 设 $\boldsymbol{A}=\begin{pmatrix}1 & 2 & 0\\ 3 & -1 & 4\end{pmatrix}$，计算 $\boldsymbol{A}\boldsymbol{A}^{\mathrm{T}}$ 及 $\boldsymbol{A}^{\mathrm{T}}\boldsymbol{A}$.

8. 已知 $\boldsymbol{A}=\begin{pmatrix}x^2 & 2 & x\\ y & 0 & x+y\\ -3 & z & 3x\end{pmatrix}$ 是对称矩阵，求 x，y，z.

9. 设 $\boldsymbol{A}$，$\boldsymbol{B}$ 为 n 阶矩阵，且 $\boldsymbol{A}$ 为对称矩阵，证明 $\boldsymbol{B}^{\mathrm{T}}\boldsymbol{A}\boldsymbol{B}$ 也是对称矩阵.

10. 举反例说明下列命题是错误的.

(1) 若 $\boldsymbol{A}^2=\boldsymbol{O}$，则 $\boldsymbol{A}=\boldsymbol{O}$.

(2) 若 $\boldsymbol{A}^2=\boldsymbol{A}$，则 $\boldsymbol{A}=\boldsymbol{O}$ 或 $\boldsymbol{A}=\boldsymbol{E}$.

(3) 若 $\boldsymbol{A}\boldsymbol{X}=\boldsymbol{A}\boldsymbol{Y}$，且 $\boldsymbol{A}\neq\boldsymbol{O}$，则 $\boldsymbol{X}=\boldsymbol{Y}$.

11. 已知矩阵 $\begin{pmatrix}1 & 0 & 0\\ 0 & \frac{1}{2} & 0\\ -1 & 0 & 1\end{pmatrix}$ 是矩阵 $\begin{pmatrix}x & 0 & 0\\ 0 & 2 & 0\\ y & 0 & 1\end{pmatrix}$ 的逆矩阵，求实数 x 和 y.

12. 设方阵 $\boldsymbol{A}$ 满足 $\boldsymbol{A}^2-\boldsymbol{A}-2\boldsymbol{E}=\boldsymbol{O}$，证明：$\boldsymbol{A}$ 和 $\boldsymbol{E}-\boldsymbol{A}$ 都可逆，并求它们的逆矩阵.

13. 设 $\boldsymbol{A}^2=\boldsymbol{A}$ 且 $\boldsymbol{A}\neq\boldsymbol{E}$，试证 $\boldsymbol{A}$ 不可逆.

14. 利用矩阵的初等变换，求下列矩阵的逆矩阵：

(1) $\begin{pmatrix}1 & 2\\ 2 & 1\end{pmatrix}$；　　(2) $\begin{pmatrix}2 & 1 & 2\\ 1 & 2 & 2\\ 2 & 2 & 1\end{pmatrix}$；

(3) $\begin{pmatrix}0 & 0 & 0 & 1\\ 0 & 0 & 1 & 0\\ 0 & 1 & 0 & 0\\ 1 & 0 & 0 & 0\end{pmatrix}$；　　(4) $\begin{pmatrix}1 & 0 & 0 & 0\\ 1 & 1 & 0 & 0\\ 1 & 1 & 1 & 0\\ 1 & 1 & 1 & 1\end{pmatrix}$.

15. 解下列矩阵方程：

(1) $\begin{pmatrix}1 & 2 & 3\\ 2 & -1 & 1\\ 3 & 0 & -1\end{pmatrix}\boldsymbol{X}=\begin{pmatrix}9 & 4\\ 8 & 3\\ 3 & 10\end{pmatrix}$；　　(2) $\begin{pmatrix}1 & 2\\ 1 & 3\end{pmatrix}\boldsymbol{X}\begin{pmatrix}3 & 4\\ 1 & 1\end{pmatrix}=\begin{pmatrix}0 & 1\\ 1 & 0\end{pmatrix}$.

16. 用分块矩阵的乘法，计算 $\boldsymbol{A}\boldsymbol{B}$，其中

$$\boldsymbol{A}=\begin{pmatrix}1 & 2 & 0 & 0\\ 2 & 8 & 0 & 0\\ 0 & 0 & 1 & 0\\ 0 & 0 & 0 & 1\end{pmatrix},\qquad \boldsymbol{B}=\begin{pmatrix}1 & 3 & 0 & 0\\ 2 & 8 & 0 & 0\\ 1 & 0 & 1 & 0\\ 0 & 1 & 2 & 3\end{pmatrix}.$$

17. 设 $\boldsymbol{A}$, $\boldsymbol{B}$ 都是可逆方阵，试证 $\begin{pmatrix} \boldsymbol{O} & \boldsymbol{A} \\ \boldsymbol{B} & \boldsymbol{O} \end{pmatrix}$ 可逆，并求其逆.

18. 利用分块矩阵求逆矩阵：

（1）$\begin{pmatrix} 1 & 2 & 0 \\ 2 & 1 & 0 \\ 0 & 0 & 2 \end{pmatrix}$　　　（2）$\begin{pmatrix} 0 & 0 & 4 & 1 \\ 0 & 0 & 3 & 1 \\ 1 & 0 & 0 & 0 \\ 0 & 1 & 0 & 0 \end{pmatrix}$.

自测题

1. 单项选择题

（1）设矩阵 $\boldsymbol{A}_{4\times 3}$，$\boldsymbol{B}_{3\times 3}$，则下列运算可行的为（　　）.

（A）$\boldsymbol{BA}$　（B）$\boldsymbol{AB}$　（C）$(\boldsymbol{BA})^{\mathrm{T}}$　（D）$\boldsymbol{A}^{\mathrm{T}}\boldsymbol{B}^{\mathrm{T}}$

（2）设 $\boldsymbol{\alpha}$ 为三维列向量，$\boldsymbol{\alpha}^{\mathrm{T}}$ 为 $\boldsymbol{\alpha}$ 的转置，若 $\boldsymbol{\alpha}\boldsymbol{\alpha}^{\mathrm{T}} = \begin{pmatrix} 1 & -1 & 1 \\ -1 & 1 & -1 \\ 1 & -1 & 1 \end{pmatrix}$，则 $\boldsymbol{\alpha}^{\mathrm{T}}\boldsymbol{\alpha} =$（　　）.

（A）1　（B）2　（C）3　（D）4

（3）设 n 阶方阵 $\boldsymbol{A}$，$\boldsymbol{B}$，$\boldsymbol{C}$ 满足 $\boldsymbol{ABC}=\boldsymbol{E}$，则必有（　　）.

（A）$\boldsymbol{ACB}=\boldsymbol{E}$　（B）$\boldsymbol{CBA}=\boldsymbol{E}$　（C）$\boldsymbol{BAC}=\boldsymbol{E}$　（D）$\boldsymbol{BCA}=\boldsymbol{E}$

（4）设 n 阶方阵 $\boldsymbol{A}$，$\boldsymbol{B}$，$\boldsymbol{C}$ 满足 $\boldsymbol{AB}=\boldsymbol{BC}=\boldsymbol{CA}=\boldsymbol{E}$，则 $\boldsymbol{A}^2+(-2\boldsymbol{B})^2+\boldsymbol{C}^2=$（　　）.

（A）$(4^n+2)\boldsymbol{E}$　（B）$(2-4^n)\boldsymbol{E}$　（C）$6\boldsymbol{E}$　（D）$\boldsymbol{O}$

（5）下列矩阵不是初等阵的为（　　）.

（A）$\begin{pmatrix} 1 & 1 & 0 \\ 0 & 1 & 1 \\ 0 & 0 & 1 \end{pmatrix}$　（B）$\begin{pmatrix} 1 & 0 & 0 \\ 0 & 0 & 1 \\ 0 & 1 & 0 \end{pmatrix}$　（C）$\begin{pmatrix} 1 & 0 & 0 \\ 0 & \frac{1}{2} & 0 \\ 0 & 0 & 1 \end{pmatrix}$　（D）$\begin{pmatrix} 0 & 0 & 1 \\ 0 & 1 & 0 \\ 1 & 0 & 0 \end{pmatrix}$

2. 填空题

（1）设 $\boldsymbol{A}$ 是 $m\times n$ 阶矩阵，$\boldsymbol{B}$ 是 $s\times m$ 阶矩阵，则 $\boldsymbol{A}^{\mathrm{T}}\boldsymbol{B}^{\mathrm{T}}$ 是________阶矩阵.

（2）设 $\boldsymbol{A}$ 与 $\boldsymbol{B}$ 为同阶方阵，则 $(\boldsymbol{A}+\boldsymbol{B})^2-(\boldsymbol{A}^2+2\boldsymbol{AB}+\boldsymbol{B}^2)$ = ________.

（3）设 $\boldsymbol{\alpha}=(1,2)$，$\boldsymbol{\beta}=(2,1)$，$\boldsymbol{A}=\boldsymbol{\alpha}^{\mathrm{T}}\boldsymbol{\beta}$，则 $\boldsymbol{A}^{2014}=$ ________.

（4）设 $\boldsymbol{A}=\begin{pmatrix} 0 & -1 & 0 \\ 1 & 0 & 0 \\ 0 & 0 & -1 \end{pmatrix}$，$\boldsymbol{B}=\boldsymbol{P}^{-1}\boldsymbol{AP}$，其中 $\boldsymbol{P}$ 为三阶可逆阵，则 $\boldsymbol{B}^{18}-2\boldsymbol{A}^2=$ ________.

（5）设 $\boldsymbol{A}$，$\boldsymbol{B}$ 均为三阶矩阵，$\boldsymbol{E}$ 为三阶单位阵，且 $\boldsymbol{AB}=2\boldsymbol{A}+\boldsymbol{B}$，$\boldsymbol{B}=\begin{pmatrix}2&0&2\\0&4&0\\2&0&0\end{pmatrix}$，则 $(\boldsymbol{A}-\boldsymbol{E})^{-1}=$________．

3. 设 $\boldsymbol{A}$，$\boldsymbol{B}$ 均为 n 阶方阵，证明：$(\boldsymbol{A}+\boldsymbol{B})(\boldsymbol{A}-\boldsymbol{B})=\boldsymbol{A}^2-\boldsymbol{B}^2$ 的充要条件是 $\boldsymbol{AB}=\boldsymbol{BA}$.

4. 试证不存在n阶方阵 $\boldsymbol{A}$，$\boldsymbol{B}$ 满足 $\boldsymbol{AB}-\boldsymbol{BA}=\boldsymbol{E}$.

5. 设 $\boldsymbol{A}$ 均为n阶方阵，证明：若 $\boldsymbol{A}^{\mathrm{T}}\boldsymbol{A}=\boldsymbol{O}$，则 $\boldsymbol{A}=\boldsymbol{O}$.

6. 若对任意的$n\times1$阶矩阵 $\boldsymbol{X}$，均有 $\boldsymbol{AX}=\boldsymbol{O}$，证明：$\boldsymbol{A}=\boldsymbol{O}$.

7. 设三阶方阵 $\boldsymbol{A}$，$\boldsymbol{B}$ 满足 $\boldsymbol{A}-\boldsymbol{AB}=\boldsymbol{E}$，且 $\boldsymbol{AB}-2\boldsymbol{E}=\begin{pmatrix}-1&0&0\\0&-1&0\\0&0&-1\end{pmatrix}$，求 $\boldsymbol{A}$，$\boldsymbol{B}$.

8. 设 $\boldsymbol{A}^2-\boldsymbol{AX}=\boldsymbol{E}$，其中 $\boldsymbol{A}=\begin{pmatrix}1&1&-1\\0&1&1\\0&0&-1\end{pmatrix}$，$\boldsymbol{E}$ 为三阶单位阵，求 $\boldsymbol{X}$.

9. 设方阵 $\boldsymbol{A}$ 满足 $\boldsymbol{A}^3=3\boldsymbol{A}(\boldsymbol{A}-\boldsymbol{E})$，证明 $\boldsymbol{E}-\boldsymbol{A}$ 可逆，并求 $(\boldsymbol{E}-\boldsymbol{A})^{-1}$.

10. 设n阶矩阵 $\boldsymbol{A}$，$\boldsymbol{B}$，$\boldsymbol{A}+\boldsymbol{B}$ 均可逆，证明 $\boldsymbol{A}^{-1}+\boldsymbol{B}^{-1}$可逆，并求其逆．

第二章　方阵的行列式

行列式起源于求解线性方程组，它在线性代数中是一个基本工具，讨论许多问题都要用到它. 我们在本章先引入二阶和三阶行列式的概念，并在此基础上，给出了 n 阶行列式的定义并讨论其性质和计算，进而应用 n 阶行列式导出了求解 n 元线性方程组的克莱姆法则，同时应用 n 阶行列式给出求逆矩阵的另一种方法——伴随矩阵法.

第一节　行列式及其性质

一、行列式的定义

初等数学中，二阶行列式是在二元线性方程组的求解中提出的. 设二元线性方程组为

$$\begin{cases} a_{11}x_1 + a_{12}x_2 = b_1 \\ a_{21}x_1 + a_{22}x_2 = b_2 \end{cases} \tag{2.1}$$

它可以写成矩阵方程 $\boldsymbol{AX}=\boldsymbol{b}$，其中系数矩阵，未知数列向量和常数列向量分别为

$$\boldsymbol{A}=\begin{pmatrix} a_{11} & a_{12} \\ a_{21} & a_{22} \end{pmatrix},\ \boldsymbol{X}=\begin{pmatrix} x_1 \\ x_2 \end{pmatrix},\ \boldsymbol{b}=\begin{pmatrix} b_1 \\ b_2 \end{pmatrix}$$

利用消元法可得

$$\begin{cases} (a_{11}a_{22}-a_{12}a_{21})x_1 = a_{22}b_1 - a_{12}b_2 \\ (a_{11}a_{22}-a_{12}a_{21})x_2 = a_{11}b_2 - a_{21}b_1 \end{cases}$$

如果定义系数矩阵 $\boldsymbol{A}$ 的行列式为

$$|\boldsymbol{A}| = \begin{vmatrix} a_{11} & a_{12} \\ a_{21} & a_{22} \end{vmatrix} = a_{11}a_{22} - a_{12}a_{21} \tag{2.2}$$

那么，当二阶行列式 $|\boldsymbol{A}|\neq 0$ 时，可求得方程组的唯一解

$$x_1=\frac{\begin{vmatrix} b_1 & a_{12} \\ b_2 & a_{22} \end{vmatrix}}{\begin{vmatrix} a_{11} & a_{12} \\ a_{21} & a_{22} \end{vmatrix}}=\frac{|\boldsymbol{A}_1|}{|\boldsymbol{A}|},\quad x_2=\frac{\begin{vmatrix} a_{11} & b_1 \\ a_{21} & b_2 \end{vmatrix}}{\begin{vmatrix} a_{11} & a_{12} \\ a_{21} & a_{22} \end{vmatrix}}=\frac{|\boldsymbol{A}_2|}{|\boldsymbol{A}|}$$

其中

$$\boldsymbol{A}_1=\begin{pmatrix} b_1 & a_{12} \\ b_2 & a_{22} \end{pmatrix},\ \boldsymbol{A}_2=\begin{pmatrix} a_{11} & b_1 \\ a_{21} & b_2 \end{pmatrix}$$

分别是常数项列向量 $\boldsymbol{b}$ 来代替系数矩阵 $\boldsymbol{A}$ 的第 1 列和第 2 列后得到的矩阵.

从二阶行列式的定义可以看出：二阶行列式实际上是一个算式，即从左上角到右下角的对角线（主对角线）上两个元素相乘以后，减去从右上角到左下角的对角线（副对角线）上两个元素的乘积，这就是计算二阶行列式的对角线法则.

类似地，在三元线性方程组

$$\begin{cases} a_{11}x_1+a_{12}x_2+a_{13}x_3=b_1 \\ a_{21}x_1+a_{22}x_2+a_{23}x_3=b_2 \\ a_{31}x_1+a_{32}x_2+a_{33}x_3=b_3 \end{cases}$$

的求解中引出三阶行列式，其定义为

$$\begin{aligned} |\boldsymbol{A}| &= \begin{vmatrix} a_{11} & a_{12} & a_{13} \\ a_{21} & a_{22} & a_{23} \\ a_{31} & a_{32} & a_{33} \end{vmatrix} \\ &= a_{11}a_{22}a_{33}+a_{12}a_{23}a_{31}+a_{13}a_{21}a_{32}-a_{13}a_{22}a_{31}-a_{12}a_{21}a_{33}-a_{11}a_{23}a_{32} \end{aligned} \tag{2.3}$$

三阶行列式的展开式也可用对角线法则得到，三阶行列式的对角线法则示意图如图 2-1 所示. 其中每一条实线上的三个元素的乘积带正号，每一条虚线上的三个元素的乘积带负号，所得六项的代数和就是三阶行列式的展开式.

利用二、三阶行列式的定义，我们发现式（2.3）还可以写成如下形式

$$|\boldsymbol{A}| = \begin{vmatrix} a_{11} & a_{12} & a_{13} \\ a_{21} & a_{22} & a_{23} \\ a_{31} & a_{32} & a_{33} \end{vmatrix} = (-1)^{1+1}a_{11}\begin{vmatrix} a_{22} & a_{23} \\ a_{32} & a_{33} \end{vmatrix} + (-1)^{1+2}a_{12}\begin{vmatrix} a_{21} & a_{23} \\ a_{31} & a_{33} \end{vmatrix} + (-1)^{1+3}a_{13}\begin{vmatrix} a_{21} & a_{22} \\ a_{31} & a_{32} \end{vmatrix} \tag{2.4}$$

我们分析一下式（2.4）：首先式（2.4）的右端的三项是三阶行列式中第1行的三个元素 a_{1j} ($j=1,2,3$) 分别乘一个二阶行列式，而所乘的二阶行列式是划去该元素所在的行与列以后，由剩余的元素组成；其次，每一项之前都要乘以 $(-1)^{1+j}$，1 和 j 恰好是 a_{1j} 的行标和列标.

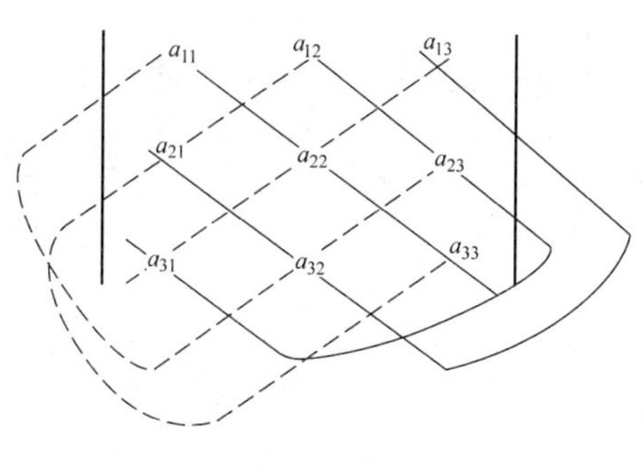

图　2-1

按照这一规律，我们可以用三阶行列式定义出四阶行列式，以此类推，我们可以给出 n 阶行列式的定义.

定义　n 阶方阵 $\boldsymbol{A}=(a_{ij})_{n\times n}$ 的行列式 $|\boldsymbol{A}|$ 是按如下规则确定的一个数：

当 $n=1$ 时，$|\boldsymbol{A}| = |a_{11}| = a_{11}$；

当 $n>1$ 时，

$$|\boldsymbol{A}| = \begin{vmatrix} a_{11} & a_{12} & \cdots & a_{1n} \\ a_{21} & a_{22} & \cdots & a_{2n} \\ \vdots & \vdots & & \vdots \\ a_{n1} & a_{n2} & \cdots & a_{nn} \end{vmatrix} = a_{11}A_{11} + a_{12}A_{12} + \cdots + a_{1n}A_{1n} = \sum_{j=1}^{n} a_{1j}A_{1j}$$

其中　$A_{1j} = (-1)^{1+j}M_{1j}$，

$$M_{1j} = \begin{vmatrix} a_{21} & \cdots & a_{2,j-1} & a_{2,j+1} & \cdots & a_{2n} \\ a_{31} & \cdots & a_{3,j-1} & a_{3,j+1} & \cdots & a_{3n} \\ \vdots & & \vdots & \vdots & & \vdots \\ a_{n1} & \cdots & a_{n,j-1} & a_{n,j+1} & \cdots & a_{nn} \end{vmatrix}$$

并称 M_{1j} 为元素 a_{1j} 的**余子式**，A_{1j} 为元素 a_{1j} 的**代数余子式**.

例1 计算下三角行列式（当 $i<j$ 时，$a_{ij}=0$，即主对角线以上元素全为零）.

$$D_n=\begin{vmatrix} a_{11} & & & \\ a_{21} & a_{22} & & \\ \vdots & \vdots & \ddots & \\ a_{n1} & a_{n2} & \cdots & a_{nn} \end{vmatrix}$$

解 由 n 阶行列式的定义

$$D_n=\begin{vmatrix} a_{11} & & & \\ a_{21} & a_{22} & & \\ \vdots & \vdots & \ddots & \\ a_{n1} & a_{n2} & \cdots & a_{nn} \end{vmatrix}=a_{11}\begin{vmatrix} a_{22} & & & \\ a_{32} & a_{33} & & \\ \vdots & \vdots & \ddots & \\ a_{n2} & a_{n3} & \cdots & a_{nn} \end{vmatrix}$$

$$=a_{11}a_{22}\begin{vmatrix} a_{33} & & \\ \vdots & \ddots & \\ a_{n3} & \cdots & a_{nn} \end{vmatrix}=\cdots=a_{11}a_{22}\cdots a_{nn}$$

同样可计算上三角行列式（当 $i>j$ 时，$a_{ij}=0$，即主对角线下方的元素全为0）

$$\begin{vmatrix} a_{11} & a_{12} & \cdots & a_{1n} \\ & a_{22} & \cdots & a_{2n} \\ & & \ddots & \vdots \\ & & & a_{nn} \end{vmatrix}=a_{11}a_{22}\cdots a_{nn}$$

特别地，对角矩阵 $\boldsymbol{\Lambda}$ 所对应的行列式，即

$$|\boldsymbol{\Lambda}|=\begin{vmatrix} a_{11} & & & \\ & a_{22} & & \\ & & \ddots & \\ & & & a_{nn} \end{vmatrix}=a_{11}a_{22}\cdots a_{nn}$$

及单位矩阵 $\boldsymbol{E}$ 所对应的行列式，即

$$|\boldsymbol{E}|=\begin{vmatrix} 1 & & & \\ & 1 & & \\ & & \ddots & \\ & & & 1 \end{vmatrix}=1$$

二、行列式的性质

当方阵的阶数较高时，直接用行列式的定义计算行列式，在一般情况下是较繁的. 利用下面介绍的行列式的性质，可以简化行列式的计算. 在叙述 n 阶方阵 $\boldsymbol{A}=(a_{ij})$ 的行列式的性质时，均略去冗长的证明，只以二阶行列式验证这些性质的正确性.

性质 1 行列互换，行列式的值不变，即 $|\boldsymbol{A}|=|\boldsymbol{A}^{\mathrm{T}}|$

显然，$$\begin{vmatrix} a_{11} & a_{12} \\ a_{21} & a_{22} \end{vmatrix} = \begin{vmatrix} a_{11} & a_{21} \\ a_{12} & a_{22} \end{vmatrix}$$

由性质 1 可知，以下性质对行列式的列运算也成立.

性质 2 $\boldsymbol{A}$ 的行列式等于它的任一行的元素与其代数余子式的乘积之和，即

$$|\boldsymbol{A}| = a_{i1}A_{i1}+a_{i2}A_{i2}+\cdots+a_{in}A_{in} \qquad (i=1,2,\cdots,n)$$

其中

$$A_{ij}=(-1)^{i+j}M_{ij}$$

M_{ij}是 $|\boldsymbol{A}|$ 中去掉第 i 行第 j 列元素所成的 $n-1$ 阶行列式，它称为 a_{ij}的余子式，A_{ij}称为 a_{ij}的代数余子式.

不难验证$$\begin{vmatrix} a_{11} & a_{12} \\ a_{21} & a_{22} \end{vmatrix} = a_{11}A_{11}+a_{12}A_{12}=a_{21}A_{21}+a_{22}A_{22}$$

性质 3 (1) 若用数 k 乘 $\boldsymbol{A}$ 的某一行得到 $\boldsymbol{B}$，则 $|\boldsymbol{B}|=k|\boldsymbol{A}|$.

直接计算可得

$$\begin{vmatrix} a_{11} & a_{12} \\ ka_{21} & ka_{22} \end{vmatrix} = k\begin{vmatrix} a_{11} & a_{12} \\ a_{21} & a_{22} \end{vmatrix}$$

(2) 若 $\boldsymbol{A}$ 的某一行的元素均可表为两数之和，则 $|\boldsymbol{A}|$ 可按下式表为两个行列式之和

$$\begin{vmatrix} a_{11} & a_{12} \\ a'_{21}+a''_{21} & a'_{22}+a''_{22} \end{vmatrix} = \begin{vmatrix} a_{11} & a_{12} \\ a'_{21} & a'_{22} \end{vmatrix} + \begin{vmatrix} a_{11} & a_{12} \\ a''_{21} & a''_{22} \end{vmatrix}$$

推论 1 某行元素全为零的行列式其值为零.

性质 4 若 $\boldsymbol{A}$ 的某两行对应元素全相等，则 $|\boldsymbol{A}|=0$.

例如 $$\begin{vmatrix} a_{11} & a_{12} \\ a_{11} & a_{12} \end{vmatrix} = 0$$

推论2 若$\boldsymbol{A}$的某两行的对应元素成比例，则$|\boldsymbol{A}|=0$.

性质5 若将$\boldsymbol{A}$的某一行的倍数加到另一行得到$\boldsymbol{B}$，则$|\boldsymbol{B}|=|\boldsymbol{A}|$.

例如 $$\begin{vmatrix} a_{11} & a_{12} \\ a_{21}+ka_{11} & a_{22}+ka_{12} \end{vmatrix} = \begin{vmatrix} a_{11} & a_{12} \\ a_{21} & a_{22} \end{vmatrix}$$

性质6 若$\boldsymbol{A}$互换两行得到$\boldsymbol{B}$，则$|\boldsymbol{A}|=-|\boldsymbol{B}|$

容易验证 $$\begin{vmatrix} a_{11} & a_{12} \\ a_{21} & a_{22} \end{vmatrix} = -\begin{vmatrix} a_{21} & a_{22} \\ a_{11} & a_{12} \end{vmatrix}$$

性质7 $\boldsymbol{A}$的某一行的元素与另一行的对应元素的代数余子式的乘积之和为0，即

$$a_{i1}A_{j1}+a_{i2}A_{j2}+\cdots+a_{in}A_{jn}=0 \quad (i\neq j)$$

此性质可由性质2和性质4推出.

例2 设$\boldsymbol{A}=(a_{ij})$是n阶方阵，λ是一个数，试证$|\lambda\boldsymbol{A}|=\lambda^n|\boldsymbol{A}|$.

证 反复利用性质3，有

$$|\lambda\boldsymbol{A}| = \begin{vmatrix} \lambda a_{11} & \lambda a_{12} & \cdots & \lambda a_{1n} \\ \lambda a_{21} & \lambda a_{22} & \cdots & \lambda a_{2n} \\ \vdots & \vdots & & \vdots \\ \lambda a_{n1} & \lambda a_{n2} & & \lambda a_{nn} \end{vmatrix} = \lambda^n \begin{vmatrix} a_{11} & a_{12} & \cdots & a_{1n} \\ a_{21} & a_{22} & \cdots & a_{2n} \\ \vdots & \vdots & & \vdots \\ a_{n1} & a_{n2} & \cdots & a_{nn} \end{vmatrix}$$

$$=\lambda^n|\boldsymbol{A}|$$

性质8（行列式乘法定理） 设$\boldsymbol{A}$，$\boldsymbol{B}$都是n阶方阵，则$|\boldsymbol{AB}|=|\boldsymbol{A}||\boldsymbol{B}|$.

第二节 n阶行列式的计算

这一节，我们通过例题说明如何应用行列式的性质计算行列式的值.

例 1 计算

$$D=\begin{vmatrix}1&1&1&1\\1&2&-1&4\\2&-3&-1&-5\\3&1&2&11\end{vmatrix}$$

解

$$D\xlongequal[\substack{r_3-2r_1\\r_4-3r_1}]{r_2-r_1}\begin{vmatrix}1&1&1&1\\0&1&-2&3\\0&-5&-3&-7\\0&-2&-1&8\end{vmatrix}\xlongequal[r_4+2r_2]{r_3+5r_2}\begin{vmatrix}1&1&1&1\\0&1&-2&3\\0&0&-13&8\\0&0&-5&14\end{vmatrix}$$

$$\xlongequal{r_4+r_3\times\left(-\frac{5}{13}\right)}\begin{vmatrix}1&1&1&1\\0&1&-2&3\\0&0&-13&8\\0&0&0&\frac{142}{13}\end{vmatrix}=-142$$

例 2 计算

$$D=\begin{vmatrix}3&1&1&1\\1&3&1&1\\1&1&3&1\\1&1&1&3\end{vmatrix}$$

解

$$D\xlongequal{r_1+r_2+r_3+r_4}\begin{vmatrix}6&6&6&6\\1&3&1&1\\1&1&3&1\\1&1&1&3\end{vmatrix}=6\begin{vmatrix}1&1&1&1\\1&3&1&1\\1&1&3&1\\1&1&1&3\end{vmatrix}$$

$$\xlongequal[\substack{r_3-r_1\\r_4-r_1}]{r_2-r_1}6\begin{vmatrix}1&1&1&1\\0&2&0&0\\0&0&2&0\\0&0&0&2\end{vmatrix}=48$$

例 3 设 $a_i\neq0$ $(i=1,2,\cdots,n)$，计算

$$D=\begin{vmatrix} a_1 & 1 & \cdots & 1 \\ 1 & a_2 & & \\ \vdots & & \ddots & \\ 1 & & & a_n \end{vmatrix}$$

其中, D 中没有写出的元素的值均为 0.

解

$$D \xlongequal{c_1-\frac{1}{a_2}c_2-\cdots-\frac{1}{a_n}c_n} \begin{vmatrix} a_1-\sum\limits_{i=2}^{n}\frac{1}{a_i} & 1 & \cdots & 1 \\ & a_2 & & \\ & & \ddots & \\ & & & a_n \end{vmatrix}$$

$$= a_2a_3\cdots a_n\left(a_1-\sum_{i=2}^{n}\frac{1}{a_i}\right)$$

例 4 计算 n 阶行列式

$$D=\begin{vmatrix} a_1+\lambda & a_2 & \cdots & a_{n-1} & a_n \\ a_1 & a_2+\lambda & \cdots & a_{n-1} & a_n \\ \vdots & \vdots & & \vdots & \vdots \\ a_1 & a_2 & \cdots & a_{n-1}+\lambda & a_n \\ a_1 & a_2 & \cdots & a_{n-1} & a_n+\lambda \end{vmatrix}$$

解

$$D \xlongequal[\substack{\vdots \\ r_n-r_1}]{\substack{r_2-r_1 \\ r_3-r_1}} \begin{vmatrix} a_1+\lambda & a_2 & \cdots & a_{n-1} & a_n \\ -\lambda & \lambda & & & \\ \vdots & & \ddots & & \\ -\lambda & & & \lambda & \\ -\lambda & & & & \lambda \end{vmatrix}$$

$$\xlongequal{c_1+c_2+\cdots+c_n} \begin{vmatrix} \sum\limits_{i=1}^{n}a_i+\lambda & a_2 & \cdots & a_n \\ & \lambda & & \\ & & \ddots & \\ & & & \lambda \end{vmatrix}$$

$$= \left(\sum_{i=1}^{n}a_i+\lambda\right)\lambda^{n-1}$$

例 5 计算范德蒙(Vandermonde)行列式

$$V_n=\begin{vmatrix}1&1&\cdots&1&1\\x_1&x_2&\cdots&x_{n-1}&x_n\\x_1^2&x_2^2&\cdots&x_{n-1}^2&x_n^2\\\vdots&\vdots&&\vdots&\vdots\\x_1^{n-1}&x_2^{n-1}&\cdots&x_{n-1}^{n-1}&x_n^{n-1}\end{vmatrix}$$

解

$$V_n\xlongequal[\substack{\vdots\\r_2-x_nr_1}]{\substack{r_n-x_nr_{n-1}\\r_{n-1}x_nr_{n-2}}}\begin{vmatrix}1&1&\cdots&1&1\\x_1-x_n&x_2-x_n&\cdots&x_{n-1}-x_n&0\\x_1(x_1-x_n)&x_2(x_2-x_n)&\cdots&x_{n-1}(x_{n-1}-x_n)&0\\\vdots&\vdots&&\vdots&\vdots\\x_1^{n-3}(x_1-x_n)&x_2^{n-3}(x_2-x_n)&\cdots&x_{n-1}^{n-3}(x_{n-1}-x_n)&0\\x_1^{n-2}(x_1-x_n)&x_2^{n-2}(x_2-x_n)&\cdots&x_{n-1}^{n-2}(x_{n-1}-x_n)&0\end{vmatrix}$$

将上式按最后一列展开，并提出各列公因子，可得

$$\begin{aligned}V_n&=(-1)^{n+1}(x_1-x_n)(x_2-x_n)\cdots(x_{n-1}-x_n)V_{n-1}\\&=(x_n-x_1)(x_n-x_2)\cdots(x_n-x_{n-1})V_{n-1}\\&=(x_n-x_1)(x_n-x_2)\cdots(x_n-x_{n-1})[(x_{n-1}-x_1)(x_{n-1}-x_2)\cdots\\&\quad(x_{n-1}-x_{n-2})V_{n-2}]\\&=\cdots\\&=(x_n-x_1)\cdots(x_n-x_{n-1})(x_{n-1}-x_1)\cdots(x_{n-1}-x_{n-2})\cdots(x_2-x_1)\\&=\prod_{1\leqslant i<j\leqslant n}(x_j-x_i)\end{aligned}$$

例 6 设 $\boldsymbol{A}=\begin{pmatrix}1&1&1\\a&b&c\\a^2&b^2&c^2\end{pmatrix}$，求 $|\boldsymbol{A}\boldsymbol{A}^{\mathrm{T}}|$.

解 因 $|\boldsymbol{A}|$ 为三阶范德蒙行列式，故

$$|\boldsymbol{A}|=(b-a)(c-a)(c-b)$$

因此 $\quad|\boldsymbol{A}\boldsymbol{A}^{\mathrm{T}}|=|\boldsymbol{A}||\boldsymbol{A}^{\mathrm{T}}|=|\boldsymbol{A}|^2=(b-a)^2(c-a)^2(c-b)^2$

第三节 行列式的应用

一、伴随矩阵

定义 设 n 阶方阵

$$A=\begin{pmatrix} a_{11} & a_{12} & \cdots & a_{1n} \\ a_{21} & a_{22} & \cdots & a_{2n} \\ \vdots & \vdots & & \vdots \\ a_{n1} & a_{n2} & \cdots & a_{nn} \end{pmatrix}$$

由 A 的元素 a_{ij} 的代数余子式 A_{ij} 构成如下的 n 阶方阵

$$A^*=\begin{pmatrix} A_{11} & A_{21} & \cdots & A_{n1} \\ A_{12} & A_{22} & \cdots & A_{n2} \\ \vdots & \vdots & & \vdots \\ A_{1n} & A_{2n} & \cdots & A_{nn} \end{pmatrix}$$

称为矩阵 A 的**伴随矩阵.**

由伴随矩阵的定义，不难验证

$$AA^*=A^*A=|A|E$$

由此，可得下面的定理

定理 1 n 阶矩阵 A 可逆的充要条件为 $|A|\neq 0$. 如果 A 可逆，则

$$A^{-1}=\frac{1}{|A|}A^*$$

证 必要性 若 A 可逆，则 $AA^{-1}=A^{-1}A=E$，两边取行列式，得 $|A||A^{-1}|=1$，因而 $|A|\neq 0$.

充分性 若 $|A|\neq 0$，则

$$A\left(\frac{1}{|A|}A^*\right)=\left(\frac{1}{|A|}A^*\right)A=E$$

由逆阵的唯一性可知，A 可逆，且

$$A^{-1}=\frac{1}{|A|}A^*$$

若 n 阶矩阵 A 的行列式不为零，即 $|A|\neq 0$，则称 A 为非奇异矩阵，否则称 A 为奇异矩阵. 定理 1 说明，矩阵 A 可逆与矩阵 A 非奇

异是等价的概念.

定理1不仅给出了矩阵可逆的充要条件，而且给出了求矩阵的逆矩阵的一种方法，称这种方法为伴随矩阵法.

例1 设

$$\boldsymbol{A}=\begin{pmatrix}3&2&1\\1&1&1\\1&0&1\end{pmatrix}$$

判断 $\boldsymbol{A}$ 是否可逆? 若可逆，求 $\boldsymbol{A}^{-1}$.

解 $|\boldsymbol{A}|=2$, 故 $\boldsymbol{A}$ 可逆，再计算

$$\begin{aligned}&A_{11}=1, &&A_{12}=0, &&A_{13}=-1\\&A_{21}=-2, &&A_{22}=2, &&A_{23}=2\\&A_{31}=1, &&A_{32}=-2, &&A_{33}=1\end{aligned}$$

故

$$\boldsymbol{A}^{-1}=\frac{1}{|\boldsymbol{A}|}\boldsymbol{A}^{*}=\frac{1}{2}\begin{pmatrix}1&-2&1\\0&2&-2\\-1&2&1\end{pmatrix}$$

推论 对 n 阶矩阵 $\boldsymbol{A}$，若有 n 阶矩阵 $\boldsymbol{B}$ 使

$$\boldsymbol{AB}=\boldsymbol{E}\ (\text{或}\ \boldsymbol{BA}=\boldsymbol{E})$$

则矩阵 $\boldsymbol{A}$ 可逆，且 $\boldsymbol{A}^{-1}=\boldsymbol{B}$.

证 由于 $\boldsymbol{AB}=\boldsymbol{E}$，所以 $|\boldsymbol{AB}|=|\boldsymbol{A}||\boldsymbol{B}|=1$，即 $|\boldsymbol{A}|\neq 0$，因而 $\boldsymbol{A}$ 可逆，而

$$\boldsymbol{B}=\boldsymbol{EB}=(\boldsymbol{A}^{-1}\boldsymbol{A})\boldsymbol{B}=\boldsymbol{A}^{-1}(\boldsymbol{AB})=\boldsymbol{A}^{-1}\boldsymbol{E}=\boldsymbol{A}^{-1}$$

对于 $\boldsymbol{BA}=\boldsymbol{E}$ 的情形，可类似地证明.

推论说明，要判断矩阵 $\boldsymbol{A}$ 可逆，我们只需验证 $\boldsymbol{AB}=\boldsymbol{E}$ 或 $\boldsymbol{BA}=\boldsymbol{E}$ 中的一个等式即可.

二、克莱姆（Cramer）法则

用行列式解线性方程组，在本章开始已作了介绍，但只局限于解二、三元线性方程组，下面我们讨论 n 元线性方程组

$$\begin{cases}a_{11}x_1+a_{12}x_2+\cdots+a_{1n}x_n=b_1\\a_{21}x_1+a_{22}x_2+\cdots+a_{2n}x_n=b_2\\\qquad\vdots\\a_{n1}x_1+a_{n2}x_2+\cdots+a_{nn}x_n=b_n\end{cases}\tag{2.5}$$

的解.

令

$$A=\begin{pmatrix} a_{11} & a_{12} & \cdots & a_{1n} \\ a_{21} & a_{22} & \cdots & a_{2n} \\ \vdots & \vdots & & \vdots \\ a_{n1} & a_{n2} & \cdots & a_{nn} \end{pmatrix},\ X=\begin{pmatrix} x_1 \\ x_2 \\ \vdots \\ x_n \end{pmatrix},\ b=\begin{pmatrix} b_1 \\ b_2 \\ \vdots \\ b_n \end{pmatrix}$$

则方程组(2.5)可以写成矩阵形式

$$AX=b$$

定理2(克莱姆法则) 设含有 n 个方程 n 个未知量的线性方程组(2.5)的系数矩阵的行列式

$$D=|A|=\begin{vmatrix} a_{11} & a_{12} & \cdots & a_{1n} \\ a_{21} & a_{22} & \cdots & a_{2n} \\ \vdots & \vdots & & \vdots \\ a_{n1} & a_{n2} & \cdots & a_{nn} \end{vmatrix}\neq 0$$

则方程组(2.5)有唯一解，且

$$x_j=\frac{D_j}{D}\qquad (j=1,\ 2,\ \cdots,\ n)$$

其中 D_j 是用常数列 $(b_1,\ b_2,\ \cdots,\ b_n)^{\mathrm{T}}$ 替换 D 中的第 j 列得到的 n 阶行列式.

证 根据方程组(2.5)的矩阵形式

$$AX=b$$

由 $|A|\neq 0$ 知 A 可逆，方程两边左乘 A^{-1}，得

$$X=A^{-1}b$$

由于逆矩阵是唯一的，故方程组(1)的解是唯一的，且

$$X=A^{-1}b=\frac{1}{|A|}\begin{pmatrix} A_{11} & A_{21} & \cdots & A_{n1} \\ A_{12} & A_{22} & \cdots & A_{n2} \\ \vdots & \vdots & & \vdots \\ A_{1n} & A_{2n} & \cdots & A_{nn} \end{pmatrix}\begin{pmatrix} b_1 \\ b_2 \\ \vdots \\ b_n \end{pmatrix}$$

即

$$x_j=\frac{1}{|A|}\sum_{i=1}^{n} b_i A_{ij}\ (j=1,\ 2,\ \cdots,\ n)$$

其中，$\sum_{i=1}^{n} b_i A_{ij}$ 就是 D 的按第 j 列的展开式 $D = \sum_{i=1}^{n} a_{ij}A_{ij}$ 中用 b_1，b_2，…，b_n 替换 D 的第 j 列的元素 a_{1j}，a_{2j}，…，a_{nj}得到的，即 $\sum_{i=1}^{n} b_i A_{ij} = D_j$.

故
$$x_j = \frac{D_j}{D} \quad (j=1,2,\cdots,n)$$

推论 1 对于齐次方程组 $\boldsymbol{AX}=\boldsymbol{0}$，当 $|\boldsymbol{A}|\neq 0$ 时只有一组零解（未知数全取零值的解）
$$x_1 = x_2 = \cdots = x_n = 0$$

推论 2 如果齐次线性方程组 $\boldsymbol{AX}=\boldsymbol{0}$ 有非零解（x_1，x_2，…，x_n 不全为零的解），则 $|\boldsymbol{A}|=0$.

例 2 解方程组
$$\begin{cases} x_1 + x_2 + x_3 = 0 \\ x_1 + 2x_2 + 3x_3 = -1 \\ x_1 + 3x_2 + 6x_3 = 0 \end{cases}$$

解 方程组的系数矩阵的行列式为
$$D = \begin{vmatrix} 1 & 1 & 1 \\ 1 & 2 & 3 \\ 1 & 3 & 6 \end{vmatrix} = 1 \neq 0$$
$$D_1 = \begin{pmatrix} 0 & 1 & 1 \\ -1 & 2 & 3 \\ 0 & 3 & 6 \end{pmatrix} = 3,\ D_2 = \begin{pmatrix} 1 & 0 & 1 \\ 1 & -1 & 3 \\ 1 & 0 & 6 \end{pmatrix} = -5,\ D_3 = \begin{pmatrix} 1 & 1 & 0 \\ 1 & 2 & -1 \\ 1 & 3 & 0 \end{pmatrix} = 2$$
根据克莱姆法则，此方程组有唯一解
$$x_1 = \frac{D_1}{D} = 3,\ x_2 = \frac{D_2}{D} = -5,\ x_3 = \frac{D_3}{D} = 2$$

例 3 已知一条抛物线 $f(x) = ax^2 + bx + c$ 经过平面上三个点（1，0），（2，3），（−3，28）．试求系数 a，b，c.

解 由题设可得下面的线性方程组
$$\begin{cases} a + b + c = 0 \\ 4a + 2b + c = 3 \\ 9a - 3b + c = 28 \end{cases}$$
这是关于三个未知数 a，b，c 的一个线性方程组．由于
$$D = -20,\ D_1 = -40,\ D_2 = 60,\ D_3 = -20$$

故得 $a=2$, $b=-3$, $c=1$.

*第四节 解题方法导引

一、化行列式为上(下)三角行列式

利用行列式的性质，将行列式化为上(下)三角行列式来计算，是计算行列式基础方法之一，尤其对数码行列式的计算.

例1 计算

$$D=\begin{vmatrix}103 & 100 & 204\\ 199 & 200 & 395\\ 301 & 300 & 600\end{vmatrix}$$

解

$$D=\begin{vmatrix}100+3 & 100 & 200+4\\ 200-1 & 200 & 400-5\\ 300+1 & 300 & 600+0\end{vmatrix}=\begin{vmatrix}3 & 100 & 4\\ -1 & 200 & -5\\ 1 & 300 & 0\end{vmatrix}=100\begin{vmatrix}3 & 1 & 4\\ -1 & 2 & -5\\ 1 & 3 & 0\end{vmatrix}$$

$$\xlongequal{r_1\leftrightarrow r_3}-100\begin{vmatrix}1 & 3 & 0\\ -1 & 2 & -5\\ 3 & 1 & 4\end{vmatrix}\xlongequal[r_3-3r_1]{r_1+r_2}-100\begin{vmatrix}1 & 3 & 0\\ 0 & 5 & -5\\ 0 & -8 & 4\end{vmatrix}$$

$$=-100\times5\begin{vmatrix}1 & 3 & 0\\ 0 & 1 & -1\\ 0 & -8 & 4\end{vmatrix}\xlongequal{r_3+8r_2}-500\begin{vmatrix}1 & 3 & 0\\ 0 & 1 & -1\\ 0 & 0 & -4\end{vmatrix}$$

$$=2000$$

例2 计算

$$D_n=\begin{vmatrix}a_1 & x & \cdots & x\\ x & a_2 & \cdots & x\\ \vdots & \vdots & & \vdots\\ x & x & \cdots & a_n\end{vmatrix}\qquad(a_i\neq x,\ i=1,2,\cdots,n)$$

解 注意此行列式每一行(列)除一个元素以外，其余元素均相同.

$$D_n \xlongequal[i=2,3,\cdots,n]{r_i - r_1} \begin{vmatrix} a_1 & x & x & \cdots & x \\ x-a_1 & a_2-x & 0 & \cdots & 0 \\ x-a_1 & 0 & a_3-x & \cdots & 0 \\ \vdots & \vdots & \vdots & & \vdots \\ x-a_1 & 0 & 0 & \cdots & a_n-x \end{vmatrix}$$

$$= \left[\prod_{j=1}^{n}(a_j - x)\right] \begin{vmatrix} \frac{a_1}{a_1-x} & \frac{x}{a_2-x} & \frac{x}{a_3-x} & \cdots & \frac{x}{a_n-x} \\ -1 & 1 & 0 & \cdots & 0 \\ -1 & 0 & 1 & \cdots & 0 \\ \vdots & \vdots & \vdots & & \vdots \\ -1 & 0 & 0 & \cdots & 1 \end{vmatrix}$$

$$\xlongequal[i=2,3,\cdots,n]{c_1 + c_j} \left[\prod_{j=1}^{n}(a_j - x)\right] \begin{vmatrix} \left(1+\sum_{i=1}^{n}\frac{x}{a_i-x}\right) & \frac{x}{a_2-x} & \frac{x}{a_3-x} & \cdots & \frac{x}{a_n-x} \\ 0 & 1 & 0 & \cdots & 0 \\ 0 & 0 & 1 & \cdots & 0 \\ \vdots & \vdots & \vdots & & \vdots \\ 0 & 0 & 0 & \cdots & 1 \end{vmatrix}$$

$$= \prod_{j=1}^{n}(a_j - x)\left(1+\sum_{i=1}^{n}\frac{x}{a_i-x}\right)$$

二、降阶法

这种方法主要是用行列式按某行(列)展开定理，具体计算时先用行列式性质，将某一行(列)的元素尽可能多的化为零元素，然后再按此行(列)展开.

例 3 计算

$$D_n = \begin{vmatrix} 1 & 2 & 2 & \cdots & 2 \\ 2 & 2 & 2 & \cdots & 2 \\ 2 & 2 & 3 & \cdots & 2 \\ \vdots & \vdots & \vdots & & \vdots \\ 2 & 2 & 2 & \cdots & n \end{vmatrix}$$

解

$$D_n \xlongequal[i=1,3,4,\cdots,n]{-r_2+r_i} \begin{vmatrix} -1 & 0 & 0 & \cdots & 0 \\ 2 & 2 & 2 & \cdots & 2 \\ 0 & 0 & 1 & \cdots & 0 \\ \vdots & \vdots & \vdots & & \vdots \\ 0 & 0 & 0 & \cdots & n-2 \end{vmatrix}$$

$$\xlongequal{\text{按第一行展开}} (-1)\begin{vmatrix} 2 & 2 & 2 & \cdots & 2 \\ 0 & 1 & 0 & \cdots & 0 \\ 0 & 0 & 2 & \cdots & 0 \\ \vdots & \vdots & \vdots & & \vdots \\ 0 & 0 & 0 & \cdots & n-2 \end{vmatrix} = -2(n-2)!$$

三、递推法

即设法找出 n 阶行列式与低级行列式的关系从而算出 n 阶行列式

例 4 计算

$$D_n = \begin{vmatrix} \alpha+\beta & \alpha\beta & & & \\ 1 & \alpha+\beta & \alpha\beta & & \\ & 1 & \alpha+\beta & \ddots & \\ & & \ddots & \ddots & \alpha\beta \\ & & & 1 & \alpha+\beta \end{vmatrix}$$

解 把 D_n 按第一行展开

$$D_n = (\alpha+\beta)D_{n-1} - \alpha\beta D_{n-2}$$

将这个递推公式改写成

$$\begin{cases} D_n - \alpha D_{n-1} = \beta(D_{n-1} - \alpha D_{n-2}) \\ D_n - \beta D_{n-1} = \alpha(D_{n-1} - \beta D_{n-2}) \end{cases}$$

连续使用以上递推公式，得

$$\begin{cases} D_n - \alpha D_{n-1} = \beta^{n-2}(D_2 - \alpha D_1) \\ D_n - \beta D_{n-1} = \alpha^{n-2}(D_2 - \beta D_1) \end{cases}$$

其中 $D_1 = \alpha+\beta$, $D_2 = \alpha^2+\alpha\beta+\beta^2$. 所以

$$\begin{cases} D_n - \alpha D_{n-1} = \beta^n \\ D_n - \beta D_{n-1} = \alpha^n \end{cases}$$

当 $\alpha \neq \beta$ 时，由上式解得

$$D_n = \frac{1}{\beta - \alpha}(\beta^{n+1} - \alpha^{n+1})$$

当 $\alpha = \beta$ 时，$D_n = \alpha D_{n-1} + \alpha^n$，连续使用此递推公式，得

$$D_n = \alpha^{n-1} D_1 + (n-1) \times \alpha^n = (n+1)\alpha^n$$

四、数学归纳法

此方法是证明行列式等式的主要方法之一.

例 5 证明

$$D_n = \begin{vmatrix} 2\cos\theta & 1 & & & \\ 1 & 2\cos\theta & 1 & \ddots & \\ & 1 & \ddots & \ddots & 1 \\ & & \ddots & 1 & 2\cos\theta \end{vmatrix} = \frac{\sin(n+1)\theta}{\sin\theta} \ (\sin\theta \neq 0)$$

证 当 $n=1$ 时，等式成立.

当 $n=2$ 时，$D_2 = \begin{vmatrix} 2\cos\theta & 1 \\ 1 & 2\cos\theta \end{vmatrix} = 4\cos^2\theta - 1 = \frac{\sin(2+1)\theta}{\sin\theta}$. 等式亦成立

假设当行列式的阶数小于或等于 $n-1$ 时等式成立，即

$$D_{n-1} = \frac{\sin(n-1+1)\theta}{\sin\theta},\ D_{n-2} = \frac{\sin(n-2+1)\theta}{\sin\theta}$$

将 D_n 按第一行展开

$$D_n = 2\cos\theta \begin{vmatrix} 2\cos\theta & 1 & & \\ 1 & 2\cos\theta & \ddots & \\ & \ddots & \ddots & 1 \\ & & 1 & 2\cos\theta \end{vmatrix} - \begin{vmatrix} 1 & 1 & & & \\ 0 & 2\cos\theta & 1 & & \\ & 1 & \ddots & \ddots & \\ & & \ddots & \ddots & 1 \\ & & & 1 & 2\cos\theta \end{vmatrix}$$

$$= 2\cos\theta \cdot D_{n-1} - D_{n-2}$$

$$= 2\cos\theta \frac{\sin n\theta}{\sin\theta} - \frac{\sin(n-1)\theta}{\sin\theta}$$

$$= \frac{2\cos\theta \sin n\theta - \sin(n-1)\theta}{\sin\theta}$$

$$=\frac{2\cos\theta\sin n\theta-\sin n\theta\cos\theta+\cos n\theta\sin\theta}{\sin\theta}$$

$$=\frac{\sin n\theta\cos\theta+\cos n\theta\sin\theta}{\sin\theta}=\frac{\sin(n+1)\theta}{\sin\theta}$$

等式成立. 由数学归纳法，等式对所有正整数 n 成立.

五、加边法

此法是把已给出的 n 阶行列式转化为一个与它等值的 $n+1$ 阶行列式，虽然行列式的阶数增高了，但却易于用行列式的性质对它进行化简求值.

例 6 计算

$$D_n=\begin{vmatrix}1+a_1 & 1 & 1 & \cdots & 1 & 1\\ 1 & 1+a_2 & 1 & \cdots & 1 & 1\\ 1 & 1 & 1+a_3 & \cdots & 1 & 1\\ \vdots & \vdots & \vdots & & \vdots & \vdots\\ 1 & 1 & 1 & \cdots & 1 & 1+a_n\end{vmatrix}\quad (a_i\neq 0,\ i=1,2,\cdots,n)$$

解

$$D_n=\begin{vmatrix}1 & 1 & 1 & \cdots & 1\\ 0 & 1+a_1 & 1 & \cdots & 1\\ 0 & 1 & 1+a_2 & \cdots & 1\\ \vdots & \vdots & \vdots & & \vdots\\ 0 & 1 & 1 & \cdots & 1+a_n\end{vmatrix}_{(n+1)}$$

$$\xlongequal[(i=2,3,\cdots,n+1)]{r_i-r_1}\begin{vmatrix}1 & 1 & 1 & \cdots & 1\\ -1 & a_1 & 0 & \cdots & 0\\ -1 & 0 & a_2 & \cdots & 0\\ \vdots & \vdots & \vdots & & \vdots\\ -1 & 0 & 0 & \cdots & a_n\end{vmatrix}$$

$$\xlongequal[(i=2,3,\cdots,n+1)]{r_1-\frac{1}{a_1}r_i}\begin{vmatrix} 1+\sum_{j=1}^{n}\frac{1}{a_j} & 0 & 0 & \cdots & 0 \\ -1 & a_1 & 0 & \cdots & 0 \\ -1 & 0 & a_2 & \cdots & 0 \\ \vdots & \vdots & \vdots & & \vdots \\ -1 & 0 & 0 & \cdots & a_n \end{vmatrix}$$

$$=\left(1+\sum_{j=1}^{n}\frac{1}{a_j}\right)\prod_{j=1}^{n}a_j$$

六、化为范德蒙行列式计算

利用行列式的性质，将某些行列式化为范德蒙行列式的形式，然后利用范德蒙行列式的结果计算行列式.

例 7 计算

$$D_n=\begin{vmatrix} 1 & 1 & \cdots & 1 \\ 2 & 2^2 & \cdots & 2^n \\ 3 & 3^2 & \cdots & 3^n \\ \vdots & \vdots & & \vdots \\ n & n^2 & \cdots & n^n \end{vmatrix}$$

解

$$D_n\xlongequal[\text{公因数}]{\text{从每行提出}}n!\begin{vmatrix} 1 & 1 & 1 & \cdots & 1 \\ 1 & 2 & 2^2 & \cdots & 2^{n-1} \\ 1 & 3 & 3^2 & \cdots & 3^{n-1} \\ \vdots & \vdots & \vdots & & \vdots \\ 1 & n & n^2 & \cdots & n^{n-1} \end{vmatrix}$$

$$\xlongequal{\text{转置}}n!\begin{vmatrix} 1 & 1 & 1 & \cdots & 1 \\ 1 & 2 & 3 & \cdots & n \\ 1 & 2^2 & 3^2 & \cdots & n^2 \\ \vdots & \vdots & \vdots & & \vdots \\ 1 & 2^{n-1} & 3^{n-1} & \cdots & n^{n-1} \end{vmatrix}$$

$$=n!(2-1)(3-1)\cdots(n-1)(3-2)(4-2)\cdots(n-2)\cdots(n-(n-1))$$

$$=n![1\cdot 2\cdot\cdots\cdot(n-1)][1\cdot 2\cdot\cdots\cdot(n-2)]\cdots 2!\cdot 1!$$

$$=1!2!3!\cdots(n-2)!(n-1)!n!$$

七、方阵的行列式

方阵行列式的计算公式有

(1) $|\lambda \boldsymbol{A}| = \lambda^n |\boldsymbol{A}|$, (2) $|\boldsymbol{AB}| = |\boldsymbol{A}||\boldsymbol{B}|$,

(3) $|\boldsymbol{A}^{\mathrm{T}}| = |\boldsymbol{A}|$, (4) $|(k\boldsymbol{A})^{-1}| = \frac{1}{k}|\boldsymbol{A}|^{-1}$ $(k\neq 0)$.

例 8 若 $\boldsymbol{A}^*$ 为 n 阶方阵 $\boldsymbol{A}$ 的伴随矩阵.

(1) 则 $|\boldsymbol{A}^*| = |\boldsymbol{A}|^{n-1}$; (2) 若 $|\boldsymbol{A}|\neq 0$ $(n>2)$, 则 $(\boldsymbol{A}^*)^* = |\boldsymbol{A}|^{n-2}\boldsymbol{A}$.

证 由 $\boldsymbol{AA}^* = \boldsymbol{A}^*\boldsymbol{A} = |\boldsymbol{A}|\boldsymbol{E}$, 两边取行列式得

$$|\boldsymbol{A}||\boldsymbol{A}^*| = |\boldsymbol{A}|^n|\boldsymbol{E}| = |\boldsymbol{A}|^n$$

(1) 当 $|\boldsymbol{A}|\neq 0$ 时, $|\boldsymbol{A}^*| = |\boldsymbol{A}|^{n-1}$.

当 $|\boldsymbol{A}| = 0$ 且 $\boldsymbol{A} = \boldsymbol{O}$ 时, 则 $\boldsymbol{A}^* = \boldsymbol{O}$, 结论显然成立.

当 $|\boldsymbol{A}| = 0$ 但 $\boldsymbol{A}\neq\boldsymbol{O}$ 时, 需证 $|\boldsymbol{A}^*| = 0$.

假设 $|\boldsymbol{A}^*|\neq 0$, 则 $\boldsymbol{A}^*$ 可逆, 因而

$$\boldsymbol{A} = (\boldsymbol{AA}^*)(\boldsymbol{A}^*)^{-1} = (|\boldsymbol{A}|\boldsymbol{E})(\boldsymbol{A}^*)^{-1} = |\boldsymbol{A}|(\boldsymbol{A}^*)^{-1} = \boldsymbol{O}$$

这与 $\boldsymbol{A}\neq\boldsymbol{O}$ 矛盾. 所以 $|\boldsymbol{A}^*| = 0 = |\boldsymbol{A}|^{n-1}$

(2) 因 $|\boldsymbol{A}|\neq 0$, 故 $\boldsymbol{A}^* = |\boldsymbol{A}|\boldsymbol{A}^{-1}$ 且 $|\boldsymbol{A}^*| = ||\boldsymbol{A}|\boldsymbol{A}^{-1}| = |\boldsymbol{A}|^{n-1}\neq 0$

$(\boldsymbol{A}^*)^* = |\boldsymbol{A}^*|(\boldsymbol{A}^*)^{-1} = |\boldsymbol{A}|^{n-1}(|\boldsymbol{A}|\boldsymbol{A}^{-1})^{-1} = |\boldsymbol{A}|^{n-1}|\boldsymbol{A}|^{-1}\boldsymbol{A} = |\boldsymbol{A}|^{n-2}\boldsymbol{A}$

注 本题给出了任一方阵的行列式与其伴随矩阵的行列式的关系, 可作为公式在做题中应用.

例 9 设 $\boldsymbol{A}$ 是三阶方阵, $|\boldsymbol{A}| = -\frac{1}{2}$, 计算 $|(3\boldsymbol{A})^{-1} - 2\boldsymbol{A}^*|$.

解法 1 因为 $|\boldsymbol{A}|\neq 0$, 由 $\boldsymbol{AA}^* = |\boldsymbol{A}|\boldsymbol{E}$, 得

$$\boldsymbol{A}^* = |\boldsymbol{A}|\boldsymbol{A}^{-1} = -\frac{1}{2}\boldsymbol{A}^{-1}$$

而 $|\boldsymbol{A}^{-1}| = |\boldsymbol{A}|^{-1} = -2$, 所以

$$\begin{aligned}原式 &= \left|\frac{1}{3}\boldsymbol{A}^{-1} - 2\left(-\frac{1}{2}\right)\boldsymbol{A}^{-1}\right| = \left|\frac{1}{3}\boldsymbol{A}^{-1} + \boldsymbol{A}^{-1}\right| \\ &= \left|\frac{4}{3}\boldsymbol{A}^{-1}\right| = \left(\frac{4}{3}\right)^3|\boldsymbol{A}^{-1}| = \left(\frac{4}{3}\right)^3\cdot(-2) = -\frac{128}{27}\end{aligned}$$

解法 2 因为 $\boldsymbol{A}$ 可逆, 由 $\boldsymbol{A}\dfrac{\boldsymbol{A}^*}{|\boldsymbol{A}|} = \boldsymbol{E}$, 得

$$A^{-1}=\frac{A^*}{|A|}=-2A^*$$

又用例 8 结论 $|A^*|=|A|^{3-1}=\left(-\frac{1}{2}\right)^2=\frac{1}{4}$，所以

$$\text{原式}=\left|\frac{1}{3}A^{-1}-2A^*\right|=\left|\frac{1}{3}(-2)A^*-2A^*\right|$$

$$=\left|\left(-\frac{8}{3}\right)A^*\right|=\left(-\frac{8}{3}\right)^3|A^*|=\left(-\frac{8}{3}\right)^3\cdot\frac{1}{4}=-\frac{128}{27}$$

例 10 设 A 是 n 阶实方阵，且 $AA^{\mathrm{T}}=E$，$|A|=-1$，求 $|E+A|$.

解 将 $E+A$ 化为矩阵乘积

$$|E+A|=|AA^{\mathrm{T}}+AE|=|A(A^{\mathrm{T}}+E)|=|A||A^{\mathrm{T}}+E|$$

$$=-|(E+A)^{\mathrm{T}}|=-|E+A|$$

所以 $2|E+A|=0$，可得 $|E+A|=0$.

例 11 设

$$A=\begin{pmatrix}1+x_1y_1 & 1+x_1y_2 & \cdots & 1+x_1y_n\\ 1+x_2y_1 & 1+x_2y_2 & \cdots & 1+x_2y_n\\ \vdots & \vdots & & \vdots\\ 1+x_ny_1 & 1+x_ny_2 & \cdots & 1+x_ny_n\end{pmatrix}\quad(n\geqslant 3)$$

计算 $|A|$.

解 将方阵 A 分解得

$$A=\begin{pmatrix}1 & x_1 & 0 & \cdots & 0\\ 1 & x_2 & 0 & \cdots & 0\\ \vdots & \vdots & \vdots & & \vdots\\ 1 & x_n & 0 & \cdots & 0\end{pmatrix}\begin{pmatrix}1 & 1 & \cdots & 1\\ y_1 & y_2 & \cdots & y_n\\ 0 & 0 & \cdots & 0\\ \vdots & \vdots & & \vdots\\ 0 & 0 & \cdots & 0\end{pmatrix}=BC$$

显然 $|B|=0$，$|C|=0$，所以 $|A|=|B||C|=0$.

习 题 二

习 题

1. 用行列式的性质计算下列行列式.

(1) $\begin{vmatrix} 1 & 2 & 3 \\ 0 & 1 & 2 \\ 1 & 1 & 1 \end{vmatrix}$;　　(2) $\begin{vmatrix} 1 & 1 & 1 & 1 \\ -1 & 1 & 1 & 1 \\ -1 & -1 & 1 & 1 \\ -1 & -1 & -1 & 1 \end{vmatrix}$;

(3) $\begin{vmatrix} 1 & 1 & 1 & 1 \\ 1 & 2 & 3 & 4 \\ 1 & 3 & 6 & 10 \\ 1 & 4 & 10 & 20 \end{vmatrix}$;　　(4) $\begin{vmatrix} 1 & 2 & 3 & 4 \\ 2 & 3 & 4 & 1 \\ 3 & 4 & 1 & 2 \\ 4 & 1 & 2 & 3 \end{vmatrix}$.

2. 把下列行列式化为上三角形行列式，并计算其值.

(1) $\begin{vmatrix} 0 & -1 & -1 & 2 \\ 1 & -1 & 0 & 2 \\ -1 & 2 & -1 & 0 \\ 2 & 1 & 1 & 0 \end{vmatrix}$;　　(2) $\begin{vmatrix} 3 & 2 & 1 & 1 \\ 2 & 3 & 5 & 9 \\ -1 & 2 & 5 & -2 \\ 1 & 0 & -1 & 3 \end{vmatrix}$;

(3) $\begin{vmatrix} 1+a & 1 & 1 & 1 \\ 1 & 1-a & 1 & 1 \\ 1 & 1 & 1+b & 1 \\ 1 & 1 & 1 & 1-b \end{vmatrix}$;　　(4) $\begin{vmatrix} x & a & a & a \\ a & x & a & a \\ a & a & x & a \\ a & a & a & x \end{vmatrix}$

3. 用行列式性质证明.

(1) $\begin{vmatrix} a_1+kb_1 & b_1+c_1 & c_1 \\ a_2+kb_2 & b_2+c_2 & c_2 \\ a_3+kb_3 & b_3+c_3 & c_3 \end{vmatrix} = \begin{vmatrix} a_1 & b_1 & c_1 \\ a_2 & b_2 & c_2 \\ a_3 & b_3 & c_3 \end{vmatrix}$.

(2) $\begin{vmatrix} b_1+c_1 & c_1+a_1 & a_1+b_1 \\ b_2+c_2 & c_2+a_2 & a_2+b_2 \\ b_3+c_3 & c_3+a_3 & a_3+b_3 \end{vmatrix} = 2\begin{vmatrix} a_1 & b_1 & c_1 \\ a_2 & b_2 & c_2 \\ a_3 & b_3 & c_3 \end{vmatrix}$.

4. 用尽可能简单的方法计算下列行列式，并将你的计算结果推广到具有相同特点的 n 阶行列式.

(1) $\begin{vmatrix} 0 & a_1 & 0 & 0 \\ 0 & 0 & a_2 & 0 \\ 0 & 0 & 0 & a_3 \\ a_4 & 0 & 0 & 0 \end{vmatrix}$;　　(2) $\begin{vmatrix} a & 0 & 0 & 1 \\ 0 & a & 0 & 0 \\ 0 & 0 & a & 0 \\ 1 & 0 & 0 & a \end{vmatrix}$;

(3) $\begin{vmatrix} 1 & 2 & 2 & 2 & 2 \\ 2 & 2 & 2 & 2 & 2 \\ 2 & 2 & 3 & 2 & 2 \\ 2 & 2 & 2 & 4 & 2 \\ 2 & 2 & 2 & 2 & 5 \end{vmatrix}$;　　(4) $\begin{vmatrix} x & -1 & 0 & 0 \\ 0 & x & -1 & 0 \\ 0 & 0 & x & -1 \\ a_4 & a_3 & a_2 & x+a_1 \end{vmatrix}$

5. 设$\boldsymbol{A}=\begin{pmatrix} a & b \\ c & d \end{pmatrix}$，(1) 求$\boldsymbol{A}^*$；(2) 当$ad-bc\neq 0$时，证明$\boldsymbol{A}$可逆，且$\boldsymbol{A}^{-1}=\frac{1}{ad-bc}\begin{pmatrix} d & -b \\ -c & a \end{pmatrix}$.

6. 利用行列式，判断下列矩阵是否可逆，若可逆，用伴随矩阵方法求其逆.

(1) $\begin{pmatrix} 1 & 2 \\ 3 & 4 \end{pmatrix}$；(2) $\begin{pmatrix} 1 & 2 \\ 3 & 6 \end{pmatrix}$；(3) $\begin{pmatrix} 1 & 1 & -1 \\ 2 & -1 & 0 \\ -2 & 1 & 0 \end{pmatrix}$；(4) $\begin{pmatrix} 2 & 1 & 3 \\ 0 & 1 & 2 \\ 1 & 0 & 3 \end{pmatrix}$.

7. 试用逆矩阵与克莱姆法则两种方法解方程组.

$$\begin{cases} x_1+2x_2+3x_3=1 \\ 2x_1+2x_2+x_3=1 \\ 3x_1+4x_2+3x_3=1 \end{cases}$$

8. 如果齐次线性方程组有非零解，λ应取什么值？

$$\begin{cases} \lambda x_1+x_2+x_3=0 \\ x_1+\lambda x_2-x_3=0 \\ 2x_1-x_2+x_3=0 \end{cases}$$

9. λ取什么值时，齐次线性方程组

$$\begin{cases} \lambda x_1+x_2-x_3=0 \\ x_1+\lambda x_2-x_3=0 \\ 2x_1-x_2+x_3=0 \end{cases}$$

仅有零解.

10. 线性方程组

$$\begin{cases} \lambda x_1+x_2+x_3=1 \\ x_1+\lambda x_2+x_3=2 \\ x_1+x_2+\lambda x_3=3 \end{cases}$$

中λ满足什么条件时可用克莱姆法则求解，并求解.

自　测　题

1. 单项选择题

(1) 四阶行列式$D=\begin{vmatrix} a & 0 & 0 & b \\ 0 & a & b & 0 \\ 0 & b & a & 0 \\ b & 0 & 0 & a \end{vmatrix}$的值等于（　　）.

(A) a^4-b^4　(B) a^4+b^4　(C) $(a^2-b^2)^2$　(D) $(a^2+b^2)^2$

(2)设$\boldsymbol{\alpha}_1, \boldsymbol{\alpha}_2, \boldsymbol{\alpha}_3, \boldsymbol{\beta}_1, \boldsymbol{\beta}_2$都是四维列向量，且四阶行列式$|\boldsymbol{\alpha}_1, \boldsymbol{\alpha}_2, \boldsymbol{\alpha}_3, \boldsymbol{\beta}_1|=m$，$|\boldsymbol{\alpha}_1, \boldsymbol{\alpha}_2, \boldsymbol{\beta}_2, \boldsymbol{\alpha}_3|=n$，则四阶行列式$|\boldsymbol{\alpha}_1, \boldsymbol{\alpha}_2, \boldsymbol{\alpha}_3, \boldsymbol{\beta}_1+\boldsymbol{\beta}_2|=$(　　).

(A) $m+n$　(B) $-(m+n)$　(C) $m-n$　(D) $n-m$

(3) 设$\boldsymbol{A}$，$\boldsymbol{B}$均为n阶方阵，则必有（　　）.

(A) $\boldsymbol{AB}=\boldsymbol{BA}$　(B) $|\boldsymbol{AB}|=|\boldsymbol{BA}|$

(C) $|\boldsymbol{A}+\boldsymbol{B}|=|\boldsymbol{A}|+|\boldsymbol{B}|$　(D) $(\boldsymbol{A}+\boldsymbol{B})^{-1}=\boldsymbol{A}^{-1}+\boldsymbol{B}^{-1}$

(4) 行列式$\begin{vmatrix}1 & 2\\ 3 & 4\end{vmatrix}$中，元素$a_{21}=3$的代数余子式是（　　）.

(A) 1　(B) 2　(C) -2　(D) 4

(5) 设$\boldsymbol{A}$为n阶方阵，且$|\boldsymbol{A}|=a\neq 0$，而$\boldsymbol{A}^*$是$\boldsymbol{A}$的伴随矩阵，则$|\boldsymbol{A}^*|=$（　　）.

(A) a^{n-1}　(B) a^n　(C) a　(D) a^{-1}

2. 填空题

(1) 已知n阶行列式D的每一列元素之和均为零，则$D=$________.

(2) 已知$D=\begin{vmatrix}a_{11} & a_{12} & a_{13}\\ a_{21} & a_{22} & a_{23}\\ a_{31} & a_{32} & a_{33}\end{vmatrix}=1$，则$D_1=\begin{vmatrix}4a_{11} & 2a_{11}-a_{12} & a_{13}\\ 4a_{21} & 2a_{21}-a_{22} & a_{23}\\ 4a_{31} & 2a_{31}-a_{32} & a_{33}\end{vmatrix}=$________.

(3) 设$\boldsymbol{A}$，$\boldsymbol{B}$均为n阶方阵，且$|\boldsymbol{A}|=2$，$|\boldsymbol{B}|=3$，则$|2\boldsymbol{AB}^{-1}|=$________.

(4) 设$A_{ij}(i, j=1, 2, 3)$是行列式$\begin{vmatrix}1 & 2 & 3\\ -1 & 2 & 1\\ 2 & 2 & -1\end{vmatrix}$中元素$a_{ij}$的代数余子式，则$A_{11}+A_{12}+A_{13}=$________.

(5) 设n ($n\geqslant 2$) 阶矩阵$\boldsymbol{A}$非奇异，$\boldsymbol{A}^*$是$\boldsymbol{A}$的伴随矩阵，则$(\boldsymbol{A}^*)^*=$________.

3. 证明：三条直线L_1：$ax+by+c=0$；L_2：$bx+cy+a=0$；L_3：$cx+ay+b=0$相交于一点的充要条件是$a+b+c=0$.

4. 计算下列n阶行列式

(1) $\begin{vmatrix}1 & 1 & 1 & \cdots & 1\\ 1 & 2 & 2 & \cdots & 2\\ \vdots & \vdots & \vdots & & \vdots\\ 1 & 2 & 3 & \cdots & n-1\\ 1 & 2 & 3 & \cdots & n\end{vmatrix}$　(2) $\begin{vmatrix}1 & 2 & 3 & \cdots & n\\ -1 & 0 & 3 & \cdots & n\\ -1 & -2 & 0 & & n\\ \vdots & \vdots & \vdots & & \vdots\\ -1 & -2 & -3 & \cdots & 0\end{vmatrix}$

(3) $\begin{vmatrix} a_0 & a_1 & a_2 & \cdots & a_{n-2} & a_{n-1} \\ -x & x & 0 & \cdots & 0 & 0 \\ 0 & -x & x & \cdots & 0 & 0 \\ \vdots & \vdots & \vdots & & \vdots & \vdots \\ 0 & 0 & 0 & \cdots & -x & x \end{vmatrix}$　(4) $\begin{vmatrix} 1 & 2 & 3 & \cdots & n \\ x & 1 & 2 & \cdots & n-1 \\ x & x & 1 & \cdots & n-2 \\ \vdots & \vdots & \vdots & & \vdots \\ x & x & x & \cdots & 1 \end{vmatrix}$

5. 设五阶行列式

$$D=\begin{vmatrix} 4 & 4 & 4 & 1 & 1 \\ 3 & 2 & 1 & 4 & 5 \\ 3 & 3 & 3 & 2 & 2 \\ 2 & 3 & 5 & 4 & 2 \\ 4 & 5 & 6 & 1 & 3 \end{vmatrix}$$

求：(1) $A_{21}+A_{22}+A_{23}$；(2) $A_{24}+A_{25}$.

6. 设$\boldsymbol{A}$，$\boldsymbol{B}$均为n阶方阵，且$|\boldsymbol{A}|=2$，$|\boldsymbol{B}|=3$，求$|\boldsymbol{A}^*\boldsymbol{B}^*-\boldsymbol{A}^*\boldsymbol{B}^{-1}|$.

7. 设三阶方阵$\boldsymbol{A}$，$\boldsymbol{B}$满足$\boldsymbol{A}^2\boldsymbol{B}-\boldsymbol{A}-\boldsymbol{B}=\boldsymbol{E}$，其中$\boldsymbol{E}$为三阶单位阵，$\boldsymbol{A}=\begin{pmatrix} 1 & 0 & 1 \\ 0 & 2 & 0 \\ -2 & 0 & 1 \end{pmatrix}$，求$|\boldsymbol{B}|$.

8. 设三阶方阵$\boldsymbol{A}$，$\boldsymbol{B}$满足$\boldsymbol{A}^*\boldsymbol{B}\boldsymbol{A}=2\boldsymbol{B}\boldsymbol{A}-8\boldsymbol{E}$，其中$\boldsymbol{E}$为三阶单位阵，$\boldsymbol{A}=\begin{pmatrix} 1 & 0 & 0 \\ 0 & -2 & 0 \\ 0 & 0 & 1 \end{pmatrix}$，$\boldsymbol{A}^*$是$\boldsymbol{A}$的伴随矩阵，求$|\boldsymbol{B}|$.

9. 用克莱姆法则解方程组

$$\begin{cases} x_1+ax_2+a^2x_3=1 \\ x_1+bx_2+b^2x_3=1 \\ x_1+cx_2+c^2x_3=1 \end{cases}$$

其中，a，b，c互不相等.

第三章　n维向量与线性方程组

在第二章中的克莱姆法则解决了部分线性方程组的求解问题.当方程组的系数行列式等于零，或方程组中的方程个数与未知量的个数不相等时，克莱姆法则无法给出解的存在性及求法，这促使我们讨论一般线性方程组的求解问题.本章介绍了矩阵的秩及向量组的线性相关、极大无关组和秩的概念，讨论了向量组的秩和矩阵的秩的关系，给出了求向量组的极大无关组的方法.最后，得到了一般非齐次线性方程组有解的充要条件及解的表达式.

第一节　矩阵的秩

我们已经知道，对于一个 n 阶矩阵 $\boldsymbol{A}$ 来说，其行列式 $|\boldsymbol{A}|$ 是否为零，成为判断 $\boldsymbol{A}$ 是否可逆的重要条件.对于任一个 $m\times n$ 阶矩阵 $\boldsymbol{A}=(a_{ij})_{m\times n}$来说，也可利用行列式的理论讨论其内在特性，这就是矩阵的秩的概念.

定义 1　设 $\boldsymbol{A}$ 为 $m\times n$ 矩阵，在 $\boldsymbol{A}$ 中任取 k 行 k 列（$1\leqslant k\leqslant m,n$），由这 k 行 k 列交叉处的 k^2 个元素按原顺序排成的 k 阶行列式称为矩阵 $\boldsymbol{A}$ 的一个 k 阶子式.

显然，$\boldsymbol{A}$ 的每一个元素 a_{ij}是 $\boldsymbol{A}$ 的一个一阶子式，而当 $\boldsymbol{A}$ 为 n 阶方阵时，它的 n 阶子式只有一个，即 $\boldsymbol{A}$ 的行列式 $|\boldsymbol{A}|$.

例如在

$$\boldsymbol{A}=\begin{pmatrix}1&2&3&4\\0&1&2&0\\2&6&4&5\end{pmatrix}$$

中选取第 2，3 行及第 1，4 列，它们交叉点处元素所成行列式

$$\begin{vmatrix}0&0\\2&5\end{vmatrix}=0$$

就是 $\boldsymbol{A}$ 的一个二阶子式，再选取 1，2，3 行及 2，3，4 列得到一个

三阶子式

$$\begin{vmatrix} 2 & 3 & 4 \\ 1 & 2 & 0 \\ 6 & 4 & 5 \end{vmatrix} = -27 \neq 0$$

由于行和列的取法很多，所以一个矩阵 $\boldsymbol{A}$ 的子式有很多个. 这样的子式中，有的值为零，有的值不为零，对于不为零的子式，我们有

定义 2 矩阵 $\boldsymbol{A}$ 的不为零的子式的最高阶数称为矩阵 $\boldsymbol{A}$ 的**秩**，记为 $\mathrm{r}(\boldsymbol{A})$.

规定零矩阵的秩为零，由定义，显然 $\mathrm{r}(\boldsymbol{A}) = \mathrm{r}(\boldsymbol{A}^{\mathrm{T}})$.

例如，矩阵

$$\boldsymbol{A} = \begin{pmatrix} 1 & 2 & 3 \\ 2 & 4 & 6 \\ 0 & 8 & 7 \end{pmatrix}$$

中

$$|\boldsymbol{A}| = \begin{vmatrix} 1 & 2 & 3 \\ 2 & 4 & 6 \\ 0 & 8 & 7 \end{vmatrix} = 0, \quad \begin{vmatrix} 2 & 4 \\ 0 & 8 \end{vmatrix} = 16 \neq 0$$

所以 $\mathrm{r}(\boldsymbol{A}) = 2$.

按定义，非奇异方阵的秩就等于它的阶数，故非奇异方阵又称为满秩方阵，而奇异方阵称为降秩方阵.

关于矩阵的秩，有

定理 1 若矩阵 $\boldsymbol{A}$ 中至少有一个 k 阶子式不为零，而所有 $k+1$ 阶子式全为零，则 $\mathrm{r}(\boldsymbol{A}) = k$.

证 由于 $\boldsymbol{A}$ 的所有 $k+1$ 阶子式全为零，故 $\boldsymbol{A}$ 的任一 $k+2$ 阶子式按行（列）展开后即知其必为零，依此可知，全部高于 $k+1$ 阶的子式都为零. 又因 $\boldsymbol{A}$ 中至少有一个 k 阶子式不为零，所以 $\mathrm{r}(\boldsymbol{A}) = k$.

矩阵的秩是一个重要概念，今后将看到很多问题都与矩阵的秩有关. 但利用定义 2 求矩阵的秩，计算量一般都很大. 然而，某些特殊类型矩阵的秩的计算是十分简单的，例如在矩阵

$$\boldsymbol{B} = \begin{pmatrix} 1 & 0 & 2 & 1 & 3 \\ 0 & 3 & 1 & 0 & 2 \\ 0 & 0 & 0 & 5 & 4 \\ 0 & 0 & 0 & 0 & 0 \end{pmatrix}$$

中，三阶子式

$$\begin{vmatrix} 1 & 0 & 1 \\ 0 & 3 & 0 \\ 0 & 0 & 5 \end{vmatrix} = 15 \neq 0$$

而所有四阶子式均为零，故 $\mathrm{r}(\boldsymbol{B})=3$.

矩阵 $\boldsymbol{B}$ 称为**阶梯形矩阵**，它的特点是：①零行位于矩阵的下方；②各非零行第一个不为 0 的元素（称首非零元）的列标随行标的增大而严格增大. 从计算阶梯形矩阵 $\boldsymbol{B}$ 的秩的过程中，我们不难得到，任何一个阶梯形矩阵的秩等于它的非零行的个数.

由矩阵的初等变换我们知道，任何一个矩阵 $\boldsymbol{A}$ 总可以经初等变换化为阶梯形矩阵，那么矩阵 $\boldsymbol{A}$ 经过初等变换后，其秩会不会改变呢?

定理 2 任何矩阵经初等变换后，其秩不变.

证明略去.

根据定理 2，利用初等变换将矩阵化为阶梯形，从而求出矩阵的秩.

例 1 求矩阵

$$\boldsymbol{A} = \begin{pmatrix} 1 & -1 & -1 & 0 & -2 \\ -1 & 2 & 2 & 2 & 6 \\ 0 & 1 & 1 & 2 & 4 \\ 0 & 1 & 1 & -1 & 1 \end{pmatrix}$$

的秩.

解

$$\boldsymbol{A} \xrightarrow{r_2+r_1} \begin{pmatrix} 1 & -1 & -1 & 0 & -2 \\ 0 & 1 & 1 & 2 & 4 \\ 0 & 1 & 1 & 2 & 4 \\ 0 & 1 & 1 & -1 & 1 \end{pmatrix}$$

$$\xrightarrow[r_4-r_2]{r_3-r_2} \begin{pmatrix} 1 & -1 & -1 & 0 & -2 \\ 0 & 1 & 1 & 2 & 4 \\ 0 & 0 & 0 & 0 & 0 \\ 0 & 0 & 0 & -3 & -3 \end{pmatrix} \xrightarrow{r_3 \leftrightarrow r_4} \begin{pmatrix} 1 & -1 & -1 & 0 & 2 \\ 0 & 1 & 1 & 2 & 4 \\ 0 & 0 & 0 & -3 & -3 \\ 0 & 0 & 0 & 0 & 0 \end{pmatrix}$$

故

$$\mathrm{r}(\boldsymbol{A})=3$$

例2 设 $\boldsymbol{A}$ 是 $m\times n$ 矩阵，$\boldsymbol{P}$ 是 m 阶可逆方阵，$\boldsymbol{Q}$ 是 n 阶可逆方阵，则

$$\mathrm{r}(\boldsymbol{PA})=\mathrm{r}(\boldsymbol{AQ})=\mathrm{r}(\boldsymbol{PAQ})=\mathrm{r}(\boldsymbol{A})$$

证 因为矩阵 $\boldsymbol{A}$ 的左边乘以可逆方阵 $\boldsymbol{P}$，相当于对 $\boldsymbol{A}$ 进行一系列初等行变换，由定理2，得 $\mathrm{r}(\boldsymbol{PA})=\mathrm{r}(\boldsymbol{A})$. 类似可证 $\mathrm{r}(\boldsymbol{AQ})=\mathrm{r}(\boldsymbol{A})$，$\mathrm{r}(\boldsymbol{PAQ})=\mathrm{r}(\boldsymbol{A})$.

第二节　向量的线性相关性

一、向量的线性组合

现在从向量的角度来观察相性方程组. 例如线性方程组

$$\begin{cases}x_1-x_2+x_3+x_4=1\\x_1+2x_2-x_3+4x_4=2\\x_1+x_2-3x_3+5x_4=3\end{cases}\tag{3.1}$$

它的矩阵形式为

$$\begin{pmatrix}1&-1&1&1\\1&2&-1&4\\1&1&-3&5\end{pmatrix}\begin{pmatrix}x_1\\x_2\\x_3\\x_4\end{pmatrix}=\begin{pmatrix}1\\2\\3\end{pmatrix}$$

写成向量形式

$$x_1\begin{pmatrix}1\\1\\1\end{pmatrix}+x_2\begin{pmatrix}-1\\2\\1\end{pmatrix}+x_3\begin{pmatrix}1\\-1\\-3\end{pmatrix}+x_4\begin{pmatrix}1\\4\\5\end{pmatrix}=\begin{pmatrix}1\\2\\3\end{pmatrix}\tag{3.2}$$

则线性方程组（3.1）的求解问题可以看做是求一组数 x_1，x_2，x_3，x_4，使式（3.2）成立. 式（3.2）反映了线性方程组（3.1）的系数矩阵的列向量

$$\begin{pmatrix}1\\1\\1\end{pmatrix},\begin{pmatrix}-1\\2\\1\end{pmatrix},\begin{pmatrix}1\\-1\\-3\end{pmatrix},\begin{pmatrix}1\\4\\5\end{pmatrix}$$

与常数项列向量$\begin{pmatrix}1\\2\\3\end{pmatrix}$之间的一种重要关系.

为叙述方便，我们把同维的列（行）向量组成的集合称为向量组.

定义1 设有 n 维向量 $\boldsymbol{\alpha}_1$，$\boldsymbol{\alpha}_2$，…，$\boldsymbol{\alpha}_m$，$\boldsymbol{\beta}$，如果存在一组实数 k_1，k_2，…，k_m，使

$$\boldsymbol{\beta}=k_1\boldsymbol{\alpha}_1+k_2\boldsymbol{\alpha}_2+\cdots+k_m\boldsymbol{\alpha}_m$$

成立，则称向量 $\boldsymbol{\beta}$ 是向量组 $\boldsymbol{\alpha}_1$，$\boldsymbol{\alpha}_2$，…，$\boldsymbol{\alpha}_m$ 的**线性组合**，或称向量 $\boldsymbol{\beta}$ 可由 α_1，α_2，…，α_m 线性表示.

例1 任何一个 n 维向量 $\boldsymbol{\alpha}=(a_1,a_2,\cdots,a_n)$ 可由 n 维基本单位向量组

$$\boldsymbol{e}_1=(1,0,\cdots,0),\ \boldsymbol{e}_2=(0,1,\cdots,0),\ \cdots,\ \boldsymbol{e}_n=(0,0,\cdots,1)$$

线性表示. 这是因为

$$\begin{aligned}\boldsymbol{\alpha}&=(a_1,a_2,\cdots,a_n)\\&=(a_1,0,\cdots,0)+(0,a_2,\cdots,0)+\cdots+(0,0,\cdots,a_n)\\&=a_1(1,0,\cdots,0)+a_2(0,1,\cdots,0)+\cdots+a_n(0,0,\cdots,1)\\&=a_1\boldsymbol{e}_1+a_2\boldsymbol{e}_2+\cdots+a_n\boldsymbol{e}_n\end{aligned}$$

例2 设有 $\boldsymbol{\alpha}_1=(1,-2,1)^{\mathrm{T}}$，$\boldsymbol{\alpha}_2=(2,0,3)^{\mathrm{T}}$，$\boldsymbol{\alpha}_3=(5,-4,-1)^{\mathrm{T}}$，$\boldsymbol{\beta}=(4,-6,-3)^{\mathrm{T}}$，试问 $\boldsymbol{\beta}$ 能否由 $\boldsymbol{\alpha}_1$，$\boldsymbol{\alpha}_2$，$\boldsymbol{\alpha}_3$ 线性表示？如果能表示，写出表达式.

解 设 $\boldsymbol{\beta}=k_1\boldsymbol{\alpha}_1+k_2\boldsymbol{\alpha}_2+k_3\boldsymbol{\alpha}_3$，即

$$\begin{pmatrix}4\\-6\\-3\end{pmatrix}=k_1\begin{pmatrix}1\\-2\\1\end{pmatrix}+k_2\begin{pmatrix}2\\0\\3\end{pmatrix}+k_3\begin{pmatrix}5\\-4\\-1\end{pmatrix}$$

于是可得线性方程组

$$\begin{cases}k_1+2k_2+5k_3=4\\-2k_1\qquad\ -4k_3=-6\\k_1+3k_2-\ k_3=-3\end{cases}$$

因为

$$D=\begin{vmatrix}1&2&5\\-2&0&-4\\1&3&-1\end{vmatrix}=-30\neq0$$

由克莱姆法则，可得方程组的唯一解 $k_1=1$，$k_2=-1$，$k_3=1$，从而

$$\boldsymbol{\beta}=\boldsymbol{\alpha}_1-\boldsymbol{\alpha}_2+\boldsymbol{\alpha}_3$$

即 $\boldsymbol{\beta}$ 是 $\boldsymbol{\alpha}_1$，$\boldsymbol{\alpha}_2$，$\boldsymbol{\alpha}_3$ 的线性组合，而且表示式是唯一的.

二、向量的线性相关性

对于向量组

$$\boldsymbol{\alpha}_1=\begin{pmatrix}1\\0\\0\end{pmatrix},\ \boldsymbol{\alpha}_2=\begin{pmatrix}0\\2\\0\end{pmatrix},\ \boldsymbol{\alpha}_3=\begin{pmatrix}1\\1\\0\end{pmatrix},\ \boldsymbol{\alpha}_4=\begin{pmatrix}1\\1\\1\end{pmatrix}$$

显然有 $2\boldsymbol{\alpha}_1+\boldsymbol{\alpha}_2-2\boldsymbol{\alpha}_3+0\boldsymbol{\alpha}_4=\mathbf{0}$，具有这种运算性质的向量组称为线性相关的向量组.

定义 2 设有向量组 $\boldsymbol{\alpha}_1$，$\boldsymbol{\alpha}_2$，…，$\boldsymbol{\alpha}_n$，如果存在一组不全为零的数 k_1，k_2，…，k_n 使

$$k_1\boldsymbol{\alpha}_1+k_2\boldsymbol{\alpha}_2+\cdots+k_n\boldsymbol{\alpha}_n=\mathbf{0} \tag{3.3}$$

成立，则称向量组 $\boldsymbol{\alpha}_1$，$\boldsymbol{\alpha}_2$，…，$\boldsymbol{\alpha}_n$ **线性相关**；如果只有当 k_1，k_2，…，k_n 全为零时，才使式(3.3)成立，则称向量组 $\boldsymbol{\alpha}_1$，$\boldsymbol{\alpha}_2$，…，$\boldsymbol{\alpha}_n$ **线性无关**.

例 3 试证：向量组 $\boldsymbol{\alpha}_1$，$\boldsymbol{\alpha}_2$，$\mathbf{0}$，$\boldsymbol{\alpha}_4$ 是线性相关的.

证 因为

$$0\cdot\boldsymbol{\alpha}_1+0\cdot\boldsymbol{\alpha}_2+1\cdot\mathbf{0}+0\cdot\boldsymbol{\alpha}_4=\mathbf{0}$$

其中系数 0，0，1，0 不全为零，所以 $\boldsymbol{\alpha}_1$，$\boldsymbol{\alpha}_2$，$\mathbf{0}$，$\boldsymbol{\alpha}_4$ 是线性相关的.

由此可见，包含零向量的向量组一定是线性相关的.

例 4 试证：n 维基本单位向量 $\boldsymbol{e}_1$，$\boldsymbol{e}_2$，…，$\boldsymbol{e}_n$ 线性无关.

证 若 $k_1\boldsymbol{e}_1+k_2\boldsymbol{e}_2+\cdots+k_n\boldsymbol{e}_n=\mathbf{0}$，即

$$\begin{aligned}&k_1(1,0,\cdots,0)+k_2(0,1,\cdots,0)+\cdots+k_n(0,\cdots,0,1)\\=&(k_1,k_2,\cdots,k_n)=(0,0,\cdots,0)\end{aligned}$$

从而 $k_1=k_2=\cdots=k_n=0$，故 $\boldsymbol{e}_1$，$\boldsymbol{e}_2$，…，$\boldsymbol{e}_n$ 线性无关.

例 5 判断向量组 $\boldsymbol{\alpha}_1=(1,2,3)^{\mathrm{T}}$，$\boldsymbol{\alpha}_2=(1,1,0)^{\mathrm{T}}$，$\boldsymbol{\alpha}_3=(1,1,1)^{\mathrm{T}}$ 的线性相关性.

解 设 $x_1\boldsymbol{\alpha}_1+x_2\boldsymbol{\alpha}_2+x_3\boldsymbol{\alpha}_3=\mathbf{0}$，得齐次线性方程组

$$\begin{cases}x_1+x_2+x_3=0\\2x_1+x_2+x_3=0\\3x_1\qquad+x_3=0\end{cases}$$

第三章 n 维向量与线性方程组

该方程组的系数行列式

$$|\boldsymbol{A}| = \begin{vmatrix} 1 & 1 & 1 \\ 2 & 1 & 1 \\ 3 & 0 & 1 \end{vmatrix} = -1 \neq 0$$

所以方程组只有零解 $x_1 = x_2 = x_3 = 0$，故 $\boldsymbol{\alpha}_1$，$\boldsymbol{\alpha}_2$，$\boldsymbol{\alpha}_3$ 线性无关.

一般地，由线性无关的定义与克莱姆法则可得：n 个 n 维向量 $\boldsymbol{\alpha}_i = (a_{i1}, a_{i2}, \cdots, a_n)^{\mathrm{T}}$，$i = 1, 2, \cdots, n$ 线性无(相)关的充要条件是行列式

$$\begin{vmatrix} a_{11} & a_{21} & \cdots & a_{n1} \\ a_{12} & a_{22} & \cdots & a_{n2} \\ \vdots & \vdots & & \vdots \\ a_{1n} & a_{2n} & \cdots & a_{nn} \end{vmatrix} \neq 0 \qquad (=0)$$

例 6 设向量组 $\boldsymbol{\alpha}_1$，$\boldsymbol{\alpha}_2$，$\boldsymbol{\alpha}_3$ 线性无关，$\boldsymbol{\beta}_1 = \boldsymbol{\alpha}_1 + \boldsymbol{\alpha}_2$，$\boldsymbol{\beta}_2 = \boldsymbol{\alpha}_2 + \boldsymbol{\alpha}_3$，$\boldsymbol{\beta}_3 = \boldsymbol{\alpha}_3 + \boldsymbol{\alpha}_1$. 试证向量组 $\boldsymbol{\beta}_1$，$\boldsymbol{\beta}_2$，$\boldsymbol{\beta}_3$ 也线性无关.

证 设 $x_1\boldsymbol{\beta}_1 + x_2\boldsymbol{\beta}_2 + x_3\boldsymbol{\beta}_3 = \boldsymbol{0}$，整理得

$$(x_1 + x_3)\boldsymbol{\alpha}_1 + (x_1 + x_2)\boldsymbol{\alpha}_2 + (x_2 + x_3)\boldsymbol{\alpha}_3 = \boldsymbol{0}$$

因为 $\boldsymbol{\alpha}_1$，$\boldsymbol{\alpha}_2$，$\boldsymbol{\alpha}_3$ 线性无关，故必有

$$\begin{cases} x_1 + x_3 = 0 \\ x_1 + x_2 = 0 \\ x_2 + x_3 = 0 \end{cases}$$

此方程组的系数行列式

$$\begin{vmatrix} 1 & 0 & 1 \\ 1 & 1 & 0 \\ 0 & 1 & 1 \end{vmatrix} = 2 \neq 0$$

故它只有零解 $x_1 = x_2 = x_3 = 0$，所以 $\boldsymbol{\beta}_1$，$\boldsymbol{\beta}_2$，$\boldsymbol{\beta}_3$ 线性无关.

定理 1 向量组 $\boldsymbol{\alpha}_1$，$\boldsymbol{\alpha}_2$，$\cdots$，$\boldsymbol{\alpha}_m$（$m \geqslant 2$）线性相关的充要条件是该向量组中至少有一个向量可由其余向量线性表示.

证 充分性：不妨设 $\boldsymbol{\alpha}_m$ 可由 $\boldsymbol{\alpha}_1$，$\boldsymbol{\alpha}_2$，$\cdots$，$\boldsymbol{\alpha}_{m-1}$ 线性表示，即存在 k_1，k_2，$\cdots$，k_{m-1} 使

$$\boldsymbol{\alpha}_m = k_1\boldsymbol{\alpha}_1 + k_2\boldsymbol{\alpha}_2 + \cdots + k_{m-1}\boldsymbol{\alpha}_{m-1}$$

从而

$$k_1\boldsymbol{\alpha}_1 + k_2\boldsymbol{\alpha}_2 + \cdots + k_{m-1}\boldsymbol{\alpha}_{m-1} + (-1)\boldsymbol{\alpha}_m = \mathbf{0}$$

因 k_1，k_2，…，k_{m-1}，（-1）这 m 个数不全为零，所以 $\boldsymbol{\alpha}_1$，$\boldsymbol{\alpha}_2$，…，$\boldsymbol{\alpha}_m$ 线性相关.

必要性：若 $\boldsymbol{\alpha}_1$，$\boldsymbol{\alpha}_2$，…，$\boldsymbol{\alpha}_m$ 线性相关，则必存在一组不全为零的数 k_1，k_2，…，k_m 使

$$k_1\boldsymbol{\alpha}_1 + k_2\boldsymbol{\alpha}_2 + \cdots + k_m\boldsymbol{\alpha}_m = \mathbf{0}$$

不妨设 $k_m \neq 0$，由上式得

$$\boldsymbol{\alpha}_m = -\frac{k_1}{k_m}\boldsymbol{\alpha}_1 - \frac{k_2}{k_m}\boldsymbol{\alpha}_2 - \cdots - \frac{k_{m-1}}{k_m}\boldsymbol{\alpha}_{m-1}$$

即该向量组中至少有一个向量可由其余向量线性表示.

定理 2 设 $\boldsymbol{\alpha}_1$，$\boldsymbol{\alpha}_2$，…，$\boldsymbol{\alpha}_m$ 线性无关，而 $\boldsymbol{\alpha}_1$，$\boldsymbol{\alpha}_2$，…，$\boldsymbol{\alpha}_m$，$\boldsymbol{\beta}$ 线性相关，则 $\boldsymbol{\beta}$ 能由 $\boldsymbol{\alpha}_1$，$\boldsymbol{\alpha}_2$，…，$\boldsymbol{\alpha}_m$ 线性表示，且表示式是唯一的.

证 因 $\boldsymbol{\alpha}_1$，$\boldsymbol{\alpha}_2$，…，$\boldsymbol{\alpha}_m$，$\boldsymbol{\beta}$ 线性相关，故有不全为零的数 k_1，k_2，…，k_m，k_{m+1}使得

$$k_1\boldsymbol{\alpha}_1 + k_2\boldsymbol{\alpha}_2 + \cdots + k_m\boldsymbol{\alpha}_m + k_{m+1}\boldsymbol{\beta} = \mathbf{0}$$

先证 $k_{m+1} \neq 0$. 用反证法,假定 $k_{m+1} = 0$,则因 $k_1, k_2, \cdots, k_m$ 不全为零,且有

$$k_1\boldsymbol{\alpha}_1 + k_2\boldsymbol{\alpha}_2 + \cdots + k_m\boldsymbol{\alpha}_m = \mathbf{0}$$

这与 $\boldsymbol{\alpha}_1$，$\boldsymbol{\alpha}_2$，…，$\boldsymbol{\alpha}_m$ 线性无关矛盾，此矛盾说明 $k_{m+1} \neq 0$，从而有

$$\boldsymbol{\beta} = -\frac{k_1}{k_{m+1}}\boldsymbol{\alpha}_1 - \frac{k_2}{k_{m+1}}\boldsymbol{\alpha}_2 - \cdots - \frac{k_m}{k_{m+1}}\boldsymbol{\alpha}_m$$

再证表示式是唯一的、设有两个表示式

$$\boldsymbol{\beta} = \lambda_1\boldsymbol{\alpha}_1 + \lambda_2\boldsymbol{\alpha}_2 + \cdots + \lambda_m\boldsymbol{\alpha}_m \text{ 及 } \boldsymbol{\beta} = \mu_1\boldsymbol{\alpha}_1 + \mu_2\boldsymbol{\alpha}_2 + \cdots + \mu_m\boldsymbol{\alpha}_m$$

两式相减，得

$$(\lambda_1 - \mu_1)\boldsymbol{\alpha}_1 + (\lambda_2 - \mu_2)\boldsymbol{\alpha}_2 + \cdots + (\lambda_m - \mu_m)\boldsymbol{\alpha}_m = \mathbf{0}$$

因 $\boldsymbol{\alpha}_1$，$\boldsymbol{\alpha}_2$，…，$\boldsymbol{\alpha}_m$ 线性无关，故

$$\lambda_i = \mu_i \quad (i = 1,\ 2,\ \cdots,\ m)$$

所以 $\boldsymbol{\beta}$ 的表示式是唯一的.

第三节　向量组的极大线性无关组和秩

一、向量组的极大线性无关组和秩

我们知道，线性相关的向量组中至少有一个向量可由其余的向量线性表示，逐个去掉被表示的向量，直到得到一个线性无关的部分组. 归纳出这个部分组的特征，就得到向量组的极大线性无关组的概念.

例 1　在线性相关的向量组 $\boldsymbol{\alpha}_1=(1,\ 0,\ 0)$，$\boldsymbol{\alpha}_2=(0,\ 1,\ 0)$，$\boldsymbol{\alpha}_3=(1,\ 1,\ 0)$ 中，有表示式

$$\boldsymbol{\alpha}_3=\boldsymbol{\alpha}_1+\boldsymbol{\alpha}_2$$

我们去掉 $\boldsymbol{\alpha}_3$ 得部分组 $\boldsymbol{\alpha}_1$，$\boldsymbol{\alpha}_2$，它满足：

(1) $\boldsymbol{\alpha}_1$，$\boldsymbol{\alpha}_2$ 线性无关；

(2) $\boldsymbol{\alpha}_1=1\cdot\boldsymbol{\alpha}_1+0\cdot\boldsymbol{\alpha}_2$，$\boldsymbol{\alpha}_2=0\cdot\boldsymbol{\alpha}_1+1\cdot\boldsymbol{\alpha}_2$，$\boldsymbol{\alpha}_3=\boldsymbol{\alpha}_1+\boldsymbol{\alpha}_2$，即原向量组中的任何一个向量都可由这个线性无关的部分组线性表示.

具有这样两条性质的部分组 $\boldsymbol{\alpha}_1$，$\boldsymbol{\alpha}_2$ 称为原向量组的一个极大线性无关组. 对于一般的向量组我们有

定义 1　设向量组 T，如果它的一个部分组 $\boldsymbol{\alpha}_1$，$\boldsymbol{\alpha}_2$，…，$\boldsymbol{\alpha}_r$ 满足：

(1) $\boldsymbol{\alpha}_1$，$\boldsymbol{\alpha}_2$，…，$\boldsymbol{\alpha}_r$ 线性无关；

(2) 向量组 T 中的任一向量均可由此部分组线性表示，则称部分组 $\boldsymbol{\alpha}_1$，$\boldsymbol{\alpha}_2$，…，$\boldsymbol{\alpha}_r$ 为向量组 T 的一个极大线性无关组.

我们不难验证，在例 1 中的向量组 $\boldsymbol{\alpha}_1$，$\boldsymbol{\alpha}_2$，$\boldsymbol{\alpha}_3$ 的部分组 $\boldsymbol{\alpha}_2$，$\boldsymbol{\alpha}_3$ 与 $\boldsymbol{\alpha}_1$，$\boldsymbol{\alpha}_3$ 也是该向量组的极大线性无关组.

由此可见，一个向量组的极大线性无关组不一定是唯一的. 但是，不同的极大线性无关组所含向量的个数是相同的.

定义 2　向量组的极大线性无关组所含向量的个数称为向量组的秩，并规定只含零向量的向量组的秩为 0.

由于线性无关的向量组的极大线性无关组就是它本身，于是我们可得如下结论.

定理 1　向量组线性无（相）关的充要条件是：它的秩等于

（小于）所含向量的个数.

在求向量组的极大线性无关组与讨论线性方程组解的结构时，我们经常用到下面结论.

定理 2 秩为 r 的向量组中，任意 r 个线性无关的部分组均为极大线性无关组.

证明略去.

下面我们讨论向量组的秩与矩阵的秩之间的关系.

设矩阵 $\boldsymbol{A}=(a_{ij})_{m\times n}$，称 $\boldsymbol{A}$ 的行向量组 $\boldsymbol{\alpha}_1$，$\boldsymbol{\alpha}_2$，…，$\boldsymbol{\alpha}_m$ 的秩为矩阵 $\boldsymbol{A}$ 的行秩，$\boldsymbol{A}$ 的列向量组 $\boldsymbol{\beta}_1$，$\boldsymbol{\beta}_2$，…，$\boldsymbol{\beta}_n$ 的秩为矩阵 $\boldsymbol{A}$ 的列秩.

例如，对于矩阵

$$\boldsymbol{A}=\begin{pmatrix}1 & 1 & 3 & 2\\ 0 & 1 & -1 & 0\\ 0 & 0 & 0 & 0\end{pmatrix}$$

$\boldsymbol{A}$ 的行向量组为 $\boldsymbol{\alpha}_1=(1,\ 1,\ 3,\ 2)$，$\boldsymbol{\alpha}_2=(0,\ 1,\ -1,\ 0)$，$\boldsymbol{\alpha}_3=(0,\ 0,\ 0,\ 0)$，它的行秩显然为 2，这是因为 $\boldsymbol{\alpha}_1$，$\boldsymbol{\alpha}_2$ 为 $\boldsymbol{A}$ 的行向量组的唯一一个极大线性无关组.

$\boldsymbol{A}$ 的列向量组为 $\boldsymbol{\beta}_1=(1,\ 0,\ 0)^{\mathrm{T}}$，$\boldsymbol{\beta}_2=(1,\ 1,\ 0)^{\mathrm{T}}$，$\boldsymbol{\beta}_3=(3,\ -1,\ 0)^{\mathrm{T}}$，$\boldsymbol{\beta}_4=(2,\ 0,\ 0)^{\mathrm{T}}$，可以验证 $\boldsymbol{\beta}_1$，$\boldsymbol{\beta}_2$ 为列向量组的一个极大线性无关组，所以 $\boldsymbol{A}$ 的列向量组的秩也为 2.

显然，矩阵 $\boldsymbol{A}$ 的秩也是 2.

从这个例子我们可以看出，矩阵 $\boldsymbol{A}$ 的行秩、列秩和矩阵 $\boldsymbol{A}$ 的秩都相等，这个结论对任何一个矩阵都成立.

定理 3 矩阵 $\boldsymbol{A}$ 的秩等于它的行秩，也等于它的列秩.

证明较复杂，略去.

例 2 求下列阶梯阵的列向量组的一个极大线性无关组.

$$\boldsymbol{B}=\begin{pmatrix}a_1 & a_2 & a_3 & a_4 & a_5\\ 0 & b_2 & b_3 & b_4 & b_5\\ 0 & 0 & 0 & c_4 & c_5\\ 0 & 0 & 0 & 0 & d_5\end{pmatrix}$$

其中，a_1，b_2，c_4，d_5 不等于零.

解 显然，阶梯阵 $\boldsymbol{B}$ 的四个行向量线性无关，因此 $\boldsymbol{B}$ 的行秩为 4，且 $\boldsymbol{B}$ 的首非零元对应的列向量

$$\begin{pmatrix} a_1 \\ 0 \\ 0 \\ 0 \end{pmatrix}, \begin{pmatrix} a_2 \\ b_2 \\ 0 \\ 0 \end{pmatrix}, \begin{pmatrix} a_4 \\ b_4 \\ c_4 \\ 0 \end{pmatrix}, \begin{pmatrix} a_5 \\ b_5 \\ c_5 \\ d_5 \end{pmatrix}$$

是线性无关的，而 $\boldsymbol{B}$ 的秩为 4，即 $\boldsymbol{B}$ 的列向量组的秩也为 4，因此上述列向量就是阶梯阵 $\boldsymbol{B}$ 的列向量组的一个极大线性无关组.

由此可见：阶梯阵 $\boldsymbol{B}$ 的首非零元对应的列向量所构成的列向量组是它的列向量组的一个极大线性无关组.

例 3 求向量组

$\boldsymbol{\alpha}_1 = (1, -2, 1)^{\mathrm{T}}, \boldsymbol{\alpha}_2 = (2, -4, 2)^{\mathrm{T}}, \boldsymbol{\alpha}_3 = (1, 0, 3)^{\mathrm{T}}, \boldsymbol{\alpha}_4 = (0, -4, -4)^{\mathrm{T}}$

的秩和它的一个极大线性无关组.

解 对矩阵 $\boldsymbol{A} = (\boldsymbol{\alpha}_1, \boldsymbol{\alpha}_2, \boldsymbol{\alpha}_3, \boldsymbol{\alpha}_4)$ 作初等行变换

$$\boldsymbol{A} = \begin{pmatrix} 1 & 2 & 1 & 0 \\ -2 & -4 & 0 & -4 \\ 1 & 2 & 3 & -4 \end{pmatrix} \xrightarrow{\text{初等行变换}} \begin{pmatrix} 1 & 2 & 1 & 0 \\ 0 & 0 & 2 & -4 \\ 0 & 0 & 0 & 0 \end{pmatrix} = \boldsymbol{B}$$

显然，$\mathrm{r}(\boldsymbol{A}) = \mathrm{r}(\boldsymbol{B}) = 2$，即向量组 $\boldsymbol{\alpha}_1, \boldsymbol{\alpha}_2, \boldsymbol{\alpha}_3, \boldsymbol{\alpha}_4$ 的秩为 2，所以 $\boldsymbol{\alpha}_1, \boldsymbol{\alpha}_2, \boldsymbol{\alpha}_3, \boldsymbol{\alpha}_4$ 线性相关，把矩阵 $\boldsymbol{B}$ 记作 $\boldsymbol{B} = (\boldsymbol{\beta}_1, \boldsymbol{\beta}_2, \boldsymbol{\beta}_3, \boldsymbol{\beta}_4)$，易见 $\boldsymbol{\beta}_1, \boldsymbol{\beta}_3$ 是 $\boldsymbol{B}$ 的列向量组的一个极大线性无关组，它可以看做是矩阵 $\boldsymbol{A}_1 = (\boldsymbol{\alpha}_1, \boldsymbol{\alpha}_3)$ 经初等变换得到的，所以 $\boldsymbol{\alpha}_1, \boldsymbol{\alpha}_3$ 是 $\boldsymbol{A}$ 的列向量组的一个极大线性无关组.

由例 3 的解题过程，我们可以得到求向量组的秩和极大线性无关组的步骤：

（1）以向量组为列向量组构成矩阵 $\boldsymbol{A}$.

（2）通过初等行变换将 $\boldsymbol{A}$ 化为阶梯形矩阵 $\boldsymbol{B}$，则向量组 $\boldsymbol{B}$ 的秩等于 $\boldsymbol{A}$ 的秩，$\boldsymbol{B}$ 中首非零元所在列对应的 $\boldsymbol{A}$ 中的列向量组就是向量组的一个极大线性无关组.

例 4 设向量组 $\boldsymbol{\alpha}_1 = (1, 1, 1, 3)^{\mathrm{T}}$，$\boldsymbol{\alpha}_2 = (-1, -3, 5, 1)^{\mathrm{T}}$，$\boldsymbol{\alpha}_3 = (3, 2, -1, p+2)^{\mathrm{T}}$，$\boldsymbol{\alpha}_4 = (-2, -6, 10, p)^{\mathrm{T}}$. 试问

（1）当 p 为何值时，该向量组线性无关？

（2）当 p 为何值时，该向量组线性相关？并在此时求出它的秩和一个极大线性无关组.

解 对矩阵 $\boldsymbol{A}=(\boldsymbol{\alpha}_1, \boldsymbol{\alpha}_2, \boldsymbol{\alpha}_3, \boldsymbol{\alpha}_4)$ 作初等行变换

$$\boldsymbol{A}=\begin{pmatrix}1 & -1 & 3 & -2\\ 1 & -3 & 2 & -6\\ 1 & 5 & -1 & 10\\ 3 & 1 & p+2 & p\end{pmatrix}\xrightarrow{\text{初等行变换}}\begin{pmatrix}1 & -1 & 3 & -2\\ 0 & -2 & -1 & -4\\ 0 & 0 & -7 & 0\\ 0 & 0 & 0 & p-2\end{pmatrix}=\boldsymbol{B}$$

（1）当 $p\neq 2$ 时，$\mathrm{r}(\boldsymbol{A})=\mathrm{r}(\boldsymbol{B})=4$，所以 $\boldsymbol{\alpha}_1$，$\boldsymbol{\alpha}_2$，$\boldsymbol{\alpha}_3$，$\boldsymbol{\alpha}_4$ 线性无关.

（2）当 $p=2$ 时，$\mathrm{r}(\boldsymbol{A})=\mathrm{r}(\boldsymbol{B})=3$，所以向量组 $\boldsymbol{\alpha}_1$，$\boldsymbol{\alpha}_2$，$\boldsymbol{\alpha}_3$，$\boldsymbol{\alpha}_4$ 线性相关，此向量组的秩等于 3，$\boldsymbol{\alpha}_1$，$\boldsymbol{\alpha}_2$，$\boldsymbol{\alpha}_3$（或 $\boldsymbol{\alpha}_1$，$\boldsymbol{\alpha}_3$，$\boldsymbol{\alpha}_4$）为其一个极大线性无关组.

*二、两个向量组之间的关系

定义 3 设有两个 n 维向量组 $\boldsymbol{A}$ 和 $\boldsymbol{B}$，如果向量组 $\boldsymbol{A}$ 中的每个向量都能由向量组 $\boldsymbol{B}$ 中的向量线性表示，则称向量组 $\boldsymbol{A}$ 能由向量组 **$\boldsymbol{B}$ 线性表示**. 如果向量组 $\boldsymbol{A}$ 与 $\boldsymbol{B}$ 能相互线性表示，则称向量组 $\boldsymbol{A}$ 与向量组 **$\boldsymbol{B}$ 等价**.

显然，一个向量组的极大线性无关组与向量组本身等价.

定理 4 设向量组 $\boldsymbol{\alpha}_1, \boldsymbol{\alpha}_2, \cdots, \boldsymbol{\alpha}_r$ 是线性无关的，如果向量组 $\boldsymbol{\alpha}_1, \boldsymbol{\alpha}_2, \cdots, \boldsymbol{\alpha}_r$ 可由向量组 $\boldsymbol{\beta}_1, \boldsymbol{\beta}_2, \cdots, \boldsymbol{\beta}_s$ 线性表示，则 $r\leqslant s$.

证 对于 r 使用数学归纳法. 当 $r=1$ 时，定理显然成立.

假设前一个向量组含有 $r-1$ 个向量时定理成立，下面证明前一个向量组含有 r 个向量定理也成立. 此时设

$$\begin{cases}\boldsymbol{\alpha}_1=k_{11}\boldsymbol{\beta}_1+k_{12}\boldsymbol{\beta}_2+\cdots+k_{1s}\boldsymbol{\beta}_s\\ \boldsymbol{\alpha}_2=k_{21}\boldsymbol{\beta}_1+k_{22}\boldsymbol{\beta}_2+\cdots+k_{2s}\boldsymbol{\beta}_s\\ \qquad\vdots\\ \boldsymbol{\alpha}_r=k_{r1}\boldsymbol{\beta}_1+k_{r2}\boldsymbol{\beta}_2+\cdots+k_{rs}\boldsymbol{\beta}_s\end{cases}\tag{3.4}$$

由于 $\boldsymbol{\alpha}_1, \boldsymbol{\alpha}_2, \cdots, \boldsymbol{\alpha}_r$ 线性无关，所以一定不含有零向量，故式（3.4）的每个等式中 $\boldsymbol{\beta}_1, \boldsymbol{\beta}_2, \cdots, \boldsymbol{\beta}_s$ 前面的系数不能同时为零. 对于式（3.4）中的最后一个等式，不妨设 $k_{rs}\neq 0$，于是得到

$$\boldsymbol{\beta}_s=\frac{1}{k_{rs}}\boldsymbol{\alpha}_r-\frac{k_{r1}}{k_{rs}}\boldsymbol{\beta}_1-\frac{k_{r2}}{k_{rs}}\boldsymbol{\beta}_2-\cdots-\frac{k_{r,s-1}}{k_{rs}}\boldsymbol{\beta}_{s-1} \tag{3.5}$$

将式（3.5）代入式（3.4），合并整理得

$$\begin{cases}\boldsymbol{\alpha}_1+p_1\boldsymbol{\alpha}_r=c_{11}\boldsymbol{\beta}_1+c_{12}\boldsymbol{\beta}_2+\cdots+c_{1,s-1}\boldsymbol{\beta}_{s-1}\\ \boldsymbol{\alpha}_2+p_2\boldsymbol{\alpha}_r=c_{21}\boldsymbol{\beta}_1+c_{22}\boldsymbol{\beta}_2+\cdots+c_{2,s-1}\boldsymbol{\beta}_{s-1}\\ \quad\vdots\\ \boldsymbol{\alpha}_{r-1}+p_{r-1}\boldsymbol{\alpha}_r=c_{r-1,1}\boldsymbol{\beta}_1+c_{r-1,2}\boldsymbol{\beta}_2+\cdots+c_{r-1,s-1}\boldsymbol{\beta}_{s-1}\end{cases} \tag{3.6}$$

下面证明 $\boldsymbol{\alpha}_1+p_1\boldsymbol{\alpha}_r$，$\boldsymbol{\alpha}_2+p_2\boldsymbol{\alpha}_r$，…，$\boldsymbol{\alpha}_{r-1}+p_{r-1}\boldsymbol{\alpha}_r$ 线性无关. 假设

$$l_1(\boldsymbol{\alpha}_1+p_1\boldsymbol{\alpha}_r)+l_2(\boldsymbol{\alpha}_2+p_2\boldsymbol{\alpha}_r)+\cdots+l_{r-1}(\boldsymbol{\alpha}_{r-1}+p_{r-1}\boldsymbol{\alpha}_r)=\mathbf{0}$$

由于 $\boldsymbol{\alpha}_1$，$\boldsymbol{\alpha}_2$，…，$\boldsymbol{\alpha}_r$ 线性无关，上式的所有系数必须都为零，得

$$l_1=l_2=\cdots=l_{r-1}=0$$

又 $\boldsymbol{\alpha}_1+p_1\boldsymbol{\alpha}_r$，$\boldsymbol{\alpha}_2+p_2\boldsymbol{\alpha}_r$，…，$\boldsymbol{\alpha}_{r-1}+p_{r-1}\boldsymbol{\alpha}_r$ 线性无关，式（3.6）表明这 $r-1$ 个线性无关的向量可由 $\boldsymbol{\beta}_1$，$\boldsymbol{\beta}_2$，…，$\boldsymbol{\beta}_{s-1}$ 线性表示，由归纳法假设知 $r-1\leqslant s-1$，由此得 $r\leqslant s$. 所以定理对于任意的正整数 r 都成立.

推论 1 如果向量组 $\boldsymbol{\alpha}_1$，$\boldsymbol{\alpha}_2$，…，$\boldsymbol{\alpha}_r$ 可以由向量组 $\boldsymbol{\beta}_1$，$\boldsymbol{\beta}_2$，…，$\boldsymbol{\beta}_s$ 线性表示，而且 $r>s$，那么 $\boldsymbol{\alpha}_1$，$\boldsymbol{\alpha}_2$，…，$\boldsymbol{\alpha}_r$ 必定线性相关.

由于一个向量组的两个极大线性无关组是等价的，因此有

推论 2 一个向量组的任意两个极大线性无关组所含向量的个数相等.

亦即任何一个向量组的秩是唯一确定的.

推论 3 若向量组 $\boldsymbol{A}$ 可由向量组 $\boldsymbol{B}$ 线性表示，则向量组 $\boldsymbol{A}$ 的秩 $\leqslant$ 向量组 $\boldsymbol{B}$ 的秩.

例 5 设 $\boldsymbol{A}$，$\boldsymbol{B}$ 均为 $m\times n$ 矩阵，证明

$$\mathrm{r}(\boldsymbol{A}+\boldsymbol{B})\leqslant\mathrm{r}(\boldsymbol{A})+\mathrm{r}(\boldsymbol{B})$$

证 设 $\boldsymbol{A}=(\boldsymbol{\alpha}_1,\boldsymbol{\alpha}_2,\cdots,\boldsymbol{\alpha}_n)$ 与 $\boldsymbol{B}=(\boldsymbol{\beta}_1,\boldsymbol{\beta}_2,\cdots,\boldsymbol{\beta}_n)$，则

$$\boldsymbol{A}+\boldsymbol{B}=(\boldsymbol{\alpha}_1+\boldsymbol{\beta}_1,\boldsymbol{\alpha}_2+\boldsymbol{\beta}_2,\cdots,\boldsymbol{\alpha}_n+\boldsymbol{\beta}_n)$$

再设 $\boldsymbol{A}$ 与 $\boldsymbol{B}$ 的列向量组的极大线性无关组分别为

$$\boldsymbol{\alpha}_{i1},\boldsymbol{\alpha}_{i2},\cdots,\boldsymbol{\alpha}_{is}\text{与}\boldsymbol{\beta}_{j1},\boldsymbol{\beta}_{j2},\cdots,\boldsymbol{\beta}_{jt}$$

则矩阵 $\boldsymbol{A}$ 与 $\boldsymbol{B}$ 的列向量分别可由 $\boldsymbol{\alpha}_{i1}$，$\boldsymbol{\alpha}_{i2}$，…，$\boldsymbol{\alpha}_{is}$ 与 $\boldsymbol{\beta}_{j1}$，$\boldsymbol{\beta}_{j2}$，…，$\boldsymbol{\beta}_{jt}$ 线性表示，因而 $\boldsymbol{A}+\boldsymbol{B}$ 的列向量可由 $\boldsymbol{\alpha}_{i1}$，…，$\boldsymbol{\alpha}_{is}$，$\boldsymbol{\beta}_{j1}$，…，$\boldsymbol{\beta}_{jt}$ 线性表示，由此可知，$\boldsymbol{A}+\boldsymbol{B}$ 的列向量组的极大线性无关组也可由向

量 $\boldsymbol{\alpha}_{i1}$，…，$\boldsymbol{\alpha}_{is}$，$\boldsymbol{\beta}_{j1}$，…，$\boldsymbol{\beta}_{jt}$线性表示，由定理 3 得

$$\mathrm{r}(\boldsymbol{A}+\boldsymbol{B}) \leqslant s+t=\mathrm{r}(\boldsymbol{A})+\mathrm{r}(\boldsymbol{B})$$

类似地可以证明

$$\max\{\mathrm{r}(\boldsymbol{A}),\mathrm{r}(\boldsymbol{B})\} \leqslant \mathrm{r}(\boldsymbol{A},\boldsymbol{B}) \leqslant \mathrm{r}(\boldsymbol{A})+\mathrm{r}(\boldsymbol{B})$$

其中 $\boldsymbol{A}$ 为 $m \times p$ 矩阵，$\boldsymbol{B}$ 为 $m \times q$ 矩阵，$(\boldsymbol{A},\ \boldsymbol{B})$ 为 $m \times (p+q)$ 矩阵.

例 6 设 $\boldsymbol{A}$ 是 $m \times s$ 矩阵，$\boldsymbol{B}$ 是 $s \times n$ 矩阵，试证

$$\mathrm{r}(\boldsymbol{AB}) \leqslant \min\{\mathrm{r}(\boldsymbol{A}),\ \mathrm{r}(\boldsymbol{B})\}$$

证 只要证 $\mathrm{r}(\boldsymbol{AB}) \leqslant \mathrm{r}(\boldsymbol{A})$，且 $\mathrm{r}(\boldsymbol{AB}) \leqslant \mathrm{r}(\boldsymbol{B})$ 即可. 把 $\boldsymbol{AB}=\boldsymbol{C}$ 按列分块

$$\boldsymbol{AB}=\boldsymbol{C}=(\boldsymbol{c}_1,\boldsymbol{c}_2,\cdots,\boldsymbol{c}_n)=\boldsymbol{A}(\boldsymbol{b}_1,\boldsymbol{b}_2,\cdots,\boldsymbol{b}_n)=(\boldsymbol{Ab}_1,\boldsymbol{Ab}_2,\cdots,\boldsymbol{Ab}_n)$$

则有 $\boldsymbol{AB}=\boldsymbol{C}$ 的第 j 个列向量

$$\boldsymbol{c}_j=(\boldsymbol{a}_1,\ \boldsymbol{a}_2,\ \cdots,\ \boldsymbol{a}_s)\ \boldsymbol{b}_j=b_{1j}\boldsymbol{a}_1+b_{2j}\boldsymbol{a}_2+\cdots+b_{sj}\boldsymbol{a}_s\quad (j=1,\ 2,\ \cdots,\ n)$$

上式表明 $\boldsymbol{AB}$ 的列向量组可由 $\boldsymbol{A}$ 的列向量组线性表示，因此 $\mathrm{r}(\boldsymbol{AB}) \leqslant \mathrm{r}(\boldsymbol{A})$，同理可证 $\mathrm{r}(\boldsymbol{AB}) \leqslant \mathrm{r}(\boldsymbol{B})$，命题得证.

第四节 线性方程组有解判别定理

对于一般线性方程组

$$\begin{cases} a_{11}x_1+a_{12}x_2+\cdots+a_{1n}x_n=b_1 \\ a_{21}x_1+a_{22}x_2+\cdots+a_{2n}x_n=b_2 \\ \qquad\qquad\vdots \\ a_{m1}x_1+a_{m2}x_2+\cdots+a_{mn}x_n=b_m \end{cases}$$

记

$$\boldsymbol{A}=\begin{pmatrix} a_{11} & a_{12} & \cdots & a_{1n} \\ a_{21} & a_{22} & \cdots & a_{2n} \\ \vdots & \vdots & & \vdots \\ a_{m1} & a_{m2} & \cdots & a_{mn} \end{pmatrix},\ \boldsymbol{X}=\begin{pmatrix} x_1 \\ x_2 \\ \vdots \\ x_n \end{pmatrix},\ \boldsymbol{b}=\begin{pmatrix} b_1 \\ b_2 \\ \vdots \\ b_m \end{pmatrix}$$

则线性方程组可写成矩阵形式

$$\boldsymbol{AX}=\boldsymbol{b}$$

如果一个 n 元有序的数组 $\boldsymbol{X}_0=(\lambda_1,\ \lambda_2,\ \cdots,\ \lambda_n)^{\mathrm{T}}$ 满足方程组

$\boldsymbol{AX}=\boldsymbol{b}$，则称 $\boldsymbol{X}_0$ 为方程组 $\boldsymbol{AX}=\boldsymbol{b}$ 的一个**解**，或称为一个**解向量**；如果对任何的 $\boldsymbol{X}$，$\boldsymbol{AX}=\boldsymbol{b}$ 均不成立，则称方程组 $\boldsymbol{AX}=\boldsymbol{b}$ **无解**.

称 $\boldsymbol{A}$ 为线性方程组的**系数矩阵**，并称

$$(\boldsymbol{A}\ \boldsymbol{b})=\begin{pmatrix} a_{11} & a_{12} & \cdots & a_{1n} & b_1 \\ a_{21} & a_{22} & \cdots & a_{2n} & b_2 \\ \vdots & \vdots & & \vdots & \vdots \\ a_{m1} & a_{m2} & \cdots & a_{mn} & b_m \end{pmatrix}$$

为线性方程组的**增广矩阵**. 显然，线性方程组和它的增广矩阵是一一对应的，因此，我们可以用增广矩阵表示线性方程组. 若增广矩阵为阶梯形矩阵，则称它对应的方程组为**阶梯形方程组**. 阶梯形方程组是很容易求解的，例如，我们不难求出阶梯形方程组

$$\begin{cases} 2x_1+3x_2+\ \ x_3=1 \\ \qquad\quad\ x_2+2x_3=3 \\ \qquad\qquad\qquad x_3=2 \end{cases}$$

的解为 $x_1=1$，$x_2=-1$，$x_3=2$. 这启发我们将方程组化为阶梯形进行求解，消元法就是这样一种求解线性方程组的方法. 下面通过具体的例子说明这种方法.

例 1 解线性方程组

$$\begin{cases} 2x_1-x_2+3x_3=1 \\ 4x_1+2x_2+5x_3=4 \\ 2x_1+x_2+2x_3=5 \end{cases}$$

解 将第一个方程分别乘以(-2)与(-1)加到第二与第三个方程，得

$$\begin{cases} 2x_1-x_2+3x_3=1 \\ \qquad 4x_2-x_3=2 \\ \qquad 2x_2-x_3=4 \end{cases}$$

在上式中交换第二个和第三个方程，然后把第二个方程乘以(-2)加到第三个方程，得阶梯形方程组

$$\begin{cases} 2x_1-x_2+3x_3=1 \\ \qquad 2x_2-x_3=4 \\ \qquad\qquad x_3=-6 \end{cases}$$

再回代，得 $x_3=-6$，$x_2=-1$，$x_1=9$.

上述例子的求解过程，我们实际上对方程组施行了三种变换：

(1) 变换两个方程的位置；

(2) 用一个非零的数乘某一个方程；

(3) 用一个数乘某个方程加到另一个方程上.

我们把这三种变换称为线性方程组的初等变换，由初等代数可知，下面结论成立.

定理 1 初等变换把一个线性方程组变为与它同解的线性方程组.

消元法的实质，是对方程组进行初等变换，而这种变换恰与矩阵的初等行变换相对应. 从矩阵的角度看，是利用矩阵的初等行变换将方程组的增广矩阵($\boldsymbol{A}\ \boldsymbol{b}$)化为阶梯形矩阵，从而将方程组化为与它同解的阶梯形方程组.

例 2 解线性方程组

$$\begin{cases} x_1+x_2-3x_3-x_4=1 \\ 3x_1-x_2-3x_3+4x_4=4 \\ x_1+5x_2-9x_3-8x_4=0 \end{cases}$$

解 对方程组的增广矩阵作初等行变换，有

$$(\boldsymbol{Ab})=\begin{pmatrix} 1 & 1 & -3 & -1 & 1 \\ 3 & -1 & -3 & 4 & 4 \\ 1 & 5 & -9 & -8 & 0 \end{pmatrix} \xrightarrow[r_3-r_1]{r_2-3r_1} \begin{pmatrix} 1 & 1 & -3 & -1 & 1 \\ 0 & -4 & 6 & 7 & 1 \\ 0 & 4 & -6 & -7 & -1 \end{pmatrix}$$

$$\xrightarrow[r_2\times\left(-\frac{1}{4}\right)]{r_3+r_2} \begin{pmatrix} 1 & 1 & -3 & -1 & 1 \\ 0 & 1 & -\frac{3}{2} & -\frac{7}{4} & -\frac{1}{4} \\ 0 & 0 & 0 & 0 & 0 \end{pmatrix}$$

$$\xrightarrow{r_1-r_2} \begin{pmatrix} 1 & 0 & -\frac{3}{2} & \frac{3}{4} & \frac{5}{4} \\ 0 & 1 & -\frac{3}{2} & -\frac{7}{4} & -\frac{1}{4} \\ 0 & 0 & 0 & 0 & 0 \end{pmatrix}$$

得同解方程组

$$\begin{cases} x_1 - \dfrac{3}{2}x_3 + \dfrac{3}{4}x_4 = \dfrac{5}{4} \\ x_2 - \dfrac{3}{2}x_3 - \dfrac{7}{4}x_4 = -\dfrac{1}{4} \end{cases}$$

所以方程组的解为

$$\begin{cases} x_1 = \dfrac{3}{2}x_3 - \dfrac{3}{4}x_4 + \dfrac{5}{4} \\ x_2 = \dfrac{3}{2}x_3 + \dfrac{7}{4}x_4 - \dfrac{1}{4} \end{cases}$$

其中 x_3，x_4 为自由未知量.

例 3 解线性方程组

$$\begin{cases} x_1 - 2x_2 - x_3 = 1 \\ 3x_1 - x_2 - 3x_3 = 2 \\ 2x_1 + x_2 - 2x_3 = 3 \end{cases}$$

解 对增广矩阵作初等行变换，有

$$(\boldsymbol{A}\ \boldsymbol{b}) = \begin{pmatrix} 1 & -2 & -1 & 1 \\ 3 & -1 & -3 & 2 \\ 2 & 1 & -2 & 3 \end{pmatrix} \xrightarrow[r_3 - 2r_1]{r_2 - 3r_1} \begin{pmatrix} 1 & -2 & -1 & 1 \\ 0 & 5 & 0 & -1 \\ 0 & 5 & 0 & 1 \end{pmatrix}$$

$$\xrightarrow{r_3 - r_2} \begin{pmatrix} 1 & -2 & -1 & 1 \\ 0 & 5 & 0 & -1 \\ 0 & 0 & 0 & 2 \end{pmatrix} = \boldsymbol{B}$$

阶梯形矩阵 $\boldsymbol{B}$ 中最后一个非零行所表示的方程为 $0x_1 + 0x_2 + 0x_3 = 2$，即 $0 = 2$，这是一个矛盾方程，故方程组无解.

由于初等变换不改变矩阵的秩，所以上述线性方程组的解法可以归结成下列结论.

定理 2 设 $\boldsymbol{A}$ 为 $m \times n$ 矩阵，则 n 元线性方程组

$$\boldsymbol{AX} = \boldsymbol{b}$$

有解的充要条件是

$$\mathrm{r}(\boldsymbol{A}) = \mathrm{r}(\boldsymbol{A}\ \boldsymbol{b});$$

有无穷多个解的充要条件是

$$\mathrm{r}(\boldsymbol{A}) = \mathrm{r}(\boldsymbol{A}\ \boldsymbol{b}) < n;$$

无解的充要条件是

$$\mathrm{r}(\boldsymbol{A}) < \mathrm{r}(\boldsymbol{A}\ \boldsymbol{b}).$$

例 4 讨论线性方程组

$$\begin{cases}\lambda x_1+x_2+x_3=1\\ x_1+\lambda x_2+x_3=\lambda\\ x_1+x_2+\lambda x_3=\lambda^2\end{cases}$$

解的情况.

解 对增广矩阵进行初等行变换，有

$$(\boldsymbol{A}\ \boldsymbol{b})=\begin{pmatrix}\lambda&1&1&1\\1&\lambda&1&\lambda\\1&1&\lambda&\lambda^2\end{pmatrix}\xrightarrow{r_1\leftrightarrow r_3}\begin{pmatrix}1&1&\lambda&\lambda^2\\1&\lambda&1&\lambda\\\lambda&1&1&1\end{pmatrix}\xrightarrow[r_3-\lambda r_1]{r_2-r_1}\begin{pmatrix}1&1&\lambda&\lambda^2\\0&\lambda-1&1-\lambda&\lambda-\lambda^2\\0&1-\lambda&1-\lambda^2&1-\lambda^3\end{pmatrix}$$

$$\xrightarrow{r_3+r_2}\begin{pmatrix}1&1&\lambda&\lambda^2\\0&\lambda-1&1-\lambda&\lambda-\lambda^2\\0&0&2-\lambda-\lambda^2&1+\lambda-\lambda^2-\lambda^3\end{pmatrix}$$

$$\longrightarrow\begin{pmatrix}1&1&\lambda&\lambda^2\\0&\lambda-1&1-\lambda&\lambda-\lambda^2\\0&0&(1-\lambda)(2+\lambda)&(1-\lambda)(1+\lambda)^2\end{pmatrix}$$

由此可知：

(1) 当 $\lambda\neq1,\ -2$ 时，$\mathrm{r}(\boldsymbol{A})=\mathrm{r}(\boldsymbol{A}\ \boldsymbol{b})=3$，方程组有唯一解.

(2) 当 $\lambda=1$ 时，有 $\mathrm{r}(\boldsymbol{A})=\mathrm{r}(\boldsymbol{A}\ \boldsymbol{b})=1<3$，且

$$(\boldsymbol{A}\ \boldsymbol{b})\longrightarrow\begin{pmatrix}1&1&1&1\\0&0&0&0\\0&0&0&0\end{pmatrix}$$

方程组有无穷多个解，解为 $x_1=1-x_2-x_3$（x_2，x_3 为任意数）.

(3) 当 $\lambda=-2$ 时，有

$$(\boldsymbol{A}\ \boldsymbol{b})\longrightarrow\begin{pmatrix}1&1&-2&4\\0&-3&3&-6\\0&0&0&3\end{pmatrix}$$

且 $2=\mathrm{r}(\boldsymbol{A})<r(\boldsymbol{A}\ \boldsymbol{b})=3$，方程组无解.

对于线性方程组 $\boldsymbol{AX}=\boldsymbol{b}$，当 $\boldsymbol{b}=\boldsymbol{0}$ 时，称为**齐次线性方程组**；当 $\boldsymbol{b}\neq\boldsymbol{0}$ 时，称为**非齐次线性方程组**. 易知，齐次线性方程组 $\boldsymbol{AX}=\boldsymbol{0}$ 一定存在零解 $\boldsymbol{X}_0=\boldsymbol{0}$，所以解齐次线性方程组经常关心的是它是否存在非零解.

推论 1 n 元齐次线性方程组 $\boldsymbol{AX}=\boldsymbol{0}$ 仅有零解的充要条件是 $r(\boldsymbol{A})=n$，有非零解的充要条件是 $\mathrm{r}(\boldsymbol{A})<n$.

例 5 λ 满足什么条件，齐次线性方程组

$$\begin{cases} x_1+x_2+x_3=0 \\ x_1+2x_2+2x_3=0 \\ x_1+2x_2+\lambda x_3=0 \end{cases}$$

有非零解.

解 因为

$$|\boldsymbol{A}|=\begin{vmatrix} 1 & 1 & 1 \\ 1 & 2 & 2 \\ 1 & 2 & \lambda \end{vmatrix}=\lambda-2$$

当 $\lambda=2$ 时，$\mathrm{r}(\boldsymbol{A})<3$，方程组有非零解.

第五节　线性方程组解的结构

n 元齐次线性方程组

$$\begin{cases} a_{11}x_1+a_{12}x_2+\cdots+a_{1n}x_n=0 \\ a_{21}x_1+a_{22}x_2+\cdots+a_{2n}x_n=0 \\ \qquad\qquad\vdots \\ a_{m1}x_1+a_{m2}x_2+\cdots+a_{mn}x_n=0 \end{cases}$$

其矩阵形式为 $\boldsymbol{AX}=\mathbf{0}$，因为齐次线性方程组总是有解的，故我们讨论其解的性质.

性质 1 若 $\boldsymbol{\eta}_1$，$\boldsymbol{\eta}_2$ 是方程组 $\boldsymbol{AX}=\mathbf{0}$ 的两个解，则 $\boldsymbol{\eta}_1+\boldsymbol{\eta}_2$ 也是 $\boldsymbol{AX}=\mathbf{0}$ 的解.

证 因为 $\boldsymbol{A}(\boldsymbol{\eta}_1+\boldsymbol{\eta}_2)=\boldsymbol{A\eta}_1+\boldsymbol{A\eta}_2=\mathbf{0}+\mathbf{0}$，所以 $\boldsymbol{\eta}_1+\boldsymbol{\eta}_2$ 是 $\boldsymbol{AX}=\mathbf{0}$ 的解.

性质 2 若 $\boldsymbol{\eta}$ 是方程组 $\boldsymbol{AX}=\mathbf{0}$ 的解，则对任意的常数 k，$k\boldsymbol{\eta}$ 也是 $\boldsymbol{AX}=\mathbf{0}$ 的解.

证 因为 $\boldsymbol{A}(k\boldsymbol{\eta})=k(\boldsymbol{A\eta})=k\mathbf{0}=\mathbf{0}$，所以 $k\boldsymbol{\eta}$ 是 $\boldsymbol{AX}=\mathbf{0}$ 的解.

由以上性质可知：如果 $\boldsymbol{\eta}_1$，$\boldsymbol{\eta}_2$，…，$\boldsymbol{\eta}_S$ 是齐次线性方程组 $\boldsymbol{AX}=\mathbf{0}$ 的 S 个解，则它们的任一线性组合 $k_1\boldsymbol{\eta}_1+k_2\boldsymbol{\eta}_2+\cdots+k_S\boldsymbol{\eta}_S$ 也是方程组 $\boldsymbol{AX}=\mathbf{0}$ 的解，故当方程组 $\boldsymbol{AX}=\mathbf{0}$ 有非零解时，它就有无穷多个解向量，这无穷多个解向量就构成了方程组 $\boldsymbol{AX}=\mathbf{0}$ 的解向量组. 如果能求出这个解向量组中一个极大无关组，那么方程组 $\boldsymbol{AX}=\mathbf{0}$ 的全部

解向量就可以由该极大无关线性组线性表示，由此引出了齐次线性方程组的基础解系的概念.

定义 设 $\boldsymbol{\eta}_1, \boldsymbol{\eta}_2, \cdots, \boldsymbol{\eta}_S$ 是齐次线性方程组 $\boldsymbol{AX}=\boldsymbol{0}$ 的 S 个解向量，且满足

(1) $\boldsymbol{\eta}_1, \boldsymbol{\eta}_2, \cdots, \boldsymbol{\eta}_S$ 线性无关；

(2) 方程组 $\boldsymbol{AX}=\boldsymbol{0}$ 的任一解都可由 $\boldsymbol{\eta}_1, \boldsymbol{\eta}_2, \cdots, \boldsymbol{\eta}_S$ 线性表示，

则称 $\boldsymbol{\eta}_1, \boldsymbol{\eta}_2, \cdots, \boldsymbol{\eta}_S$ 是齐次线性方程组 $\boldsymbol{AX}=\boldsymbol{0}$ 的**基础解系.**

下面我们给出求齐次线性方程组 $\boldsymbol{AX}=\boldsymbol{0}$ 的基础解系的方法.

定理 1 设 $\boldsymbol{A}$ 是 $m\times n$ 矩阵，$\mathrm{r}(\boldsymbol{A})=\mathrm{r}<n$，则 n 元齐次线性方程组 $\boldsymbol{AX}=\boldsymbol{0}$ 的基础解系存在，且每个基础解系中恰含有 $n-r$ 个解向量 $\boldsymbol{\eta}_1, \boldsymbol{\eta}_2, \cdots, \boldsymbol{\eta}_{n-r}$，从而方程组 $\boldsymbol{AX}=\boldsymbol{0}$ 的全部解为

$$\boldsymbol{\eta}=k_1\boldsymbol{\eta}_1+k_2\boldsymbol{\eta}_2+\cdots+k_{n-r}\boldsymbol{\eta}_{n-r} \tag{3.7}$$

其中 $k_1, k_2, \cdots, k_{n-r}$ 为任意的常数，表达式(3.7)称为 $\boldsymbol{AX}=\boldsymbol{0}$ 的**通解.**

证 对 $\boldsymbol{A}$ 作初等行变换，化为规范的阶梯形矩阵 $\boldsymbol{C}$. 不失一般性，可设

$$\boldsymbol{C}=\begin{pmatrix} 1 & 0 & \cdots & 0 & c_{1,r+1} & \cdots & c_{1n} \\ 0 & 1 & \cdots & 0 & c_{2,r+1} & \cdots & c_{2n} \\ \vdots & \vdots & & \vdots & \vdots & & \vdots \\ 0 & 0 & \cdots & 1 & c_{r,r+1} & \cdots & c_{rn} \\ 0 & 0 & \cdots & 0 & 0 & \cdots & 0 \\ \vdots & \vdots & & \vdots & \vdots & & \vdots \\ 0 & 0 & \cdots & 0 & 0 & \cdots & 0 \end{pmatrix}$$

对应的同解方程组为

$$\begin{cases} x_1=-c_{1,r+1}x_{r+1}-\cdots-c_{1n}x_n \\ x_2=-c_{2,r+1}x_{r+1}-\cdots-c_{2n}x_n \\ \qquad\vdots \\ x_r=-c_{r,r+1}x_{r+1}-\cdots-c_{rn}x_n \end{cases}$$

其中 $x_{r+1}, x_{r+2}, \cdots, x_n$ 为**自由未知量**. 显然，这些自由未知量的值取定后，由上述方程组可唯一确定 $x_1, x_2, \cdots, x_r$ 的值. 现在对这 $n-r$ 个自由未知量分别取

$$\begin{pmatrix} x_{r+1} \\ x_{r+2} \\ \vdots \\ x_n \end{pmatrix} = \begin{pmatrix} 1 \\ 0 \\ \vdots \\ 0 \end{pmatrix}, \begin{pmatrix} 0 \\ 1 \\ \vdots \\ 0 \end{pmatrix}, \cdots, \begin{pmatrix} 0 \\ 0 \\ \vdots \\ 1 \end{pmatrix}$$

可得方程组 $\boldsymbol{AX}=\boldsymbol{0}$ 的 $n-r$ 个解向量

$$\boldsymbol{\eta}_1 = \begin{pmatrix} -c_{1,r+1} \\ -c_{2,r+1} \\ \vdots \\ -c_{r,r+1} \\ 1 \\ 0 \\ \vdots \\ 0 \end{pmatrix}, \boldsymbol{\eta}_2 = \begin{pmatrix} -c_{1,r+2} \\ -c_{2,r+2} \\ \vdots \\ -c_{r,r+2} \\ 0 \\ 1 \\ \vdots \\ 0 \end{pmatrix}, \cdots, \boldsymbol{\eta}_{n-r} = \begin{pmatrix} -c_{1n} \\ -c_{2n} \\ \vdots \\ -c_{rn} \\ 0 \\ 0 \\ \vdots \\ 1 \end{pmatrix}$$

首先，由向量组线性无关的概念，易得 $\boldsymbol{\eta}_1, \boldsymbol{\eta}_2, \cdots, \boldsymbol{\eta}_{n-r}$ 线性无关.

其次，证明方程组 $\boldsymbol{AX}=\boldsymbol{0}$ 的任意一个解向量

$$\overline{\boldsymbol{\eta}} = \begin{pmatrix} d_1 \\ d_2 \\ \vdots \\ d_r \\ \lambda_1 \\ \lambda_2 \\ \vdots \\ \lambda_{n-r} \end{pmatrix}$$

都是 $\boldsymbol{\eta}_1, \boldsymbol{\eta}_2, \cdots, \boldsymbol{\eta}_{n-r}$ 的线性组合.

因为

$$\begin{cases} d_1 = -c_{1,r+1}\lambda_1 - c_{1,r+2}\lambda_2 - \cdots - c_{1n}\lambda_{n-r} \\ d_2 = -c_{2,r+1}\lambda_1 - c_{2,r+2}\lambda_2 - \cdots - c_{2n}\lambda_{n-r} \\ \qquad \vdots \\ d_r = -c_{r,r+1}\lambda_1 - c_{r,r+2}\lambda_2 - \cdots - c_{rn}\lambda_{n-r} \end{cases}$$

所以

$$\bar{\boldsymbol{\eta}} = \begin{pmatrix} -c_{1,r+1}\lambda_1 - c_{1,r+2}\lambda_2 - \cdots - c_{1n}\lambda_{n-r} \\ -c_{2,r+1}\lambda_1 - c_{2,r+2}\lambda_2 - \cdots - c_{2n}\lambda_{n-r} \\ \vdots \\ -c_{r,r+1}\lambda_1 - c_{r,r+2}\lambda_2 - \cdots - c_{rn}\lambda_{n-r} \\ \lambda_1 \\ \lambda_2 \\ \ddots \\ \lambda_{n-r} \end{pmatrix}$$

$$= \lambda_1 \begin{pmatrix} -c_{1,r+1} \\ -c_{2,r+1} \\ \vdots \\ -c_{r,r+1} \\ 1 \\ 0 \\ \vdots \\ 0 \end{pmatrix} + \lambda_2 \begin{pmatrix} -c_{1,r+2} \\ -c_{2,r+2} \\ \vdots \\ -c_{r,r+2} \\ 0 \\ 1 \\ \vdots \\ 0 \end{pmatrix} + \cdots + \lambda_{n-r} \begin{pmatrix} -c_{1n} \\ -c_{2n} \\ \vdots \\ -c_{rn} \\ 0 \\ 0 \\ \vdots \\ 1 \end{pmatrix}$$

$$= \lambda_1 \boldsymbol{\eta}_1 + \lambda_2 \boldsymbol{\eta}_2 + \cdots + \lambda_{n-r} \boldsymbol{\eta}_{n-r}$$

这说明齐次线性方程组 $\boldsymbol{AX}=\boldsymbol{0}$ 的任一解都可由 $\boldsymbol{\eta}_1$，$\boldsymbol{\eta}_2$，…，$\boldsymbol{\eta}_{n-r}$线性表示. 从而证明了 $\boldsymbol{\eta}_1$，$\boldsymbol{\eta}_2$，…，$\boldsymbol{\eta}_{n-r}$是齐次线性方程组 $\boldsymbol{AX}=\boldsymbol{0}$ 的一个基础解系.

再由齐次线性方程组的有限个解的任意线性组合还是齐次线性方程组的解可得：如果 $\boldsymbol{\eta}_1$，$\boldsymbol{\eta}_2$，…，$\boldsymbol{\eta}_{n-r}$是方程组 $\boldsymbol{AX}=\boldsymbol{0}$ 的一个基础解系，则齐次线性方程组 $\boldsymbol{AX}=\boldsymbol{0}$ 的全部解为

$$\boldsymbol{\eta} = k_1 \boldsymbol{\eta}_1 + k_2 \boldsymbol{\eta}_2 + \cdots + k_{n-r} \boldsymbol{\eta}_{n-r}$$

其中 k_1，k_2，…，k_{n-r}为任意的常数.

例 1　求齐次线性方程组

$$\begin{cases} x_1 + x_2 + x_3 + x_4 + x_5 = 0 \\ 2x_1 + 3x_2 + x_3 + x_4 - 3x_5 = 0 \\ x_1 + 2x_3 + 2x_4 + 6x_5 = 0 \end{cases}$$

的一个基础解系和通解.

解 第一步 对系数矩阵作初等行变换，化为规范的阶梯形

$$\boldsymbol{A} = \begin{pmatrix} 1 & 1 & 1 & 1 & 1 \\ 2 & 3 & 1 & 1 & -3 \\ 1 & 0 & 2 & 2 & 6 \end{pmatrix} \xrightarrow[r_3 - r_1]{r_2 - 2r_1} \begin{pmatrix} 1 & 1 & 1 & 1 & 1 \\ 0 & 1 & -1 & -1 & -5 \\ 0 & -1 & 1 & 1 & 5 \end{pmatrix}$$

$$\xrightarrow{r_3 + r_2} \begin{pmatrix} 1 & 1 & 1 & 1 & 1 \\ 0 & 1 & -1 & -1 & -5 \\ 0 & 0 & 0 & 0 & 0 \end{pmatrix} \xrightarrow{r_1 - r_2} \begin{pmatrix} 1 & 0 & 2 & 2 & 6 \\ 0 & 1 & -1 & -1 & -5 \\ 0 & 0 & 0 & 0 & 0 \end{pmatrix}$$

得同解方程组

$$\begin{cases} x_1 = -2x_3 - 2x_4 - 6x_5 \\ x_2 = x_3 + x_4 + 5x_5 \end{cases}$$

第二步 确定方程组的基础解系. 为此，分别令

$$\begin{pmatrix} x_3 \\ x_4 \\ x_5 \end{pmatrix} = \begin{pmatrix} 1 \\ 0 \\ 0 \end{pmatrix}, \begin{pmatrix} 0 \\ 1 \\ 0 \end{pmatrix}, \begin{pmatrix} 0 \\ 0 \\ 1 \end{pmatrix}$$

依次可得$\begin{pmatrix} x_1 \\ x_2 \end{pmatrix} = \begin{pmatrix} -2 \\ 1 \end{pmatrix}, \begin{pmatrix} -2 \\ 1 \end{pmatrix}, \begin{pmatrix} -6 \\ 5 \end{pmatrix}$，从而得方程组的基础解系为

$\boldsymbol{\eta}_1 = (-2, 1, 1, 0, 0)^{\mathrm{T}}$，$\boldsymbol{\eta}_2 = (-2, 1, 0, 1, 0)^{\mathrm{T}}$，$\boldsymbol{\eta}_3 = (-6, 5, 0, 0, 1)^{\mathrm{T}}$

第三步 原方程组的通解为

$$\boldsymbol{\eta} = k_1\boldsymbol{\eta}_1 + k_2\boldsymbol{\eta}_2 + k_3\boldsymbol{\eta}_3$$

其中 k_1，k_2，k_3 为任意常数.

例 2 求齐次线性方程组

$$\begin{cases} x_1 - 2x_2 + x_3 + x_4 = 0 \\ x_1 - 2x_2 + x_3 - x_4 = 0 \\ x_1 - 2x_2 + x_3 + 5x_4 = 0 \end{cases}$$

的一个基础解系和通解 .

解 对系数矩阵 $\boldsymbol{A}$ 作初等行变换，有

$$A=\begin{pmatrix}1&-2&1&1\\1&-2&1&-1\\1&-2&1&5\end{pmatrix}\xrightarrow[r_3-r_1]{r_2-r_1}\begin{pmatrix}1&-2&1&1\\0&0&0&-2\\0&0&0&4\end{pmatrix}$$

$$\xrightarrow[-\frac{1}{2}r_2]{r_3+2r_2}\begin{pmatrix}1&-2&1&1\\0&0&0&1\\0&0&0&0\end{pmatrix}\xrightarrow{r_1-r_2}\begin{pmatrix}1&-2&1&0\\0&0&0&1\\0&0&0&0\end{pmatrix}$$

同解方程组为

$$\begin{cases}x_1-2x_2+x_3=0\\ \qquad\qquad\quad x_4=0\end{cases}$$

将自由未知量 x_2，x_3 移到方程组的右端，得

$$\begin{cases}x_1=2x_2-x_3\\x_4=0\end{cases}$$

令

$$\begin{pmatrix}x_2\\x_3\end{pmatrix}=\begin{pmatrix}1\\0\end{pmatrix},\ \begin{pmatrix}0\\1\end{pmatrix}$$

并分别代入上述方程组，得基础解系

$$\boldsymbol{\eta}_1=(2,\ 1,\ 0,\ 0)^{\mathrm{T}},\ \boldsymbol{\eta}_2=(-1,\ 0,\ 1,\ 0)^{\mathrm{T}}$$

故方程组的通解为

$$\boldsymbol{\eta}=k_1\boldsymbol{\eta}_1+k_2\boldsymbol{\eta}_2$$

其中 k_1，k_2 为任意的常数．

下面讨论非齐次线性方程组解的结构

设有非齐次线性方程组

$$\begin{cases}a_{11}x_1+a_{12}x_2+\cdots+a_{1n}x_n=b_1\\a_{21}x_1+a_{22}x_2+\cdots+a_{2n}x_n=b_2\\\qquad\vdots\\a_{m1}x_1+a_{m2}x_2+\cdots+a_{mn}x_n=b_m\end{cases}$$

也可写成矩阵形式

$$\boldsymbol{AX}=\boldsymbol{b}$$

并称方程组 $\boldsymbol{AX}=\boldsymbol{0}$ 为非齐次线性方程组 $\boldsymbol{AX}=\boldsymbol{b}$ 所对应的齐次方程组，它们的解具有性质 3.

性质 3 设 $\boldsymbol{\eta}_1$，$\boldsymbol{\eta}_2$ 都是非齐次线性方程组 $\boldsymbol{AX}=\boldsymbol{b}$ 的解，则 $\boldsymbol{\eta}_1-$

$\boldsymbol{\eta}_2$ 是 $\boldsymbol{AX}=\mathbf{0}$ 的解．

证 因为 $\boldsymbol{A}(\boldsymbol{\eta}_1-\boldsymbol{\eta}_2)=\boldsymbol{A}\boldsymbol{\eta}_1-\boldsymbol{A}\boldsymbol{\eta}_2=\boldsymbol{b}-\boldsymbol{b}=\mathbf{0}$，所以 $\boldsymbol{\eta}_1-\boldsymbol{\eta}_2$ 是 $\boldsymbol{AX}=\mathbf{0}$ 的解．

由性质 3 和齐次线性方程组的通解表达式，便可得如下结论．

定理 2 设 $\boldsymbol{\eta}_0$ 是 n 元非齐次线性方程组 $\boldsymbol{AX}=\boldsymbol{b}$ 的某个解（称为特解），且 $\mathrm{r}(\boldsymbol{A}\ \boldsymbol{b})=\mathrm{r}(\boldsymbol{A})=r<n$，$\boldsymbol{\eta}_1$，$\boldsymbol{\eta}_2$，…，$\boldsymbol{\eta}_{n-r}$ 是对应的齐次线性方程组 $\boldsymbol{AX}=\mathbf{0}$ 的基础解系，则方程组 $\boldsymbol{AX}=\boldsymbol{b}$ 的全部解为

$$\boldsymbol{\eta}=\boldsymbol{\eta}_0+k_1\boldsymbol{\eta}_1+k_2\boldsymbol{\eta}_2+\cdots+k_{n-r}\boldsymbol{\eta}_{n-r} \tag{3.8}$$

其中 k_1，k_2，…，k_{n-r} 为任意的实数．表达式（3.8）称为 $\boldsymbol{AX}=\boldsymbol{b}$ 的通解．

证 设 $\boldsymbol{\eta}$ 是 $\boldsymbol{AX}=\boldsymbol{b}$ 的任意一个解，由性质 3 知，$\boldsymbol{\eta}-\boldsymbol{\eta}_0$ 是 $\boldsymbol{AX}=\mathbf{0}$ 的解．于是存在常数 k_1，k_2，…，k_{n-r}，使

$$\boldsymbol{\eta}-\boldsymbol{\eta}_0=k_1\boldsymbol{\eta}_1+k_2\boldsymbol{\eta}_2+\cdots+k_{n-r}\boldsymbol{\eta}_{n-r}$$

即 $\boldsymbol{\eta}=\boldsymbol{\eta}_0+k_1\boldsymbol{\eta}_1+k_2\boldsymbol{\eta}_2+\cdots+k_{n-r}\boldsymbol{\eta}_{n-r}$.

不难验证，对于任意常数 k_1，k_2，…，k_{n-r}，$\boldsymbol{\eta}=\boldsymbol{\eta}_0+k_1\boldsymbol{\eta}_1+k_2\boldsymbol{\eta}_2+\cdots+k_{n-r}\boldsymbol{\eta}_{n-r}$ 是 $\boldsymbol{AX}=\boldsymbol{b}$ 的解．所以式（3.8）是 $\boldsymbol{AX}=\boldsymbol{b}$ 的全部解.

例 3 求下列线性方程组的通解

$$\begin{cases} x_1+x_2+x_3+x_4=2 \\ 2x_1+3x_2+x_3+x_4=0 \\ x_1+2x_3+2x_4=6 \end{cases}$$

解 第一步 首先判断方程组是否有解．为此对增广矩阵作初等行变换，有

$$(\boldsymbol{Ab})=\begin{pmatrix}1&1&1&1&2\\2&3&1&1&0\\1&0&2&2&6\end{pmatrix}\xrightarrow[r_3-r_1]{r_2-2r_1}\begin{pmatrix}1&1&1&1&2\\0&1&-1&-1&-4\\0&-1&1&1&4\end{pmatrix}$$

$$\xrightarrow{r_3+r_2}\begin{pmatrix}1&1&1&1&2\\0&1&-1&-1&-4\\0&0&0&0&0\end{pmatrix}\xrightarrow{r_1-r_2}\begin{pmatrix}1&0&2&2&6\\0&1&-1&-1&-4\\0&0&0&0&0\end{pmatrix}$$

由此可知 $\mathrm{r}(\boldsymbol{A}\ \boldsymbol{b})=\mathrm{r}(\boldsymbol{A})=2$，故方程组有解．

第二步 求方程组的一个特解．原方程组的同解方程组为

$$\begin{cases}x_1=6-2x_3-2x_4\\x_2=-4+x_3+x_4\end{cases}$$

令 $x_3=x_4=0$，得 $x_1=6$，$x_2=-4$，从而得方程组的特解

$$\boldsymbol{\eta}_0=(6,\ -4,\ 0,\ 0)^{\mathrm{T}}$$

第三步　求对应的齐次线性方程组的一个基础解系．对应的齐次线性方程组为

$$\begin{cases}x_1=-2x_3-2x_4\\x_2=\quad\ x_3+\ x_4\end{cases}$$

令 $\begin{pmatrix}x_3\\x_4\end{pmatrix}=\begin{pmatrix}1\\0\end{pmatrix}$，$\begin{pmatrix}0\\1\end{pmatrix}$，得 $\begin{pmatrix}x_1\\x_2\end{pmatrix}=\begin{pmatrix}-2\\1\end{pmatrix}$，$\begin{pmatrix}-2\\1\end{pmatrix}$，从而得齐次线性方程组的一个基础解系

$$\boldsymbol{\eta}_1=(-2,\ 1,\ 1,\ 0)^{\mathrm{T}},\ \boldsymbol{\eta}_2=(-2,\ 1,\ 0,\ 1)^{\mathrm{T}}$$

第四步　求得原方程组的通解为

$$\boldsymbol{\eta}=\boldsymbol{\eta}_0+k_1\boldsymbol{\eta}_1+k_2\boldsymbol{\eta}_2$$

其中 k_1，k_2 为任意常数．

例 4　λ 取何值时，线性方程组

$$\begin{cases}x_1+x_2+\ x_3=\lambda\\\lambda x_1+x_2+\ x_3=1\\x_1+x_2+\lambda x_3=1\end{cases}$$

有唯一解，有无穷多解，并求其解．

解

$$(\boldsymbol{A}\ \boldsymbol{b})=\begin{pmatrix}1&1&1&\lambda\\\lambda&1&1&1\\1&1&\lambda&1\end{pmatrix}\longrightarrow\begin{pmatrix}1&1&1&\lambda\\0&1-\lambda&1-\lambda&1-\lambda^2\\0&0&\lambda-1&1-\lambda\end{pmatrix}$$

（1）当 $\lambda\neq1$ 时，$\mathrm{r}(\boldsymbol{A})=\mathrm{r}(\boldsymbol{A}\ \boldsymbol{b})=3$，方程组有唯一解

$$\begin{cases}x_1=-1\\x_2=\lambda+2\\x_3=-1\end{cases}$$

（2）当 $\lambda=1$ 时，$\mathrm{r}(\boldsymbol{A})=\mathrm{r}(\boldsymbol{A}\ \boldsymbol{b})=1<3$，方程组有无穷多解，其同解方程组为

$$x_1+x_2+x_3=1$$

于是方程组的通解

$$\boldsymbol{\eta}=(1,\ 0,\ 0)^{\mathrm{T}}+k_1(-1,\ 1,\ 0)^{\mathrm{T}}+k_2(-1,\ 0,\ 1)^{\mathrm{T}}$$

其中 k_1，k_2 为任意常数．

例 5 已知 $\boldsymbol{\zeta}_1$，$\boldsymbol{\zeta}_2$，$\boldsymbol{\zeta}_3$ 是三元非齐次线性方程组 $\boldsymbol{AX}=\boldsymbol{b}$ 的解，$\mathrm{r}(\boldsymbol{A})=1$，且

$$\boldsymbol{\zeta}_1+\boldsymbol{\zeta}_2=\begin{pmatrix}1\\0\\0\end{pmatrix},\ \boldsymbol{\zeta}_2+\boldsymbol{\zeta}_3=\begin{pmatrix}1\\1\\0\end{pmatrix},\ \boldsymbol{\zeta}_1+\boldsymbol{\zeta}_3=\begin{pmatrix}1\\1\\1\end{pmatrix}$$

求方程组 $\boldsymbol{Ax}=\boldsymbol{b}$ 的通解．

解 由已知条件得

$$\begin{aligned}\boldsymbol{\zeta}_1&=\frac{1}{2}[(\boldsymbol{\zeta}_1+\boldsymbol{\zeta}_2)-(\boldsymbol{\zeta}_2+\boldsymbol{\zeta}_3)+(\boldsymbol{\zeta}_1+\boldsymbol{\zeta}_3)]\\&=\left(\frac{1}{2},\ 0,\ \frac{1}{2}\right)^{\mathrm{T}}\end{aligned}$$

所以

$$\boldsymbol{\zeta}_2=\left(\frac{1}{2},\ 0,\ -\frac{1}{2}\right)^{\mathrm{T}},\ \boldsymbol{\zeta}_3=\left(\frac{1}{2},\ 1,\ \frac{1}{2}\right)^{\mathrm{T}}$$

由非齐次线性方程组的性质得

$$\boldsymbol{\eta}_1=\boldsymbol{\zeta}_1-\boldsymbol{\zeta}_2=(0,\ 0,\ 1)^{\mathrm{T}},\ \boldsymbol{\eta}_2=\boldsymbol{\zeta}_1-\boldsymbol{\zeta}_3=(0,\ -1,\ 0)^{\mathrm{T}}$$

为对应的齐次方程组 $\boldsymbol{AX}=\boldsymbol{0}$ 的两个线性无关的解．

又因为 $n-\mathrm{r}(\boldsymbol{A})=3-1=2$，故 $\boldsymbol{\eta}_1$，$\boldsymbol{\eta}_2$ 是对应的齐次方程组 $\boldsymbol{AX}=\boldsymbol{0}$ 的一个基础解系．由此得原方程组的通解

$$\boldsymbol{\eta}=\boldsymbol{\zeta}_1+k_1\boldsymbol{\eta}_1+k_2\boldsymbol{\eta}_2$$

其中 k_1，k_2 是任意常数．

第六节 向 量 空 间

一、向量空间与子空间

定义 1 设 V 为 n 维向量集合，如果集合 V 非空，且集合 V 对于 n 维向量的加法及数乘两种运算封闭，即

(1) 若 $\boldsymbol{\alpha}\in V$，$\boldsymbol{\beta}\in V$，则 $\boldsymbol{\alpha}+\boldsymbol{\beta}\in V$，

(2) 若 $\boldsymbol{\alpha}\in V$，$\lambda\in\mathbf{R}$，则 $\lambda\boldsymbol{\alpha}\in V$，

则称集合 V 为 $\mathbf{R}$ 上的**向量空间**.

容易验证三维向量的全体 $\mathbf{R}^3$，就是一个向量空间. 因为任意两个三维向量之和仍然是三维向量，数 λ 乘三维向量仍然是三维向量，它们都属于 $\mathbf{R}^3$. 由三维向量的几何意义可知，三维向量空间 $\mathbf{R}^3$ 表示实体空间.

类似地，n 维向量全体 $\mathbf{R}^n$，也是一个向量空间，称 $\mathbf{R}^n$ 为 n 维向量空间，不过当 $n>3$ 时，它没有直观的几何意义.

例 1 集合

$$V=\{\boldsymbol{\eta}=(0,\ x_2,\ \cdots,\ x_n)\mid x_2,\ \cdots,\ x_n\in\mathbf{R}\}$$

是一个向量空间. 因为若 $\boldsymbol{a}=(0,\ a_2,\ \cdots,\ a_n)^{\mathrm{T}}\in V$，$\boldsymbol{b}=(0,\ b_2,\ \cdots,\ b_n)^{\mathrm{T}}\in V$，则

$$\boldsymbol{a}+\boldsymbol{b}=(0,\ a_2+b_2,\ \cdots,\ a_n+b_n)^{\mathrm{T}}\in V,\ \lambda\boldsymbol{a}=(0,\ \lambda a_2,\ \cdots,\ \lambda a_n)^{\mathrm{T}}\in V.$$

例 2 集合

$$V=\{\boldsymbol{\eta}=(1,\ x_2,\ \cdots,\ x_n)\mid x_2,\ \cdots,\ x_n\in\mathbf{R}\}$$

不是一个向量空间. 因为若 $\boldsymbol{a}=(1,\ a_2,\ \cdots,\ a_n)^{\mathrm{T}}\in V$，则

$$2\boldsymbol{a}=(2,\ 2a_2,\ \cdots,\ 2a_n)^{\mathrm{T}}\notin V.$$

定义 2 设有向量空间 V_1 和 V_2，且 $V_1\subset V_2$，则称 V_1 是 V_2 的**子空间**.

特殊地，n 维向量空间 $\mathbf{R}^n$ 及单个 $\mathbf{0}$ 向量构成的零空间也是 $\mathbf{R}^n$ 的子空间，称为**平凡子空间**.

例 3 n 元齐次线性方程组的解集

$$V=\{\boldsymbol{X}\mid \boldsymbol{AX}=\mathbf{0}\}$$

是一个向量空间（称为齐次线性方程组的**解空间**）. 显然，解空间是 $\mathbf{R}^n$ 的子空间.

二、向量空间的基与维数

定义 3 如果线性空间 V 中的 r 个向量 $\boldsymbol{\alpha}_1$，$\boldsymbol{\alpha}_2$，$\cdots$，$\boldsymbol{\alpha}_r$，满足：

(1) $\boldsymbol{\alpha}_1$，$\boldsymbol{\alpha}_2$，$\cdots$，$\boldsymbol{\alpha}_r$，线线无关，

(2) V 中任意一个向量可由 $\boldsymbol{\alpha}_1$，$\boldsymbol{\alpha}_2$，$\cdots$，$\boldsymbol{\alpha}_r$ 线性表示，则称 $\boldsymbol{\alpha}_1$，$\boldsymbol{\alpha}_2$，$\cdots$，$\boldsymbol{\alpha}_r$，为 V 的一个**基**，r 称为 V 的**维数**，记为 $\dim V$，并称 V 为 $\boldsymbol{r}$ **维向量空间**.

由齐次线性方程组基础解系和线性空间基的定义可得，线性方程组 $\boldsymbol{AX}=\boldsymbol{0}$ 的任一基础解系均为解空间的一个基.

设 $\boldsymbol{\alpha}_1$，$\boldsymbol{\alpha}_2$，…，$\boldsymbol{\alpha}_r$ 为 V 的一个基，对 V 中任意一个向量 $\boldsymbol{\alpha}$，则有

$$\boldsymbol{\alpha}=x_1\boldsymbol{\alpha}_1+x_2\boldsymbol{\alpha}_2+\cdots+x_r\boldsymbol{\alpha}_r$$

且表达式是唯一的.

事实上，若有

$$\boldsymbol{\alpha}=x_1\boldsymbol{\alpha}_1+x_2\boldsymbol{\alpha}_2+\cdots+x_r\boldsymbol{\alpha}_r=y_1\boldsymbol{\alpha}_1+y_2\boldsymbol{\alpha}_2+\cdots+y_r\boldsymbol{\alpha}_r$$

则

$$(x_1-y_1)\boldsymbol{\alpha}_1+(x_2-y_2)\boldsymbol{\alpha}_2+\cdots+(x_r-y_r)\boldsymbol{\alpha}_r=\boldsymbol{0}$$

由 $\boldsymbol{\alpha}_1$，$\boldsymbol{\alpha}_2$，…，$\boldsymbol{\alpha}_r$ 线性无关可知 $x_i-y_i=0$，即 $x_i=y_i(i=1,\ 2,\ \cdots,\ r)$.

由于表达式唯一，称（x_1，x_2，…，x_n）为向量 $\boldsymbol{\alpha}$ 在基 $\boldsymbol{\alpha}_1$，$\boldsymbol{\alpha}_2$，…，$\boldsymbol{\alpha}_r$ 下的坐标.

特别地，在 n 维向量空间 $\mathbf{R}^n$ 中，取基本单位向量组 $\boldsymbol{e}_1$，$\boldsymbol{e}_2$，…，$\boldsymbol{e}_n$ 为基，则 $\mathbf{R}^n$ 中任向量 $\boldsymbol{\beta}=(b_1,\ b_2,\ \cdots,\ b_n)^{\mathrm{T}}$，可表示为

$$\boldsymbol{\beta}=b_1\boldsymbol{e}_1+b_2\boldsymbol{e}_2+\cdots+b_n\boldsymbol{e}_n$$

可见，向量 $\boldsymbol{\beta}$ 在基 $\boldsymbol{e}_1$，$\boldsymbol{e}_2$，…，$\boldsymbol{e}_n$ 中的坐标就是该向量的坐标分量，因此，$\boldsymbol{e}_1$，$\boldsymbol{e}_2$，…，$\boldsymbol{e}_n$ 叫做 $\boldsymbol{R}^n$ 中的**自然基**.

定义 4 设 $\boldsymbol{\alpha}_1$，$\boldsymbol{\alpha}_2$，…，$\boldsymbol{\alpha}_r$ 和 $\boldsymbol{\beta}_1$，$\boldsymbol{\beta}_2$，…，$\boldsymbol{\beta}_r$ 是线性空间 V 的两个基，且

$$\begin{cases}\boldsymbol{\beta}_1=a_{11}\boldsymbol{\alpha}_1+a_{21}\boldsymbol{\alpha}_2+\cdots+a_{r1}\boldsymbol{\alpha}_r\\ \boldsymbol{\beta}_2=a_{12}\boldsymbol{\alpha}_1+a_{22}\boldsymbol{\alpha}_2+\cdots+a_{r2}\boldsymbol{\alpha}_r\\ \qquad\vdots\\ \boldsymbol{\beta}_r=a_{1r}\boldsymbol{\alpha}_1+a_{2r}\boldsymbol{\alpha}_2+\cdots+a_{rr}\boldsymbol{\alpha}_r\end{cases}$$

上式可写成如下的矩阵形式：

$$(\boldsymbol{\beta}_1,\ \boldsymbol{\beta}_2,\ \cdots,\ \boldsymbol{\beta}_r)=(\boldsymbol{\alpha}_1,\ \boldsymbol{\alpha}_2,\ \cdots,\ \boldsymbol{\alpha}_r)\begin{pmatrix}a_{11}&a_{12}&\cdots&a_{1r}\\a_{21}&a_{22}&\cdots&a_{2r}\\\vdots&\vdots&&\vdots\\a_{r1}&a_{r2}&\cdots&a_{rr}\end{pmatrix}$$

称 $\boldsymbol{A}=(a_{ij})_{r\times r}$ 为从基 $\boldsymbol{\alpha}_1$，$\boldsymbol{\alpha}_2$，…，$\boldsymbol{\alpha}_r$ 到基 $\boldsymbol{\beta}_1$，$\boldsymbol{\beta}_2$，…，$\boldsymbol{\beta}_r$ 的**过渡**

矩阵.

可以证明，过渡矩阵 $\boldsymbol{A}=(a_{ij})_{r\times r}$ 可逆，因此，从基 $\boldsymbol{\beta}_1$，$\boldsymbol{\beta}_2$，…，$\boldsymbol{\beta}_r$ 到基 $\boldsymbol{\alpha}_1$，$\boldsymbol{\alpha}_2$，…，$\boldsymbol{\alpha}_r$ 的过渡矩阵为 $\boldsymbol{A}^{-1}$.

例 4 已知 $\mathbf{R}^3$ 的一组基 $\boldsymbol{B}_1=(\boldsymbol{\beta}_1, \boldsymbol{\beta}_2, \boldsymbol{\beta}_3)$，$\boldsymbol{\beta}_1=(1, 2, 1)^{\mathrm{T}}$，$\boldsymbol{\beta}_2=(1, -1, 0)^{\mathrm{T}}$，$\boldsymbol{\beta}_1=(1, 0, -1)^{\mathrm{T}}$，求由自然基 $\boldsymbol{B}_2=(\boldsymbol{e}_1, \boldsymbol{e}_2, \boldsymbol{e}_3)$ 到 $\boldsymbol{B}_1$ 的过渡矩阵 $\boldsymbol{C}_1$ 以及 $\boldsymbol{B}_1$ 到 $\boldsymbol{B}_2$ 的过渡矩阵 $\boldsymbol{C}_2$.

解 因向量的各分量是在自然基的坐标，所以

$$(\boldsymbol{\beta}_1, \boldsymbol{\beta}_2, \boldsymbol{\beta}_3)=(\boldsymbol{e}_1, \boldsymbol{e}_2, \boldsymbol{e}_3)\begin{pmatrix}1 & 1 & 1\\ 2 & -1 & 0\\ 1 & 0 & -1\end{pmatrix}$$

从而由基 $\boldsymbol{B}_2=(\boldsymbol{e}_1, \boldsymbol{e}_2, \boldsymbol{e}_3)$ 到 $\boldsymbol{B}_1=(\boldsymbol{\beta}_1, \boldsymbol{\beta}_2, \boldsymbol{\beta}_3)$ 的过渡矩阵

$$\boldsymbol{C}_1=\begin{pmatrix}1 & 1 & 1\\ 2 & -1 & 0\\ 1 & 0 & -1\end{pmatrix}$$

所求的 $\boldsymbol{B}_1$ 到 $\boldsymbol{B}_2$ 的过渡矩阵

$$\boldsymbol{C}_2=\boldsymbol{C}_1^{-1}=\begin{pmatrix}\frac{1}{4} & \frac{1}{4} & \frac{1}{4}\\ \frac{1}{2} & -\frac{1}{2} & \frac{1}{2}\\ \frac{1}{4} & \frac{1}{4} & -\frac{3}{4}\end{pmatrix}$$

例 5 已知 $\boldsymbol{\alpha}_1$，$\boldsymbol{\alpha}_2$，$\boldsymbol{\alpha}_3$ 与 $\boldsymbol{\beta}_1$，$\boldsymbol{\beta}_2$，$\boldsymbol{\beta}_3$ 为 $\mathbf{R}^3$ 中的两组基，分别记为 $\boldsymbol{A}=(\boldsymbol{\alpha}_1, \boldsymbol{\alpha}_2, \boldsymbol{\alpha}_3)$，$\boldsymbol{B}=(\boldsymbol{\beta}_1, \boldsymbol{\beta}_2, \boldsymbol{\beta}_3)$.

（1）求基 $\boldsymbol{\alpha}_1$，$\boldsymbol{\alpha}_2$，$\boldsymbol{\alpha}_3$ 到基 $\boldsymbol{\beta}_1$，$\boldsymbol{\beta}_2$，$\boldsymbol{\beta}_3$ 的过渡矩阵；

（2）求 $\mathbf{R}^3$ 中同一向量 $\boldsymbol{\gamma}$ 在这两个基下的坐标之间的关系式.

解 （1）由 $(\boldsymbol{\alpha}_1, \boldsymbol{\alpha}_2, \boldsymbol{\alpha}_3)=(\boldsymbol{e}_1, \boldsymbol{e}_2, \boldsymbol{e}_3)\boldsymbol{A}$，得 $(\boldsymbol{e}_1, \boldsymbol{e}_2, \boldsymbol{e}_3)=(\boldsymbol{\alpha}_1, \boldsymbol{\alpha}_2, \boldsymbol{\alpha}_3)\boldsymbol{A}^{-1}$，

故 $$(\boldsymbol{\beta}_1, \boldsymbol{\beta}_2, \boldsymbol{\beta}_3)=(\boldsymbol{e}_1, \boldsymbol{e}_2, \boldsymbol{e}_3)\boldsymbol{B}=(\boldsymbol{\alpha}_1, \boldsymbol{\alpha}_2, \boldsymbol{\alpha}_3)\boldsymbol{A}^{-1}\boldsymbol{B}$$

因此，表达式的系数矩阵 $\boldsymbol{P}=\boldsymbol{A}^{-1}\boldsymbol{B}$ 为基 $\boldsymbol{\alpha}_1$，$\boldsymbol{\alpha}_2$，$\boldsymbol{\alpha}_3$ 到基 $\boldsymbol{\beta}_1$，$\boldsymbol{\beta}_2$，$\boldsymbol{\beta}_3$ 的过渡矩阵；

（2）设 $\boldsymbol{\gamma}$ 在基 $\boldsymbol{\alpha}_1$，$\boldsymbol{\alpha}_2$，$\boldsymbol{\alpha}_3$ 和 $\boldsymbol{\beta}_1$，$\boldsymbol{\beta}_2$，$\boldsymbol{\beta}_3$ 下的坐标分别为 y_1，y_2，y_3 和 z_1，z_2，z_3，

即 $$\boldsymbol{\gamma}=(\boldsymbol{\alpha}_1,\boldsymbol{\alpha}_2,\boldsymbol{\alpha}_3)\begin{pmatrix}y_1\\y_2\\y_3\end{pmatrix},\ \boldsymbol{\gamma}=(\boldsymbol{\beta}_1,\boldsymbol{\beta}_2,\boldsymbol{\beta}_3)\begin{pmatrix}z_1\\z_2\\z_3\end{pmatrix}$$

故 $$\boldsymbol{A}\begin{pmatrix}y_1\\y_2\\y_3\end{pmatrix}=\boldsymbol{B}\begin{pmatrix}z_1\\z_2\\z_3\end{pmatrix},\ \text{得}\begin{pmatrix}z_1\\z_2\\z_3\end{pmatrix}=\boldsymbol{B}^{-1}\boldsymbol{A}\begin{pmatrix}y_1\\y_2\\y_3\end{pmatrix}$$

即 $$\begin{pmatrix}z_1\\z_2\\z_3\end{pmatrix}=\boldsymbol{P}^{-1}\begin{pmatrix}y_1\\y_2\\y_3\end{pmatrix}$$

其中$\boldsymbol{P}^{-1}=\boldsymbol{B}^{-1}\boldsymbol{A}$，这就是基$\boldsymbol{\alpha}_1$，$\boldsymbol{\alpha}_2$，$\boldsymbol{\alpha}_3$到基$\boldsymbol{\beta}_1$，$\boldsymbol{\beta}_2$，$\boldsymbol{\beta}_3$的坐标之间的关系式，称为坐标变换公式.

*第七节　解题方法导引

一、矩阵的秩的求法

方法1　初等变换法

用矩阵的初等变换，将一个矩阵$\boldsymbol{A}$化为行阶梯阵. 由于阶梯阵的秩就是其非零行的个数，而初等变换不改变矩阵的秩，所以化得的阶梯阵中的非零行的行数就是矩阵$\boldsymbol{A}$的秩.

例1　设

$$\boldsymbol{A}=\begin{pmatrix}0&1&1&-1&2\\0&2&2&2&0\\0&-1&-1&1&1\\1&1&0&0&-1\end{pmatrix}$$

求$\boldsymbol{A}$的秩.

解　对$\boldsymbol{A}$施行初等行变换化为阶梯阵

$$\boldsymbol{A}\xrightarrow[r_3+r_1]{r_2-2r_1}\begin{pmatrix}0&1&1&-1&2\\0&0&0&4&-4\\0&0&0&0&3\\1&1&0&0&-1\end{pmatrix}\xrightarrow[r_2\leftrightarrow r_1]{r_4\leftrightarrow r_3,r_3\leftrightarrow r_2}\begin{pmatrix}1&1&0&0&-1\\0&1&1&-1&0\\0&0&0&4&-4\\0&0&0&0&3\end{pmatrix}=\boldsymbol{B}$$

所以 $r(\boldsymbol{A})=r(\boldsymbol{B})=4$

例 2 设

$$\boldsymbol{A}=\begin{pmatrix}1 & a & -1 & 2\\ 2 & -1 & a & 5\\ 1 & 10 & -6 & 1\end{pmatrix}$$

求 $\boldsymbol{A}$ 的秩.

解 对 $\boldsymbol{A}$ 施行初等变换化为阶梯阵

$$\boldsymbol{A}\xrightarrow[r_3-r_1]{r_2-2r_1}\begin{pmatrix}1 & a & -1 & 2\\ 0 & -1-2a & a+2 & 1\\ 0 & 10-a & -5 & -1\end{pmatrix}\xrightarrow[c_2\leftrightarrow c_4]{r_3+r_2}\begin{pmatrix}1 & 2 & -1 & a\\ 0 & 1 & a+2 & -1-2a\\ 0 & 0 & a-3 & 9-3a\end{pmatrix}$$

故当 $a=3$ 时，$r(\boldsymbol{A})=2$；当 $a\neq 3$ 时，$r(\boldsymbol{A})=3$.

方法 2 计算子式法

用定义求矩阵的秩，需计算矩阵的各阶子式，计算量很大，因此常用下法求之.

从矩阵的低阶子式算起，设矩阵 $\boldsymbol{A}$ 中有一个 r 阶子式 D_r 不等于零，而所有包含 D_r 的 $r+1$ 阶子式（如果有的话，称为 D_r 的加边子式）都等于零，则 $\boldsymbol{A}$ 的秩等于 D_r 的阶数，即秩 $r(\boldsymbol{A})=r$；若有 D_r 的某一个加边子式 D_{r+1} 不等于零，则需考察 D_{r+1} 的加边子式……如此继续下去，总可以算出 $\boldsymbol{A}$ 的某一子式不等于零，而它的所有加边子式全为零.

例 3 设矩阵 $\boldsymbol{A}_{m\times n}$ 的秩是 r，试问下列结论是否成立？

(1) $\boldsymbol{A}$ 的任何阶数不超过 r 的子式不等于零.

(2) $\boldsymbol{A}$ 的任何阶数大于 r 的子式都等于零.

解 (1)根据矩阵秩的定义，此时 $\boldsymbol{A}$ 中有一个不为零的 r 阶子式 D_r 存在，将 D_r 按一行(列)展开，可知 $\boldsymbol{A}$ 中必有不为零的 1，2，…，$r-1$ 阶子式存在，但未必 $\boldsymbol{A}$ 中一切的 1，2，…，$r-1$ 阶子式都不为零. 例如

$$\boldsymbol{A}=\begin{pmatrix}1 & 0 & 0 & 0\\ 0 & 1 & 0 & 0\\ 0 & 0 & 1 & 0\\ 0 & 0 & 0 & 0\end{pmatrix}$$

易知秩 $r(\boldsymbol{A})=3$，但 $\boldsymbol{A}$ 中等于零的 1，2，3 阶子式都有之.

(2) 是，否则 $r(\boldsymbol{A})>r$.

例 4 设 $r(\boldsymbol{A})=2$，求 x，y 的值. 其中

$$\boldsymbol{A}=\begin{pmatrix}1&1&1&1&1\\3&2&1&-3&x\\0&1&2&6&3\\5&4&3&-1&y\end{pmatrix}$$

解 从低阶子式算起，显然 $\boldsymbol{A}$ 的左上角的二阶子式 $D_2=\begin{vmatrix}1&1\\3&2\end{vmatrix}=-1\neq0$，为使 $r(\boldsymbol{A})=2$，必须使 $\boldsymbol{A}$ 的所有三阶子式都等于零，特别应使下列含 x 和 y 的三阶子式

$$\begin{vmatrix}1&1&1\\1&-3&x\\2&6&3\end{vmatrix}=-4x=0,\quad\begin{vmatrix}1&1&1\\2&6&3\\3&-1&y\end{vmatrix}=4y-8=0$$

即 $x=0$，$y=2$.

方法 3 综合法

综合使用初等变换法和计算子式求矩阵的秩的方法称为综合法. 先对矩阵 $\boldsymbol{A}$ 施行初等变换，将其化为比较简单的形式 $\boldsymbol{B}$（不必为阶梯形），然后用计算 $\boldsymbol{B}$ 的子式的方法求出 $r(\boldsymbol{B})=r(\boldsymbol{A})$.

例 5 求下列矩阵的秩

$$\boldsymbol{A}=\begin{pmatrix}14&12&6&8&2\\6&104&21&9&17\\7&6&3&4&1\\35&30&15&20&6\end{pmatrix}$$

解
$$\boldsymbol{A}\xrightarrow[r_4-5r_3]{r_1-2r_3}\begin{pmatrix}0&0&0&0&0\\6&104&21&9&17\\7&6&3&4&1\\0&0&0&0&1\end{pmatrix}=\boldsymbol{B}$$

显然 $\boldsymbol{B}$ 的所有 4 阶子式均为零，$\boldsymbol{B}$ 中有一个 3 阶子式（右下角）不为零，故 $r(\boldsymbol{A})=r(\boldsymbol{B})=3$.

例 6 a，b，c 满足什么条件时，下列矩阵 $\boldsymbol{A}$ 的秩为 2.

$$A=\begin{pmatrix}0&1&0\\a&0&c\\b&0&\frac{1}{2}\end{pmatrix}$$

解 $A\xrightarrow[c_1\leftrightarrow c_2\leftrightarrow c_3]{\substack{2r_3\\r_2\leftrightarrow r_3}}\begin{pmatrix}1&0&0\\0&1&2b\\0&c&a\end{pmatrix}=B$

要使 $\mathrm{r}(A)=\mathrm{r}(B)=2$，必须使 $|B|=a-2bc=0$，即 $a=2bc$，而显然左上角的一个单位二阶子式不为零. 故当 $a=2bc$ 时，$\mathrm{r}(A)=2$.

二、向量线性相关的判定

方法 1（定义法） 令 $k_1\boldsymbol{\alpha}_1+k_2\boldsymbol{\alpha}_2+\cdots+k_r\boldsymbol{\alpha}_r=\mathbf{0}$，将此式整理，利用已知条件判断 k_1，k_2，…，k_r 的取值情况，从而判别向量组 $\boldsymbol{\alpha}_1$，$\boldsymbol{\alpha}_2$，…，$\boldsymbol{\alpha}_r$ 的线性相关性（抽象向量一般应用此法）.

方法 2 将向量组线性相关的问题转化为齐次方程组有无非零解. 即向量组 $\boldsymbol{\alpha}_i=(a_{i1},a_{i2},\cdots,a_{in})$ $(i=1,2,\cdots,m)$ 线性相关的充要条件为齐次线性方程组

$$\begin{cases}a_{11}x_1+a_{21}x_2+\cdots+a_{m1}x_m=0\\a_{12}x_1+a_{22}x_2+\cdots+a_{m2}x_m=0\\\qquad\vdots\\a_{1n}x_1+a_{2n}x_2+\cdots+a_{mn}x_m=0\end{cases}$$

有非零解（此方法一般用于具体向量的线性相关性判别）.

方法 3 将向量组构成矩阵，利用矩阵的初等变换和秩加以判别.

例 7 方法 2 的证明.

因为 $\boldsymbol{\alpha}_1$，$\boldsymbol{\alpha}_2$，…，$\boldsymbol{\alpha}_m$ 线性相关的充要条件是存在一组不全为零的数 x_1，x_2，…，x_m 使 $x_1\boldsymbol{\alpha}_1+x_2\boldsymbol{\alpha}_2+\cdots+x_m\boldsymbol{\alpha}_m=\mathbf{0}$，写成分量的形式即有方程组

$$\begin{cases}a_{11}x_1+a_{21}x_2+\cdots+a_{m1}x_m=0\\a_{12}x_1+a_{22}x_2+\cdots+a_{m2}x_m=0\\\qquad\vdots\\a_{1n}x_1+a_{2n}x_2+\cdots+a_{mn}x_m=0\end{cases}$$

有非零解.

例8 证明线性相关的向量组增加有限个向量仍线性相关.

证 设 $\boldsymbol{\alpha}_1$，$\boldsymbol{\alpha}_2$，…，$\boldsymbol{\alpha}_m$ 线性相关，需证 $\boldsymbol{\alpha}_1$，$\boldsymbol{\alpha}_2$，…，$\boldsymbol{\alpha}_m$，$\boldsymbol{\alpha}_{m+1}$，…，$\boldsymbol{\alpha}_n$（增加 $n-m$ 个向量）仍线性相关.

因 $\boldsymbol{\alpha}_1$，$\boldsymbol{\alpha}_2$，…，$\boldsymbol{\alpha}_m$ 线性相关，故存在一组不全为零的数 k_1，k_2，…，k_m，使得 $k_1\boldsymbol{\alpha}_1+k_2\boldsymbol{\alpha}_2+\cdots+k_m\boldsymbol{\alpha}_m=\boldsymbol{0}$.

又因 $k_1\boldsymbol{\alpha}_1+\cdots+k_m\boldsymbol{\alpha}_m+0\boldsymbol{\alpha}_{m+1}+\cdots+0\boldsymbol{\alpha}_n=\boldsymbol{0}$，而 k_1，k_2，…，k_m，0，…，0 为一组不全为零的数.

所以，$\boldsymbol{\alpha}_1$，…，$\boldsymbol{\alpha}_m$，$\boldsymbol{\alpha}_{m+1}$，…，$\boldsymbol{\alpha}_n$ 线性相关.

注 线性无关的向量组去掉有限个向量仍线性无关.

例9 设 $\boldsymbol{\alpha}_1$，$\boldsymbol{\alpha}_2$，$\boldsymbol{\alpha}_3$ 线性无关，试问常数 k，m 满足什么时，向量组 $k\boldsymbol{\alpha}_2-\boldsymbol{\alpha}_1$，$m\boldsymbol{\alpha}_3-\boldsymbol{\alpha}_2$，$\boldsymbol{\alpha}_1-\boldsymbol{\alpha}_3$ 线性无关，线性相关?

解 设

$$x_1(k\boldsymbol{\alpha}_2-\boldsymbol{\alpha}_1)+x_2(m\boldsymbol{\alpha}_3-\boldsymbol{\alpha}_2)+x_3(\boldsymbol{\alpha}_1-\boldsymbol{\alpha}_3)=\boldsymbol{0}$$

整理得

$$(x_3-x_1)\boldsymbol{\alpha}_1+(kx_1-x_2)\boldsymbol{\alpha}_2+(mx_2-x_3)\boldsymbol{\alpha}_3=\boldsymbol{0}$$

因 $\boldsymbol{\alpha}_1$，$\boldsymbol{\alpha}_2$，$\boldsymbol{\alpha}_3$ 线性无关，故

$$\begin{cases}-x_1+x_3=0\\ kx_1-x_2=0\\ mx_2-x_3=0\end{cases}$$

其系数行列式 $D=km-1$

当 $km-1\neq0$，即 $km\neq1$ 时，上面方程组只有零解 $x_1=x_2=x_3=0$，即得向量组 $k\boldsymbol{\alpha}_2-\boldsymbol{\alpha}_1$，$m\boldsymbol{\alpha}_3-\boldsymbol{\alpha}_2$，$\boldsymbol{\alpha}_1-\boldsymbol{\alpha}_3$ 线性无关.

当 $km-1=0$，即 $km=1$ 时，方程组有非零解，所以向量组 $k\boldsymbol{\alpha}_2-\boldsymbol{\alpha}_1$,$m\boldsymbol{\alpha}_3-\boldsymbol{\alpha}_2$，$\boldsymbol{\alpha}_1-\boldsymbol{\alpha}_3$ 线性相关.

例10 证明向量组 $\boldsymbol{\alpha}_1$，$\boldsymbol{\alpha}_2$，…，$\boldsymbol{\alpha}_m$ 线性无关的充要条件是向量组 $\boldsymbol{\alpha}_1$，$\boldsymbol{\alpha}_1+\boldsymbol{\alpha}_2$，…，$\boldsymbol{\alpha}_1+\boldsymbol{\alpha}_2+\cdots+\boldsymbol{\alpha}_m$ 线性无关.

证 必要性 设有数 $x_1,x_2,\cdots,x_m$ 使

$$x_1\boldsymbol{\alpha}_1+x_2(\boldsymbol{\alpha}_1+\boldsymbol{\alpha}_2)+\cdots+x_m(\boldsymbol{\alpha}_1+\boldsymbol{\alpha}_2+\cdots+\boldsymbol{\alpha}_m)=\boldsymbol{0}$$

整理得

$$(x_1+x_2+\cdots+x_m)\boldsymbol{\alpha}_1+(x_2+x_3+\cdots+x_m)\boldsymbol{\alpha}_2+\cdots+x_m\boldsymbol{\alpha}_m=\boldsymbol{0}$$

因为 $\boldsymbol{\alpha}_1,\boldsymbol{\alpha}_2,\cdots,\boldsymbol{\alpha}_m$ 线性无关,故

$$\begin{cases} x_1 + x_2 + \cdots + x_m = 0 \\ \qquad x_2 + \cdots + x_m = 0 \\ \qquad\qquad \vdots \\ \qquad\quad x_{m-1} + x_m = 0 \\ \qquad\qquad\quad x_m = 0 \end{cases}$$

由于此方程的系数行列式

$$D = \begin{vmatrix} 1 & 1 & \cdots & 1 \\ 0 & 1 & \cdots & 1 \\ \vdots & \vdots & & \vdots \\ 0 & 0 & \cdots & 1 \end{vmatrix} = 1 \neq 0$$

故上述方程组只有零解 $x_1 = x_2 = \cdots = x_n = 0$,所以 $\boldsymbol{\alpha}_1, \boldsymbol{\alpha}_1 + \boldsymbol{\alpha}_2, \cdots, \boldsymbol{\alpha}_1 + \boldsymbol{\alpha}_2 + \cdots + \boldsymbol{\alpha}_m$ 线性无关.

充分性　设 $\boldsymbol{\alpha}_1, \boldsymbol{\alpha}_1 + \boldsymbol{\alpha}_2, \cdots, \boldsymbol{\alpha}_1 + \boldsymbol{\alpha}_2 + \cdots + \boldsymbol{\alpha}_m$ 线性无关,现证 $\boldsymbol{\alpha}_1, \boldsymbol{\alpha}_2, \cdots, \boldsymbol{\alpha}_m$ 线性无关.

设有数 $k_1, k_2, \cdots, k_m$ 使

$$k_1\boldsymbol{\alpha}_1 + k_2\boldsymbol{\alpha}_2 + \cdots + k_m\boldsymbol{\alpha}_m = \mathbf{0}$$

由此可凑得

$$(k_1 - k_2)\boldsymbol{\alpha}_1 + (k_2 - k_3)(\boldsymbol{\alpha}_1 + \boldsymbol{\alpha}_2) + \cdots + (k_{m-1} - k_m)(\boldsymbol{\alpha}_1 + \cdots + \boldsymbol{\alpha}_{m-1}) + k_m(\boldsymbol{\alpha}_1 + \boldsymbol{\alpha}_2 + \cdots + \boldsymbol{\alpha}_m) = \mathbf{0}$$

由于 $\boldsymbol{\alpha}_1$, $\boldsymbol{\alpha}_1 + \boldsymbol{\alpha}_2$, $\cdots$, $\boldsymbol{\alpha}_1 + \boldsymbol{\alpha}_2 + \cdots + \boldsymbol{\alpha}_m$ 线性无关. 故

$$\begin{cases} k_1 - k_2 = 0 \\ k_2 - k_3 = 0 \\ \qquad \vdots \\ k_{m-1} - k_m = 0 \\ \qquad k_m = 0 \end{cases}$$

由此得 $k_1 = k_2 = \cdots = k_m = 0$,所以 $\boldsymbol{\alpha}_1$,$\boldsymbol{\alpha}_2$,$\cdots$,$\boldsymbol{\alpha}_m$ 线性无关.

三、向量能否由向量组线性表示的判定

方法 1（定义法）　即证明 $\boldsymbol{\beta} = k_1\boldsymbol{\alpha}_1 + k_2\boldsymbol{\alpha}_2 + \cdots + k_r\boldsymbol{\alpha}_r$

方法 2　证明下面方程组有解

$$\begin{cases} a_{11}x_1 + a_{21}x_2 + \cdots + a_{r1}x_r = b_1 \\ a_{12}x_1 + a_{22}x_2 + \cdots + a_{r2}x_r = b_2 \\ \qquad\vdots \\ a_{1n}x_1 + a_{2n}x_2 + \cdots + a_{rn}x_r = b_n \end{cases}$$

其中 $\boldsymbol{\alpha}_i = (a_{i1}, a_{i2}, \cdots, a_{in})^{\mathrm{T}}$ $(i=1, 2, \cdots, r)$，$\boldsymbol{\beta} = (b_1, b_2, \cdots, b_n)^{\mathrm{T}}$.

例 11 设 $\boldsymbol{\beta}$ 可用 $\boldsymbol{\alpha}_1, \boldsymbol{\alpha}_2, \cdots, \boldsymbol{\alpha}_m$ 线性表示，但不能由 $\boldsymbol{\alpha}_1, \cdots, \boldsymbol{\alpha}_{m-1}$ 线性表出，证明 $\boldsymbol{\alpha}_m$ 可由 $\boldsymbol{\alpha}_1, \boldsymbol{\alpha}_2, \cdots, \boldsymbol{\alpha}_{m-1}, \boldsymbol{\beta}$ 线性表示.

证 因 $\boldsymbol{\beta}$ 可由 $\boldsymbol{\alpha}_1, \boldsymbol{\alpha}_2, \cdots, \boldsymbol{\alpha}_m$ 线性表示，故存在 $k_1, \cdots, k_m$ 使

$$\boldsymbol{\beta} = k_1\boldsymbol{\alpha}_1 + k_2\boldsymbol{\alpha}_2 + \cdots + k_m\boldsymbol{\alpha}_m$$

只需证 $k_m \neq 0$. 反证法，假设 $k_m = 0$，则

$$\boldsymbol{\beta} = k_1\boldsymbol{\alpha}_1 + k_2\boldsymbol{\alpha}_2 + \cdots + k_{m-1}\boldsymbol{\alpha}_{m-1}$$

与已知条件矛盾，所以

$$\boldsymbol{\alpha}_m = \frac{1}{k_m}\boldsymbol{\beta} - \frac{k_1}{k_m}\boldsymbol{\alpha}_1 - \frac{k_2}{k_m}\boldsymbol{\alpha}_2 - \cdots - \frac{k_{m-1}}{k_m}\boldsymbol{\alpha}_{m-1}.$$

例 12 已知 $\boldsymbol{\alpha}_1 = (1, 4, 0, 2)^{\mathrm{T}}$，$\boldsymbol{\alpha}_2 = (2, 7, 1, 3)^{\mathrm{T}}$，$\boldsymbol{\alpha}_3 = (0, 1, -1, a)^{\mathrm{T}}$，$\boldsymbol{\beta} = (3, 10, b, 4)^{\mathrm{T}}$ 试问

(1) a，b 为何值时，$\boldsymbol{\beta}$ 不能由 $\boldsymbol{\alpha}_1, \boldsymbol{\alpha}_2, \boldsymbol{\alpha}_3$ 线性表示.

(2) a，b 为何值时，$\boldsymbol{\beta}$ 可由 $\boldsymbol{\alpha}_1, \boldsymbol{\alpha}_2, \boldsymbol{\alpha}_3$ 线性表示.

解 设 $\boldsymbol{\beta} = x_1\boldsymbol{\alpha}_1 + x_2\boldsymbol{\alpha}_2 + x_3\boldsymbol{\alpha}_3$，得方程组

$$\begin{cases} x_1 + 2x_2 = 3 \\ 4x_1 + 7x_2 + x_3 = 10 \\ x_2 - x_3 = b \\ 2x_1 + 3x_2 + ax_3 = 4 \end{cases}$$

对其增广矩阵 $\boldsymbol{B}$ 施行初等行变换化为阶梯形

$$\boldsymbol{B} = \begin{pmatrix} 1 & 2 & 0 & 3 \\ 4 & 7 & 1 & 10 \\ 0 & 1 & -1 & b \\ 2 & 3 & a & 4 \end{pmatrix} \longrightarrow \begin{pmatrix} 1 & 2 & 0 & 3 \\ 0 & -1 & 1 & -2 \\ 0 & 0 & a-1 & 0 \\ 0 & 0 & 0 & b-2 \end{pmatrix}$$

(1) 当 $b \neq 2$ 时，$\mathrm{r}(\boldsymbol{A}) \neq \mathrm{r}(\boldsymbol{B})$，方程组无解. 所以 $\boldsymbol{\beta}$ 不能由 $\boldsymbol{\alpha}_1$，$\boldsymbol{\alpha}_2$，$\boldsymbol{\alpha}_3$ 线性表示.

(2) 当 $b=2$ 且 $a \neq 1$ 时，$\mathrm{r}(\boldsymbol{A})=\mathrm{r}(\boldsymbol{B})=3$，故上面方程组有唯一解 $\boldsymbol{X}=(x_1, x_2, x_3)^{\mathrm{T}}=(-1, 2, 0)^{\mathrm{T}}$，所以 $\boldsymbol{\beta}$ 可由 $\boldsymbol{\alpha}_1$，$\boldsymbol{\alpha}_2$，$\boldsymbol{\alpha}_3$ 唯一表示为

$$\boldsymbol{\beta}=-\boldsymbol{\alpha}_1+2\boldsymbol{\alpha}_2+0\boldsymbol{\alpha}_3$$

当 $b=2$，$a=1$ 时，$\mathrm{r}(\boldsymbol{A})=\mathrm{r}(\boldsymbol{B})=2<3$，故方程组有无穷多解，解得 $\boldsymbol{X}=k(-2, 1, 1)^{\mathrm{T}}+(-1, 2, 0)^{\mathrm{T}}$，其中 k 为任意常数，此时

$$\boldsymbol{\beta}=(-1-2k)\boldsymbol{\alpha}_1+(k-2)\boldsymbol{\alpha}_2+k\boldsymbol{\alpha}_3$$

四、求向量组的极大线性无关组

方法 1（定义法） 即需证 (1) 所给部分组线性无关；(2) 向量组中任一向量可由该部分组线性表示.

方法 2 利用矩阵行的初等变换（其依据见下面例 13）. 解题步骤 (1) 以向量组中各向量的列作为矩阵 $\boldsymbol{A}$ 的列；(2) 将 $\boldsymbol{A}$ 进行行初等变换化为阶梯形矩阵 $\boldsymbol{B}$；(3) 在 $\boldsymbol{B}$ 的每一台阶取一列，则 $\boldsymbol{A}$ 与之对应的列向量构成的部分组，就是原向量组的一个极大线性无关组.

例 13 如果矩阵 $\boldsymbol{A}$ 经有限次初等行变换变到 $\boldsymbol{B}$，则 $\boldsymbol{B}$ 的任意 k 个列向量与 $\boldsymbol{A}$ 的对应的 k 个列向量组有相同的线性关系.

证 设 $\boldsymbol{A}=(\boldsymbol{\alpha}_1, \boldsymbol{\alpha}_2, \cdots, \boldsymbol{\alpha}_n)$，$\boldsymbol{B}=(\boldsymbol{\beta}_1, \boldsymbol{\beta}_2, \cdots, \boldsymbol{\beta}_n)$，且 $\boldsymbol{A}$ 经过有限次初等变换变到 $\boldsymbol{B}$，即存在可逆矩阵 $\boldsymbol{P}$，使 $\boldsymbol{PA}=\boldsymbol{B}$，从而 $\boldsymbol{A}=\boldsymbol{P}^{-1}\boldsymbol{B}$. 设 $\boldsymbol{A}$ 的列向量有线性关系

$$k_1\boldsymbol{\alpha}_1+k_2\boldsymbol{\alpha}_2+\cdots+k_n\boldsymbol{\alpha}_n=(\boldsymbol{\alpha}_1, \boldsymbol{\alpha}_2, \cdots, \boldsymbol{\alpha}_n)\begin{pmatrix}k_1\\k_2\\\vdots\\k_n\end{pmatrix}=\boldsymbol{0}$$

于是 $\boldsymbol{B}$ 的列向量组也满足线性关系

$$k_1\boldsymbol{\beta}_1+k_2\boldsymbol{\beta}_2+\cdots+k_n\boldsymbol{\beta}_n=(\boldsymbol{\beta}_1, \boldsymbol{\beta}_2, \cdots, \boldsymbol{\beta}_n)\begin{pmatrix}k_1\\k_2\\\vdots\\k_n\end{pmatrix}=\boldsymbol{P}(\boldsymbol{\alpha}_1, \boldsymbol{\alpha}_2, \cdots,$$

$$\boldsymbol{\alpha}_n)\begin{pmatrix}k_1\\k_2\\\vdots\\k_n\end{pmatrix}=\mathbf{0}$$

这个过程自然可逆，因此 $\boldsymbol{B}$ 与 $\boldsymbol{A}$ 的列向量有相同的线性关系.

例 14 设 $\boldsymbol{\alpha}_1=(1,3,2,0)^{\mathrm{T}}$，$\boldsymbol{\alpha}_2=(7,0,14,3)^{\mathrm{T}}$，$\boldsymbol{\alpha}_3=(2,-1,0,1)^{\mathrm{T}}$，$\boldsymbol{\alpha}_4=(5,1,6,2)^{\mathrm{T}}$，$\boldsymbol{\alpha}_5=(2,-1,4,1)^{\mathrm{T}}$，求(1)向量组的秩；(2)此向量组的一个极大线性无关组；(3)把向量组的其余向量用该极大线性无关组线性表示.

解

$$\boldsymbol{A}=(\boldsymbol{\alpha}_1,\boldsymbol{\alpha}_2,\boldsymbol{\alpha}_3,\boldsymbol{\alpha}_4,\boldsymbol{\alpha}_5)=\begin{pmatrix}1&7&2&5&2\\3&0&-1&1&-1\\2&14&0&6&4\\0&3&1&2&1\end{pmatrix}$$

$$\xrightarrow[\text{行变换}]{\text{初等}}\begin{pmatrix}1&0&0&\frac{2}{3}&-\frac{1}{3}\\0&1&0&\frac{1}{3}&\frac{1}{3}\\0&0&1&1&0\\0&0&0&0&0\end{pmatrix}=\boldsymbol{B}$$

因为 $\boldsymbol{B}$ 的秩为3，故 $\boldsymbol{A}$ 的秩也为3. 因在 $\boldsymbol{B}$ 的列向量组 $\boldsymbol{\beta}_1$，$\boldsymbol{\beta}_2$，$\boldsymbol{\beta}_3$，$\boldsymbol{\beta}_4$，$\boldsymbol{\beta}_5$ 中，$\boldsymbol{\beta}_1$，$\boldsymbol{\beta}_2$，$\boldsymbol{\beta}_3$ 是其列向量组的极大线性无关组，且

$$\boldsymbol{\beta}_4=\frac{2}{3}\boldsymbol{\beta}_1+\frac{1}{3}\boldsymbol{\beta}_2+\boldsymbol{\beta}_3,\ \boldsymbol{\beta}_5=-\frac{1}{3}\boldsymbol{\beta}_1+\frac{1}{3}\boldsymbol{\beta}_2+0\boldsymbol{\beta}_3$$

故 $\boldsymbol{\alpha}_1,\boldsymbol{\alpha}_2,\boldsymbol{\alpha}_3$ 构成 $\boldsymbol{\alpha}_1,\boldsymbol{\alpha}_2,\boldsymbol{\alpha}_3,\boldsymbol{\alpha}_4$，$\boldsymbol{\alpha}_5$ 的一个极大线性无关组，且

$$\boldsymbol{\alpha}_4=\frac{2}{3}\boldsymbol{\alpha}_1+\frac{1}{3}\boldsymbol{\alpha}_2+\boldsymbol{\alpha}_3,\boldsymbol{\alpha}_5=-\frac{1}{3}\boldsymbol{\alpha}_1+\frac{1}{3}\boldsymbol{\alpha}_2+0\boldsymbol{\alpha}_3$$

五、齐次线性方程组解的判定

齐次线性方程组 $\boldsymbol{A}_{m\times n}\boldsymbol{X}_n=\mathbf{0}$ 一定有解（至少有零解）. 因此它的解只有两种情况：

（1）方程组 $\boldsymbol{A}_{m\times n}\boldsymbol{X}_n=\mathbf{0}$ 仅有零解的充要条件是 $\mathrm{r}(\boldsymbol{A}_{m\times n})=n$，即

方程组未知数的个数等于系数矩阵的秩.

特别地，欲证方程个数与未知数个数相等的齐次线性方程组 $\boldsymbol{AX}=\boldsymbol{0}$只有零解，只需证 $|\boldsymbol{A}|\neq 0$.

（2）方程组 $\boldsymbol{A}_{m\times n}\boldsymbol{X}_n=\boldsymbol{0}$有非零解的充要条件是 $\mathrm{r}(\boldsymbol{A}_{m\times n})<n$，即方程未知数的个数大于系数矩阵的秩.

特别地，欲证方程个数与未知数个数相等的齐次线性方程组 $\boldsymbol{AX}=\boldsymbol{0}$，有非零解，只需证 $|\boldsymbol{A}|=0$.

例 15 λ 为何值时下列齐次线性方程组

$$(1)\begin{cases}(\lambda+3)x_1+x_2+2x_3=0\\ \lambda x_1+(\lambda-1)x_2+x_3=0\\ 3(\lambda+1)x_1+\lambda x_2+(\lambda+3)x_3=0\end{cases}$$

$$(2)\begin{cases}x_1+x_2+x_3+x_4=0\\ \lambda x_1+x_2+x_3+x_4=0\\ x_1+\lambda x_2+x_3+x_4=0\\ x_1+x_2+\lambda x_3+x_4=0\\ x_1+x_2+x_3+\lambda x_4=0\end{cases}$$

有非零解？仅有零解？

解 (1)方程组的系数行列式为

$$|\boldsymbol{A}|=\begin{vmatrix}\lambda+3&1&2\\ \lambda&\lambda-1&1\\ 3(\lambda+1)&\lambda&\lambda+3\end{vmatrix}=\lambda^2(\lambda-1)$$

故当 $\lambda^2(\lambda-1)=0$，即 $\lambda=0$ 或 1 时，有非零解；当 $\lambda^2(\lambda-1)\neq 0$，即 $\lambda\neq 0$，且 $\lambda\neq 1$ 时，仅有零解.

（2）用初等变换求方程系数矩阵的秩

$$\boldsymbol{A}=\begin{pmatrix}1&1&1&1\\ \lambda&1&1&1\\ 1&\lambda&1&1\\ 1&1&\lambda&1\\ 1&1&1&\lambda\end{pmatrix}\xrightarrow[r_4-r_1 \atop r_5-r_1]{r_2-r_1 \atop r_3-r_1}\begin{pmatrix}1&1&1&1\\ \lambda-1&0&0&0\\ 0&\lambda-1&0&0\\ 0&0&\lambda-1&0\\ 0&0&0&\lambda-1\end{pmatrix}=\boldsymbol{B}$$

显然，当 $\lambda=1$ 时，$\mathrm{r}(\boldsymbol{A})=\mathrm{r}(\boldsymbol{B})=1<4$，方程组有非零解；当 $\lambda\neq 1$ 时，$\mathrm{r}(\boldsymbol{A})=\mathrm{r}(\boldsymbol{B})=4$，此时方程组仅有零解.

六、非齐次线性方程组解的判定

非齐次线性方程组 $\boldsymbol{AX}=\boldsymbol{b}$ 的解有三种情况：无解，有唯一解，有无穷多解.

而方程组 $\boldsymbol{AX}=\boldsymbol{b}$ 有解的充要条件是 $\mathrm{r}(\boldsymbol{A})=\mathrm{r}(\boldsymbol{Ab})$.

（1）当 $\mathrm{r}(\boldsymbol{A})=\mathrm{r}(\boldsymbol{Ab})=r$ 时，$\boldsymbol{AX}=\boldsymbol{b}$ 有解，进一步：

当 $r=n$（n 为未知数的个数）时，$\boldsymbol{AX}=\boldsymbol{b}$ 有唯一解；特别当方程的个数与未知数的个数相等时，则当系数行列式 $|\boldsymbol{A}|\neq 0$ 时，$\boldsymbol{AX}=\boldsymbol{b}$ 有唯一解.

当 $r<n$ 时，$\boldsymbol{AX}=\boldsymbol{b}$ 有无穷多解.

（2）当 $\mathrm{r}(\boldsymbol{A})\neq\mathrm{r}(\boldsymbol{Ab})$ 时，$\boldsymbol{AX}=\boldsymbol{b}$ 无解.

例 16 讨论 λ 取何值时方程组

$$\begin{cases} \lambda x_1 + x_2 + x_3 = \lambda^2 \\ x_1 + \lambda x_2 + x_3 = \lambda \\ x_1 + x_2 + \lambda x_3 = 1 \end{cases}$$

有唯一解、无穷多解、无解？

解 由于方程的个数与未知数的个数相等，故先从计算系数行列式开始

$$|\boldsymbol{A}| = \begin{vmatrix} \lambda & 1 & 1 \\ 1 & \lambda & 1 \\ 1 & 1 & \lambda \end{vmatrix} = (\lambda+2)(\lambda-1)^2$$

（1）当 $\lambda\neq 1$ 且 $\lambda\neq -2$ 时，$|\boldsymbol{A}|\neq 0$，方程组有唯一解.

（2）当 $\lambda=1$ 时，显然有 $\mathrm{r}(\boldsymbol{A})=\mathrm{r}(\boldsymbol{Ab})=1<3$（未知数有 3 个），故方程组有无穷多解.

（3）当 $\lambda=-2$ 时，将增广矩阵化为阶梯形

$$(\boldsymbol{Ab}) = \begin{pmatrix} -2 & 1 & 1 & 4 \\ 1 & -2 & 1 & -2 \\ 1 & 1 & -2 & 1 \end{pmatrix} \longrightarrow \begin{pmatrix} 1 & 1 & -2 & 1 \\ 0 & 3 & -3 & 6 \\ 0 & 0 & 0 & 3 \end{pmatrix}$$

知 $\mathrm{r}(\boldsymbol{Ab})=3\neq\mathrm{r}(\boldsymbol{A})=2$. 所以原方程组无解.

例 17 设行列式

$$\begin{vmatrix} a_{11} & a_{12} & \cdots & a_{1n} \\ a_{21} & a_{22} & \cdots & a_{2n} \\ \vdots & \vdots & & \vdots \\ a_{n1} & a_{n2} & \cdots & a_{nn} \end{vmatrix} \neq 0$$

证明下列线性方程组

$$\begin{cases} a_{11}x_1 + a_{12}x_2 + \cdots + a_{1,n-1}x_{n-1} = a_{1n} \\ a_{21}x_1 + a_{22}x_2 + \cdots + a_{2,n-1}x_{n-1} = a_{2n} \\ \qquad \vdots \\ a_{n1}x_1 + a_{n2}x_2 + \cdots + a_{n,n-1}x_{n-1} = a_{nn} \end{cases}$$

无解.

证 设方程组的增广矩阵为 $\boldsymbol{B}$，则由题设

$$|\boldsymbol{B}| = \begin{vmatrix} a_{11} & a_{12} & \cdots & a_{1n} \\ a_{21} & a_{22} & \cdots & a_{2n} \\ \vdots & \vdots & & \vdots \\ a_{n1} & a_{n2} & \cdots & a_{nn} \end{vmatrix} \neq 0$$

故 $\mathrm{r}(\boldsymbol{B}) = n$，而系数矩阵 $\boldsymbol{A}$ 只有 $n-1$ 列，故 $\mathrm{r}(\boldsymbol{A}) \leqslant n-1$，因此 $\mathrm{r}(\boldsymbol{B}) \neq \mathrm{r}(\boldsymbol{A})$，从而所给方程组无解.

七、基础解系证法

方法 1 即证明一组向量为线性无关的解向量，且任一解向量都可由它线性表示.

方法 2 设 $\boldsymbol{AX}=\boldsymbol{0}$ 为 n 个未知数的齐次线性方程组，且 $\mathrm{r}(\boldsymbol{A}) = r$，欲证 $(n-r)$ 个解向量为基础解系，只需证它们线性无关即可.

例 18 设齐次线性方程组

$$\begin{cases} a_{11}x_1 + a_{12}x_2 + \cdots + a_{1n}x_n = 0 \\ a_{21}x_1 + a_{22}x_2 + \cdots + a_{2n}x_n = 0 \\ \qquad \vdots \\ a_{m1}x_1 + a_{m2}x_2 + \cdots + a_{mn}x_n = 0 \end{cases}$$

的系数矩阵的秩为 r，证明方程组的任意 $n-r$ 个线性无关的解都是它的一个基础解系.

证 设方程组的任意 $n-r$ 线性无关的解为 $\boldsymbol{\alpha}_1$，$\boldsymbol{\alpha}_2$，$\cdots$，$\boldsymbol{\alpha}_{n-r}$，

由定义只需证方程组的任一个解 $\boldsymbol{\beta}$，可由 $\boldsymbol{\alpha}_1$，$\boldsymbol{\alpha}_2$，…，$\boldsymbol{\alpha}_{n-r}$线性表示即可.

因为方程组的每一个基础解系只含有 $n-r$ 个解向量，故 $\boldsymbol{\alpha}_1$，…，$\boldsymbol{\alpha}_{n-r}$，$\boldsymbol{\beta}$ 线性相关，即存在 k_1，k_2，…，k_{n-r}，k（不全为0），使得

$$k_1\boldsymbol{\alpha}_1+k_2\boldsymbol{\alpha}_2+\cdots+k_{n-r}\boldsymbol{\alpha}_{n-r}+k\boldsymbol{\beta}=\mathbf{0}$$

因为 $k\neq 0$（否则 k_1，k_2，…，k_{n-r}不全为0，推出 $\boldsymbol{\alpha}_1$，$\boldsymbol{\alpha}_2$，…，$\boldsymbol{\alpha}_{n-r}$线性相关），所以 $\boldsymbol{\beta}$ 可由 $\boldsymbol{\alpha}_1$，$\boldsymbol{\alpha}_2$，…，$\boldsymbol{\alpha}_{n-r}$线性表示

$$\boldsymbol{\beta}=-\frac{k_1}{k}\boldsymbol{\alpha}_1-\frac{k_2}{k}\boldsymbol{\alpha}_2-\cdots-\frac{k_{n-r}}{k}\boldsymbol{\alpha}_{n-r}$$

例19 已知 $\boldsymbol{\alpha}_1$，$\boldsymbol{\alpha}_2$，$\boldsymbol{\alpha}_3$，$\boldsymbol{\alpha}_4$ 是线性方程组 $\boldsymbol{AX}=\mathbf{0}$的一个基础解系，若 $\boldsymbol{\beta}_1=\boldsymbol{\alpha}_1+t\boldsymbol{\alpha}_2$，$\boldsymbol{\beta}_2=\boldsymbol{\alpha}_2+t\boldsymbol{\alpha}_3$，$\boldsymbol{\beta}_3=\boldsymbol{\alpha}_3+t\boldsymbol{\alpha}_4$，$\boldsymbol{\beta}_4=\boldsymbol{\alpha}_4+t\boldsymbol{\alpha}_1$，讨论数 t 满足什么关系时，$\boldsymbol{\beta}_1$，$\boldsymbol{\beta}_2$，$\boldsymbol{\beta}_3$，$\boldsymbol{\beta}_4$ 也是 $\boldsymbol{AX}=\mathbf{0}$的一个基础解系.

解 显然，$\boldsymbol{\beta}_1$，$\boldsymbol{\beta}_2$，$\boldsymbol{\beta}_3$，$\boldsymbol{\beta}_4$ 是 $\boldsymbol{AX}=\mathbf{0}$的解，因此当且仅当 $\boldsymbol{\beta}_1$，$\boldsymbol{\beta}_2$，$\boldsymbol{\beta}_3$，$\boldsymbol{\beta}_4$ 线性无关时，$\boldsymbol{\beta}_1$，$\boldsymbol{\beta}_2$，$\boldsymbol{\beta}_3$，$\boldsymbol{\beta}_4$ 是基础解系，又

$$(\boldsymbol{\beta}_1,\boldsymbol{\beta}_2,\boldsymbol{\beta}_3,\boldsymbol{\beta}_4)=(\boldsymbol{\alpha}_1,\boldsymbol{\alpha}_2,\boldsymbol{\alpha}_3,\boldsymbol{\alpha}_4)\begin{pmatrix}1&0&0&t\\t&1&0&0\\0&t&1&0\\0&0&t&1\end{pmatrix}$$

故当且仅当

$$\begin{vmatrix}1&0&0&t\\t&1&0&0\\0&t&1&0\\0&0&t&1\end{vmatrix}\neq 0$$

即 $t^4-1\neq 0$，亦即 $t\neq\pm 1$ 时，$\boldsymbol{\beta}_1$，$\boldsymbol{\beta}_2$，$\boldsymbol{\beta}_3$，$\boldsymbol{\beta}_4$ 线性无关. 所以当 $t\neq\pm 1$ 时，$\boldsymbol{\beta}_1$，$\boldsymbol{\beta}_2$，$\boldsymbol{\beta}_3$，$\boldsymbol{\beta}_4$ 是 $\boldsymbol{AX}=\mathbf{0}$的基础解系.

例20 已知非齐次线性方程组

$$\begin{cases}x_1+kx_2+k^2x_3=k^3\\x_1-kx_2+k^2x_3=-k^2\end{cases}\quad(k\neq 0\text{，为常数})$$

的两个解向量为 $\boldsymbol{\alpha}_1=(-1,\ 1,\ 1)^{\mathrm{T}}$，$\boldsymbol{\alpha}_2=(1,\ 1,\ -1)^{\mathrm{T}}$，求其通解.

解 因为$\begin{vmatrix} 1 & k \\ 1 & -k \end{vmatrix} = -2k \neq 0$，故$\mathrm{r}(\boldsymbol{A}) = \mathrm{r}(\boldsymbol{Ab}) = 2 < n = 3$，故方程组有无穷多解，且对应的齐次方程组的基础解系应含$n - r = 3 - 2 = 1$个解向量.

因为$\boldsymbol{\alpha}_1$，$\boldsymbol{\alpha}_2$是非齐次方程组的两个解，故$\boldsymbol{\eta} = \boldsymbol{\alpha}_1 - \boldsymbol{\alpha}_2 = (-2, 0, 2)^{\mathrm{T}}$是原方程组对应的齐次方程组的解，$\boldsymbol{\eta} \neq \mathbf{0}$，故$\boldsymbol{\eta}$线性无关，从而$\boldsymbol{\eta}$是对应的齐次方程组的基础解系，于是原方程组的通解为

$$\boldsymbol{X} = \boldsymbol{\alpha}_1 + c\boldsymbol{\eta} = (-1, 1, 1)^{\mathrm{T}} + c(-2, 0, 2)^{\mathrm{T}} \ (c\text{为任意常数}).$$

习 题 三

习 题

1. 用矩阵秩的定义求下列矩阵的秩.

(1) $\begin{pmatrix} 1 & 1 \\ 2 & 2 \end{pmatrix}$；(2) $\begin{pmatrix} 2 & 4 & 8 \\ 1 & 2 & 1 \end{pmatrix}$；(3) $\begin{pmatrix} 1 & 2 & 3 & 0 \\ 0 & 1 & 0 & 1 \\ 0 & 1 & 1 & 0 \\ 0 & 0 & 0 & 0 \end{pmatrix}$；(4) $\begin{pmatrix} 2 & 1 & 1 \\ 1 & 2 & 1 \\ 1 & 1 & 2 \end{pmatrix}$.

2. 用矩阵的初等变换求下列矩阵的秩.

(1) $\begin{pmatrix} 1 & 0 & 0 & 1 \\ 1 & 2 & 0 & -1 \\ 3 & -1 & 0 & 4 \\ 1 & 4 & 5 & 1 \end{pmatrix}$；　(2) $\begin{pmatrix} 2 & 1 & -3 & 4 \\ 1 & -2 & 0 & 1 \\ 4 & 7 & -9 & 10 \\ 0 & 5 & -3 & 2 \end{pmatrix}$.

3. 已知矩阵

$$\boldsymbol{A} = \begin{pmatrix} 1 & 1 & -6 & 10 \\ 2 & 5 & k & -1 \\ 1 & 2 & -1 & k \end{pmatrix}$$

的秩为2，求k的值.

4. 将下列各题中向量$\boldsymbol{\beta}$表示为其他向量的线性组合.

(1) $\boldsymbol{\beta} = (4, -1, 5, 1)$，$\boldsymbol{\alpha}_1 = (2, 0, 0, 0)$，$\boldsymbol{\alpha}_2 = (0, 1, 0, 0)$，$\boldsymbol{\alpha}_3 = (0, 0, 3, 0)$，$\boldsymbol{\alpha}_4 = \left(0, 0, 0, \frac{1}{2}\right)$.

(2) $\boldsymbol{\beta} = (3, 5, -6)$，$\boldsymbol{\alpha}_1 = (1, 0, 1)$，$\boldsymbol{\alpha}_2 = (1, 1, 1)$，$\boldsymbol{\alpha}_3 = (0, -1, -1)$.

5. 判断下列命题是否正确，若不正确，举例说明.

（1）若向量组$\boldsymbol{\alpha}_1$，$\boldsymbol{\alpha}_2$，…，$\boldsymbol{\alpha}_n$线性相关，则$\boldsymbol{\alpha}_1$可由$\boldsymbol{\alpha}_2$，$\boldsymbol{\alpha}_3$，…，$\boldsymbol{\alpha}_n$线性表示.

（2）对向量组$\boldsymbol{\alpha}_1$，$\boldsymbol{\alpha}_2$，…，$\boldsymbol{\alpha}_n$，若存在全为零的k_1，k_2，…，k_n使$k_1\boldsymbol{\alpha}_1+k_2\boldsymbol{\alpha}_2+\cdots+k_n\boldsymbol{\alpha}_n=\mathbf{0}$成立，则$\boldsymbol{\alpha}_1$，$\boldsymbol{\alpha}_2$，…，$\boldsymbol{\alpha}_n$线性无关.

（3）若一个向量组中有两个向量相等，则此向量组一定线性相关.

（4）若$\boldsymbol{\alpha}_1$，$\boldsymbol{\alpha}_2$，…，$\boldsymbol{\alpha}_m$线性无关，那么其中每一个向量都不是其余向量的线性组合.

6. 证明线性无关向量组的任何一个部分组也是线性无关的.

7. 设$\boldsymbol{\beta}_1=\boldsymbol{\alpha}_1+\boldsymbol{\alpha}_2$，$\boldsymbol{\beta}_2=\boldsymbol{\alpha}_2+\boldsymbol{\alpha}_3$，$\boldsymbol{\beta}_3=\boldsymbol{\alpha}_3+\boldsymbol{\alpha}_4$，$\boldsymbol{\beta}_4=\boldsymbol{\alpha}_4+\boldsymbol{\alpha}_1$，证明向量组$\boldsymbol{\beta}_1$，$\boldsymbol{\beta}_2$，$\boldsymbol{\beta}_3$，$\boldsymbol{\beta}_4$线性相关.

8. 若向量组$\boldsymbol{\alpha}_1$，$\boldsymbol{\alpha}_2$，$\boldsymbol{\alpha}_3$线性无关，又$\boldsymbol{\beta}_1=\boldsymbol{\alpha}_1+\boldsymbol{\alpha}_2+2\boldsymbol{\alpha}_3$，$\boldsymbol{\beta}_2=\boldsymbol{\alpha}_2+\boldsymbol{\alpha}_3+2\boldsymbol{\alpha}_1$，$\boldsymbol{\beta}_3=\boldsymbol{\alpha}_3+\boldsymbol{\alpha}_1+2\boldsymbol{\alpha}_2$，证明$\boldsymbol{\beta}_1$，$\boldsymbol{\beta}_2$，$\boldsymbol{\beta}_3$也线性无关.

9. 若向量组$\boldsymbol{\alpha}_1$，$\boldsymbol{\alpha}_2$，…，$\boldsymbol{\alpha}_m$线性相关，但其中任意$m-1$个向量都线性无关，试证必存在m个全不为零的数k_1，k_2，…，k_m，使得$k_1\boldsymbol{\alpha}_1+\cdots+k_m\boldsymbol{\alpha}_m=\mathbf{0}$成立.

10. 判断下列向量组的线性相关性：

（1）$\boldsymbol{\alpha}_1=(2,\ 1)$，$\boldsymbol{\alpha}_2=(-1,\ 4)$，$\boldsymbol{\alpha}_3=(2,\ -3)$.

（2）$\boldsymbol{\alpha}_1=(2,\ 1,\ 1)$，$\boldsymbol{\alpha}_2=(1,\ 2,\ -1)$，$\boldsymbol{\alpha}_3=(-2,\ 3,\ 0)$.

（3）$\boldsymbol{\alpha}_1=(2,\ 1,\ -1)$，$\boldsymbol{\alpha}_2=(1,\ -1,\ 1)$，$\boldsymbol{\alpha}_3=(-1,\ 1,\ 2)$.

（4）$\boldsymbol{\alpha}_1=(1,\ 1,\ 1,\ 1)$，$\boldsymbol{\alpha}_2=(1,\ 1,\ -1,\ -1)$，$\boldsymbol{\alpha}_3=(1,\ -1,\ 1,\ -1)$.

11. 求下列向量组的秩和一个极大线性无关组：

（1）$\boldsymbol{\alpha}_1=(1,\ 2,\ 3)$，$\boldsymbol{\alpha}_2=(2,\ 3,\ 4)$，$\boldsymbol{\alpha}_3=(4,\ 5,\ 6)$.

（2）$\boldsymbol{\alpha}_1=(1,\ 1,\ 1,\ 1)$，$\boldsymbol{\alpha}_2=(2,\ -1,\ -1,\ 3)$，$\boldsymbol{\alpha}_3=(1,\ 2,\ 2,\ -2)$，$\boldsymbol{\alpha}_4=(1,\ -5,\ -5,\ 3)$.

12. 求下列齐次线性方程组的一个基础解系和通解.

（1）$\begin{cases}2x_1-4x_2+5x_3+3x_4=0\\3x_1-6x_2+4x_3+2x_4=0\\4x_1-8x_2+17x_3+11x_4=0\end{cases}$.

（2）$\begin{cases}5x_1+6x_2-2x_3+7x_4+4x_5=0\\2x_1+3x_2-x_3+4x_4+2x_5=0\\7x_1+9x_2-3x_3+5x_4+6x_5=0\\5x_1+9x_2-3x_3+x_4+6x_5=0\end{cases}$.

（3）$3x_1+2x_2+x_3=0$.

(4) $\begin{cases} 2x_1 - x_2 + 3x_3 - 7x_4 = 0 \\ x_1 - 3x_2 - 2x_3 - 5x_4 = 0 \\ -3x_1 + x_2 + 4x_3 + 6x_4 = 0 \\ 4x_1 - 2x_2 + x_3 - 7x_4 = 0 \end{cases}$.

13. 求下列方程组的通解.

(1) $\begin{cases} x_1 + x_2 + 2x_3 + 3x_4 = 1 \\ x_2 + x_3 - 4x_4 = 1 \\ x_1 + 2x_2 + 3x_3 - x_4 = 4 \\ 3x_1 + 3x_2 - x_3 - x_4 = -6 \end{cases}$.

(2) $\begin{cases} x_1 + 5x_2 - x_3 - x_4 = -1 \\ x_1 - 2x_2 + x_3 + 3x_4 = 3 \\ x_1 - 9x_2 + 3x_3 + 7x_4 = 7 \end{cases}$.

14. 当 λ 为何值时，线性方程组

$$\begin{cases} 2x_1 - 2x_2 - 5x_3 + 3x_4 = 1 \\ x_1 - x_2 - 3x_3 + x_4 = \lambda \\ x_1 - x_2 - 2x_3 + 2x_4 = 3 \end{cases}$$

有解？有解时，求出它的全部解.

15. 设 $\boldsymbol{\alpha}_1$，$\boldsymbol{\alpha}_2$，…，$\boldsymbol{\alpha}_r$ 为齐次线性方程组的基础解系，试证：$\boldsymbol{\alpha}_1 + \boldsymbol{\alpha}_2$，$\boldsymbol{\alpha}_2$，…，$\boldsymbol{\alpha}_r$ 也是齐次线性方程组的基础解系.

16. 设四元非齐次线性方程组的系数矩阵的秩为 3，已知 $\boldsymbol{\eta}_1$，$\boldsymbol{\eta}_2$，$\boldsymbol{\eta}_3$ 是它的三个解向量，且 $\boldsymbol{\eta}_1 = (2, 3, 4, 5)^{\mathrm{T}}$，$\boldsymbol{\eta}_2 + \boldsymbol{\eta}_3 = (1, 2, 3, 4)^{\mathrm{T}}$，求该方程组的通解.

自 测 题

1. 单项选择题

(1) 设矩阵 $\boldsymbol{A} = \begin{pmatrix} 1 & a & a \\ a & 1 & a \\ a & a & 1 \end{pmatrix}$ 的秩为 2，则 a 必为（　　）.

(A) 1　　(B) $-\dfrac{1}{2}$　　(C) -1　　(D) $\dfrac{1}{2}$

(2) 设矩阵 $\boldsymbol{A}$ 是 n 阶矩阵($n \geqslant 3$)且 $\mathrm{r}(\boldsymbol{A}) = n-2$，则(　　).

(A) $\boldsymbol{A}$ 的伴随矩阵 $\boldsymbol{A}^* = \boldsymbol{O}$

(B) $\boldsymbol{A}$ 的所有的 $n-2$ 阶子式不等于零

(C) $\boldsymbol{A}$ 可逆，且 $\mathrm{r}(\boldsymbol{A}^{-1}) = n-2$

(D) $\boldsymbol{A}$ 的列向量组线性无关

(3) 设 $\boldsymbol{\beta}$ 可由向量组 $\boldsymbol{\alpha}_1$，$\boldsymbol{\alpha}_2$，…，$\boldsymbol{\alpha}_m$ 线性表示，则下列结论成立的是(　　).

(A) 存在一组不全为零的数 k_1，k_2，…，k_m，使得

$$\boldsymbol{\beta}=k_1\boldsymbol{\alpha}_1+k_2\boldsymbol{\alpha}_2+\cdots+k_m\boldsymbol{\alpha}_m$$

(B) 存在一组全不为零的数 k_1，k_2，…，k_m，使得上式成立

(C) 唯一地存在一组数 k_1，k_2，…，k_m，使得上式成立

(D) 向量组 $\boldsymbol{\alpha}_1$，$\boldsymbol{\alpha}_2$，…，$\boldsymbol{\alpha}_m$，$\boldsymbol{\beta}$ 线性相关

(4) 设向量组 $\boldsymbol{\alpha}_1$，$\boldsymbol{\alpha}_2$，…，$\boldsymbol{\alpha}_m$ 线性相关，则使等式 $k_1\boldsymbol{\alpha}_1+k_2\boldsymbol{\alpha}_2+\cdots+k_m\boldsymbol{\alpha}_m=\boldsymbol{0}$ 成立的常数 k_1，k_2，…，k_m 是(　　).

(A) 任意一组常数

(B) 任意一组不全为零的常数

(C) 某些特定的不全为零的常数

(D) 唯一的一组不全为零的常数

(5) 设 $\boldsymbol{\alpha}_1$，$\boldsymbol{\alpha}_2$，…，$\boldsymbol{\alpha}_m$ 均为 n 维向量，则下列命题正确的是(　　).

(A) 若 $k_1\boldsymbol{\alpha}_1+k_2\boldsymbol{\alpha}_2+\cdots+k_m\boldsymbol{\alpha}_m=\boldsymbol{0}$，则 $\boldsymbol{\alpha}_1$，$\boldsymbol{\alpha}_2$，…，$\boldsymbol{\alpha}_m$ 线性相关

(B) 对任意一组全不为零的数 k_1，k_2，…，k_m，都有 $k_1\boldsymbol{\alpha}_1+k_2\boldsymbol{\alpha}_2+\cdots+k_m\boldsymbol{\alpha}_m\neq\boldsymbol{0}$，则 $\boldsymbol{\alpha}_1$，$\boldsymbol{\alpha}_2$，…，$\boldsymbol{\alpha}_m$ 线性无关

(C) 若 $\boldsymbol{\alpha}_1$，$\boldsymbol{\alpha}_2$，…，$\boldsymbol{\alpha}_m$ 线性相关，则对任意一组全不为零的数 k_1，k_2，…，k_m，都有 $k_1\boldsymbol{\alpha}_1+k_2\boldsymbol{\alpha}_2+\cdots+k_m\boldsymbol{\alpha}_m=\boldsymbol{0}$

(D) 若 $0\boldsymbol{\alpha}_1+0\boldsymbol{\alpha}_2+\cdots+0\boldsymbol{\alpha}_m=\boldsymbol{0}$，则 $\boldsymbol{\alpha}_1$，$\boldsymbol{\alpha}_2$，…，$\boldsymbol{\alpha}_m$ 线性无关

(6) 设矩阵 $\boldsymbol{A}=\begin{pmatrix}1&2&0&0\\3&4&0&0\\0&0&5&6\\0&0&7&8\end{pmatrix}$，四维列向量 $\boldsymbol{\alpha}_1$，$\boldsymbol{\alpha}_2$，$\boldsymbol{\alpha}_3$，$\boldsymbol{\alpha}_4$ 线性无关，则向量组 $\boldsymbol{A\alpha}_1$，$\boldsymbol{A\alpha}_2$，$\boldsymbol{A\alpha}_3$，$\boldsymbol{A\alpha}_4$ 的秩等于(　　).

(A) 1　　(B) 2　　(C) 3　　(D) 4

(7) 设向量组 $\boldsymbol{\alpha}_1$，$\boldsymbol{\alpha}_2$，…，$\boldsymbol{\alpha}_m$ 的秩为 r，则(　　).

(A) $r<m$

(B) 向量组中任意小于 r 个的部分向量组必线性无关

(C) 向量组中任意 r 个向量组必线性无关

(D) 向量组中任意 $r+1$ 个向量组必线性相关

(8) 设 $\boldsymbol{A}$ 为 $m\times n$ 矩阵，且 $\mathrm{r}(\boldsymbol{A})=m<n$，则(　　).

(A) $\boldsymbol{A}$ 的行、列向量组均线性无关

(B) $\boldsymbol{A}$ 的行、列向量组均线性相关

(C) $\boldsymbol{A}$ 的行向量组线性无关，列向量组线性相关

(D) $\boldsymbol{A}$ 的列向量组线性无关，行向量组线性相关

(9) 设 $\boldsymbol{A}$ 是四阶方阵，且 $|\boldsymbol{A}|=0$，则（　　）

(A) $\boldsymbol{A}$ 中有一列元素全为零

(B) $\boldsymbol{A}$ 中必有一列向量是其余列向量的线性组合

(C) $\boldsymbol{A}$ 中有两行元素对应成比例

(D) $\boldsymbol{A}$ 中任一列向量是其余列向量的线性组合

(10) 设 $\boldsymbol{A}$，$\boldsymbol{B}$ 都是 n 阶非零矩阵，且 $\boldsymbol{AB}=\boldsymbol{O}$，则 $\boldsymbol{A}$ 和 $\boldsymbol{B}$ 的秩（　　）.

(A) 必有一个等于零　　(B) 都小于 n

(C) 一个小于 n，一个等于 n　　(D) 都等于 n

(11) 设 $\boldsymbol{A}$ 为 $m\times n$ 矩阵，则齐次线性方程组 $\boldsymbol{AX}=\boldsymbol{0}$ 有非零解的充要条件是（　　）.

(A) $m<n$　　(B) $m>n$　　(C) $\mathrm{r}(\boldsymbol{A})<n$　　(D) $|\boldsymbol{A}|=0$

(12) 设 $\boldsymbol{A}$ 为 n 阶方阵，$\mathrm{r}(\boldsymbol{A})=n-1$，$\boldsymbol{\alpha}_1$，$\boldsymbol{\alpha}_2$ 是齐次线性方程组 $\boldsymbol{AX}=\boldsymbol{0}$ 的两个不同的解向量，则 $\boldsymbol{AX}=\boldsymbol{0}$ 的通解为（其中 k 为任意的实数）（　　）.

(A) $k\boldsymbol{\alpha}_1$　　(B) $k\boldsymbol{\alpha}_2$

(C) $k(\boldsymbol{\alpha}_1-\boldsymbol{\alpha}_2)$　　(D) $k(\boldsymbol{\alpha}_1+\boldsymbol{\alpha}_2)$

(13) 设 $\boldsymbol{X}_1$，$\boldsymbol{X}_2$，$\boldsymbol{X}_3$ 是齐次线性方程组 $\boldsymbol{AX}=\boldsymbol{0}$ 的一个基础解系，则下面也为该方程组基础解系的是（　　）.

(A) 与 $\boldsymbol{X}_1$，$\boldsymbol{X}_2$，$\boldsymbol{X}_3$ 等价的向量组 $\boldsymbol{\beta}_1$，$\boldsymbol{\beta}_2$，$\boldsymbol{\beta}_3$

(B) $\boldsymbol{X}_1-\boldsymbol{X}_3$，$3\boldsymbol{X}_2-\boldsymbol{X}_3$，$-\boldsymbol{X}_1-3\boldsymbol{X}_2+2\boldsymbol{X}_3$

(C) $\boldsymbol{X}_1+2\boldsymbol{X}_2+\boldsymbol{X}_3$，$\boldsymbol{X}_1+\boldsymbol{X}_2$，$\boldsymbol{X}_2+\boldsymbol{X}_3$

(D) 与 $\boldsymbol{X}_1$，$\boldsymbol{X}_2$，$\boldsymbol{X}_3$ 等价的向量组 $\boldsymbol{\alpha}_1$，$\boldsymbol{\alpha}_2$，$\boldsymbol{\alpha}_3$，$\boldsymbol{\alpha}_4$

(14) 方程组 $\boldsymbol{AX}=\boldsymbol{b}$ 的系数矩阵的秩 $\mathrm{r}(\boldsymbol{A})$ 和增广矩阵的秩 $\mathrm{r}(\boldsymbol{B})$ 的关系是（　　）.

(A) $\mathrm{r}(\boldsymbol{A})=\mathrm{r}(\boldsymbol{B})$　　(B) $\mathrm{r}(\boldsymbol{B})=\mathrm{r}(\boldsymbol{A})+1$

(C) $\mathrm{r}(\boldsymbol{B})>\mathrm{r}(\boldsymbol{A})$　　(D) $\mathrm{r}(\boldsymbol{A})=\mathrm{r}(\boldsymbol{B})$ 或 $\mathrm{r}(\boldsymbol{B})=\mathrm{r}(\boldsymbol{A})+1$

(15) 设 $\boldsymbol{\beta}_1$，$\boldsymbol{\beta}_2$ 是非齐次线性方程组 $\boldsymbol{AX}=\boldsymbol{b}$ 的两个不同解，$\boldsymbol{\alpha}_1$，$\boldsymbol{\alpha}_2$ 是对应的齐次方程组 $\boldsymbol{AX}=\boldsymbol{0}$ 的基础解系，k_1，k_2 为任意常数，则 $\boldsymbol{AX}=\boldsymbol{b}$ 的通解是（　　）.

(A) $k_1\boldsymbol{\alpha}_1+k_2(\boldsymbol{\alpha}_1-\boldsymbol{\alpha}_2)+\dfrac{1}{2}(\boldsymbol{\beta}_1+\boldsymbol{\beta}_2)$

(B) $k_1\boldsymbol{\alpha}_1+k_2(\boldsymbol{\alpha}_2+\boldsymbol{\alpha}_1)+\dfrac{1}{2}(\boldsymbol{\beta}_1-\boldsymbol{\beta}_2)$

(C) $k_1\boldsymbol{\alpha}_1+k_2(\boldsymbol{\beta}_1+\boldsymbol{\beta}_2)+\dfrac{1}{2}(\boldsymbol{\beta}_1-\boldsymbol{\beta}_2)$

(D) $k_1\boldsymbol{\alpha}_1+k_2(\boldsymbol{\beta}_1-\boldsymbol{\beta}_2)+\frac{1}{2}(\boldsymbol{\beta}_1+\boldsymbol{\beta}_2)$

2. 填空题

(1) 设矩阵 $\boldsymbol{A}=\begin{pmatrix}k&1&1\\1&k&1\\1&1&k\end{pmatrix}$ 的秩 $r(\boldsymbol{A})=2$，则 $k=$________.

(2) 设 $\boldsymbol{\alpha}$，$\boldsymbol{\beta}$ 均为四维非零行向量，矩阵 $\boldsymbol{A}=\boldsymbol{\alpha}^{\mathrm{T}}\boldsymbol{\beta}$，则 $r(\boldsymbol{A})=$________.

(3) 设三阶矩阵 $\boldsymbol{A}$ 的秩 $r(\boldsymbol{A})=2$，$\boldsymbol{B}=\begin{pmatrix}0&0&1\\0&1&0\\1&0&0\end{pmatrix}$，则 $r(\boldsymbol{AB})=$________.

(4) 设矩阵 $\boldsymbol{A}=\begin{pmatrix}1&2&-2\\4&t&3\\3&-1&1\end{pmatrix}$，$\boldsymbol{B}$ 为三阶非零矩阵，且 $\boldsymbol{AB}=\boldsymbol{O}$，则 $t=$________.

(5) 设向量组 $\boldsymbol{\alpha}_1=(a,0,c)$，$\boldsymbol{\alpha}_2=(b,c,0)$，$\boldsymbol{\alpha}_3=(0,a,b)$ 线性无关，则 a，b，c 必满足关系式________.

(6) 设三阶矩阵 $\boldsymbol{A}=\begin{pmatrix}1&2&-2\\2&1&2\\3&0&4\end{pmatrix}$，三维列向量 $\boldsymbol{\alpha}=\begin{pmatrix}a\\1\\1\end{pmatrix}$，已知 $\boldsymbol{A\alpha}$ 与 $\boldsymbol{\alpha}$ 线性相关，则 $a=$________.

(7) 已知向量组 $\boldsymbol{\alpha}_1=(1,2,-1,1)$，$\boldsymbol{\alpha}_2=(2,0,t,0)$，$\boldsymbol{\alpha}_3=(0,-4,5,-2)$ 的秩为2，则 $t=$________.

(8) 设三阶方阵 $\boldsymbol{A}$ 的各行元素之和均为零，且 $r(\boldsymbol{A})=2$，则齐次线性方程组 $\boldsymbol{AX}=\boldsymbol{0}$ 的通解为________.

(9) 设 $\boldsymbol{A}$ 为三阶方阵，$|\boldsymbol{A}|=0$，且 $\boldsymbol{A}$ 中任意元素 a_{ij} 的代数余子式 $A_{ij}\neq0$，则齐次线性方程组 $\boldsymbol{AX}=\boldsymbol{0}$ 的通解为________.

(10) 若线性方程组 $\begin{cases}x_1+x_2=-a_1\\x_2+x_3=a_2\\x_3+x_4=-a_3\\x_4+x_1=a_4\end{cases}$，则常数 a_1，a_2，a_3，a_4 应满足的条件是________.

3. 设向量组 $\boldsymbol{\alpha}_1$，$\boldsymbol{\alpha}_2$，$\boldsymbol{\alpha}_3$ 线性无关，$\boldsymbol{\beta}_1=\boldsymbol{\alpha}_1-\boldsymbol{\alpha}_2+2\boldsymbol{\alpha}_3$，$\boldsymbol{\beta}_2=2\boldsymbol{\alpha}_1-\boldsymbol{\alpha}_2+3\boldsymbol{\alpha}_3$，$\boldsymbol{\beta}_3=\boldsymbol{\alpha}_2-\boldsymbol{\alpha}_3$，证明向量组 $\boldsymbol{\beta}_1$，$\boldsymbol{\beta}_2$，$\boldsymbol{\beta}_3$ 线性相关.

4. 设向量组 $\boldsymbol{\alpha}_1$，$\boldsymbol{\alpha}_2$，$\boldsymbol{\alpha}_3$，$\boldsymbol{\alpha}_4$ 线性无关，$\boldsymbol{\beta}_1=\boldsymbol{\alpha}_1+t_1\boldsymbol{\alpha}_2$，$\boldsymbol{\beta}_2=\boldsymbol{\alpha}_2+t_2\boldsymbol{\alpha}_3$，$\boldsymbol{\beta}_3=\boldsymbol{\alpha}_3+t_3\boldsymbol{\alpha}_4$，其中 t_1，t_2，t_3 是实数，证明向量组 $\boldsymbol{\beta}_1$，$\boldsymbol{\beta}_2$，$\boldsymbol{\beta}_3$ 线性无关.

5. 设$\boldsymbol{A}$是n阶方阵，若存在正整数m，使线性方程组$\boldsymbol{A}^m\boldsymbol{X}=\boldsymbol{0}$有解向量$\boldsymbol{\alpha}$，且$\boldsymbol{A}^{m-1}\boldsymbol{\alpha}\neq\boldsymbol{0}$，证明向量组$\boldsymbol{\alpha}$，$\boldsymbol{A\alpha}$，$\cdots\boldsymbol{A}^{m-1}\boldsymbol{\alpha}$线性无关.

6. 设向量组$\boldsymbol{\alpha}_1$，$\boldsymbol{\alpha}_2$，$\boldsymbol{\alpha}_3$线性相关，$\boldsymbol{\alpha}_2$，$\boldsymbol{\alpha}_3$，$\boldsymbol{\alpha}_4$线性无关，问：

（1）$\boldsymbol{\alpha}_1$能否由$\boldsymbol{\alpha}_2$，$\boldsymbol{\alpha}_3$线性表示？证明你的结论.

（2）$\boldsymbol{\alpha}_4$能否由$\boldsymbol{\alpha}_1$，$\boldsymbol{\alpha}_2$，$\boldsymbol{\alpha}_3$线性表示？证明你的结论.

7. 设三维向量组$\boldsymbol{\alpha}_1=(1+\lambda,1,1)$，$\boldsymbol{\alpha}_2=(1,1+\lambda,1)$，$\boldsymbol{\alpha}_1=(1,1,1+\lambda)$，$\boldsymbol{\beta}=(0,\lambda,\lambda^2)$，问$\lambda$为何值时

（1）$\boldsymbol{\beta}$可由$\boldsymbol{\alpha}_1$，$\boldsymbol{\alpha}_2$，$\boldsymbol{\alpha}_3$线性表示，且表示方法唯一；

（2）$\boldsymbol{\beta}$可由$\boldsymbol{\alpha}_1$，$\boldsymbol{\alpha}_2$，$\boldsymbol{\alpha}_3$线性表示，且表示方法不唯一；

（3）$\boldsymbol{\beta}$不能由$\boldsymbol{\alpha}_1$，$\boldsymbol{\alpha}_2$，$\boldsymbol{\alpha}_3$线性表示.

8. 已知$\boldsymbol{\alpha}_1$，$\boldsymbol{\alpha}_2$，$\boldsymbol{\alpha}_3$是齐次方程组$\boldsymbol{AX}=\boldsymbol{0}$的基础解系，问常数$k_1$，$k_2$满足什么条件时，向量组$k_1\boldsymbol{\alpha}_1-\boldsymbol{\alpha}_2$，$k_2\boldsymbol{\alpha}_2-\boldsymbol{\alpha}_3$，$\boldsymbol{\alpha}_3-\boldsymbol{\alpha}_1$也是该方程组的基础解系.

9. 已知三阶矩阵$\boldsymbol{B}\neq\boldsymbol{O}$，且$\boldsymbol{B}$的每一列都是方程组

$$\begin{cases}x_1+2x_2-2x_3=0\\2x_1-x_2+\lambda x_3=0\\3x_1+x_2-x_3=0\end{cases}$$

的解，证明$\lambda=1$且$|\boldsymbol{B}|=0$.

10. 设$\boldsymbol{A}$，$\boldsymbol{B}$分别是$m\times n$和$n\times s$矩阵，且$\boldsymbol{AB}=\boldsymbol{O}$，证明$\mathrm{r}(\boldsymbol{A})+\mathrm{r}(\boldsymbol{B})\leqslant n$.

11. 设a，b，c为互不相同的常数，证明下列线性方程组

$$\begin{cases}x_1+x_2=1\\ax_1+bx_2=c\\a^2x_1+b^2x_2=c^2\end{cases}$$

无解.

12. 设V是一线性空间，$\boldsymbol{\alpha}_1$，$\boldsymbol{\alpha}_2$，$\cdots$，$\boldsymbol{\alpha}_s$为V中一组向量，记

$$L(\boldsymbol{\alpha}_1,\boldsymbol{\alpha}_2,\cdots,\boldsymbol{\alpha}_s)=\{k_1\boldsymbol{\alpha}_1+k_2\boldsymbol{\alpha}_2+\cdots+k_s\boldsymbol{\alpha}_s\,|\,k_1,k_2,\cdots,k_s\text{是任意数}\}$$

证明$L(\boldsymbol{\alpha}_1,\boldsymbol{\alpha}_2,\cdots,\boldsymbol{\alpha}_s)$是$V$的子空间（称之为由$\boldsymbol{\alpha}_1$，$\boldsymbol{\alpha}_2$，$\cdots$，$\boldsymbol{\alpha}_s$生成的子空间）.

13. 已知$\mathbf{R}^3$的两组基$\boldsymbol{\alpha}_1=(1,0,1)^{\mathrm{T}}$，$\boldsymbol{\alpha}_2=(0,1,0)^{\mathrm{T}}$，$\boldsymbol{\alpha}_3=(1,2,2)^{\mathrm{T}}$，$\boldsymbol{\beta}_1=(1,0,0)^{\mathrm{T}}$，$\boldsymbol{\beta}_2=(1,1,0)^{\mathrm{T}}$，$\boldsymbol{\beta}_3=(1,1,1)^{\mathrm{T}}$，求由到基$\boldsymbol{\alpha}_1$，$\boldsymbol{\alpha}_2$，$\boldsymbol{\alpha}_3$到基$\boldsymbol{\beta}_1$，$\boldsymbol{\beta}_2$，$\boldsymbol{\beta}_3$的过渡矩阵.

第四章　矩阵的对角化与二次型

这一章主要讨论：方阵的特征值和特征向量，矩阵在相似意义下化为对角形，实对称矩阵的对角化，用正交变换化二次型为标准形，二次型的正定性.

第一节　特征值和特征向量

定义　设 $\boldsymbol{A}$ 为 n 阶方阵，如果存在数 λ 和非零列向量 $\boldsymbol{X}$，使得

$$\boldsymbol{AX}=\lambda\boldsymbol{X} \tag{4.1}$$

则称 λ 为矩阵 $\boldsymbol{A}$ 的**特征值**，$\boldsymbol{X}$ 是 $\boldsymbol{A}$ 的属于（或对应于）特征值 λ 的**特征向量**.

注意　特征向量 $\boldsymbol{X}\neq\boldsymbol{0}$；特征值问题是对方阵而言的，本章的矩阵如不加说明，都是方阵.

根据定义，n 阶矩阵 $\boldsymbol{A}$ 的特征值，就是使齐次线性方程组

$$(\lambda\boldsymbol{E}-\boldsymbol{A})\boldsymbol{X}=\boldsymbol{0} \tag{4.2}$$

有非零解 $\boldsymbol{X}$ 的数 λ，而方程（4.2）有非零解的充要条件为

$$|\lambda\boldsymbol{E}-\boldsymbol{A}|=0 \tag{4.3}$$

方程（4.3）的左端 $|\lambda\boldsymbol{E}-\boldsymbol{A}|$ 为 λ 的 n 次多项式，因此 $\boldsymbol{A}$ 的特征值就是该多项式的根. 此多项式称为 $\boldsymbol{A}$ 的**特征多项式**. 称方程（4.3）为 $\boldsymbol{A}$ 的**特征方程**.

设 λ_0 是 $\boldsymbol{A}$ 的一个特征值，则由齐次线性方程组

$$(\lambda_0\boldsymbol{E}-\boldsymbol{A})\boldsymbol{X}=\boldsymbol{0}$$

可求得非零解 $\boldsymbol{X}=\boldsymbol{P}_0$，$\boldsymbol{P}_0$ 就是 $\boldsymbol{A}$ 的对应于特征值 λ_0 的一个特征向量.

综上所述，求矩阵 $\boldsymbol{A}$ 的特征值与特征向量的步骤如下：

（1）计算特征多项式 $|\lambda\boldsymbol{E}-\boldsymbol{A}|$；

（2）求特征方程 $|\lambda\boldsymbol{E}-\boldsymbol{A}|=0$ 的全部根，即 $\boldsymbol{A}$ 的全部特征值；

(3) 对于 $\boldsymbol{A}$ 的每一个特征值 λ_0，求出齐次线性方程组 $(\lambda_0\boldsymbol{E}-\boldsymbol{A})\boldsymbol{X}=\boldsymbol{0}$ 的一个基础解系.

$$\boldsymbol{P}_1,\boldsymbol{P}_2,\cdots,\boldsymbol{P}_t$$

则

$$k_1\boldsymbol{P}_1+k_2\boldsymbol{P}_2+\cdots+k_t\boldsymbol{P}_t$$

(其中 k_1，k_2，$\cdots$，k_t 为不同时为零的任意常数) 即为方阵 $\boldsymbol{A}$ 对应于特征值 λ_0 的全部特征向量.

例 1 求矩阵 $\boldsymbol{A}$ 的特征值与特征向量.

$$\boldsymbol{A}=\begin{pmatrix}3 & 1\\ 5 & -1\end{pmatrix}$$

解 $\boldsymbol{A}$ 的特征多项式为

$$|\lambda\boldsymbol{E}-\boldsymbol{A}|=\begin{vmatrix}\lambda-3 & -1\\ -5 & \lambda+1\end{vmatrix}=(\lambda-4)(\lambda+2)$$

求得 A 的特征值为 $\lambda_1=4$，$\lambda_2=-2$.

当 $\lambda_1=4$ 时，解方程组 $(4\boldsymbol{E}-\boldsymbol{A})\boldsymbol{X}=\boldsymbol{0}$，即

$$\begin{cases}x_1-x_2=0\\ -5x_1+5x_2=0\end{cases}$$

得到方程组的一个基础解系为

$$\boldsymbol{P}_1=(1,1)^{\mathrm{T}}$$

所以，$\boldsymbol{A}$ 对应于 $\lambda_1=4$ 的全部特征向量为

$$k_1\boldsymbol{P}_1=k_1(1,1)^{\mathrm{T}}\ (k_1\text{ 为不等于零的任意常数})$$

当 $\lambda_2=-2$ 时，解方程组 $(-2\boldsymbol{E}-\boldsymbol{A})\boldsymbol{X}=\boldsymbol{0}$，即

$$\begin{cases}-5x_1-x_2=0\\ -5x_1-x_2=0\end{cases}$$

它的一个基础解系为

$$\boldsymbol{P}_2=(1,-5)^{\mathrm{T}}$$

所以，$\boldsymbol{A}$ 的对应于 $\lambda_2=-2$ 的全部特征向量为

$$k_2\boldsymbol{P}_2=k_2(1,-5)^{\mathrm{T}}\ (k_2\text{ 为不等于零的任意常数})$$

例 2 求矩阵 $\boldsymbol{A}$ 的特征值和特征向量

$$\boldsymbol{A}=\begin{pmatrix}0 & 1 & 1\\ 1 & 0 & 1\\ 1 & 1 & 0\end{pmatrix}$$

解 $\boldsymbol{A}$ 的特征多项式为

$$|\lambda\boldsymbol{E}-\boldsymbol{A}|=\begin{vmatrix}\lambda & -1 & -1\\ -1 & \lambda & -1\\ -1 & -1 & \lambda\end{vmatrix}=(\lambda-2)(\lambda+1)^2$$

所以 $\boldsymbol{A}$ 的特征值为 $\lambda_1=2$，$\lambda_2=\lambda_3=-1$

当 $\lambda_1=2$ 时，解方程组（$2\boldsymbol{E}-\boldsymbol{A}$）$\boldsymbol{X}=\boldsymbol{0}$，由

$$2\boldsymbol{E}-\boldsymbol{A}=\begin{pmatrix}2 & -1 & -1\\ -1 & 2 & -1\\ -1 & -1 & 2\end{pmatrix}\to\begin{pmatrix}2 & -1 & -1\\ -1 & 2 & -1\\ 0 & 0 & 0\end{pmatrix}$$

得同解方程组

$$\begin{cases}2x_1-x_2-x_3=0\\ -x_1+2x_2-x_3=0\end{cases}$$

求得基础解系

$$\boldsymbol{P}_1=(1,1,1)^{\mathrm{T}}$$

所以，对应于 $\lambda_1=2$ 的全部特征向量为 $k_1\boldsymbol{P}_1$（k_1 为任意非零常数）.

当 $\lambda_2=\lambda_3=-1$ 时，解方程组（$-\boldsymbol{E}-\boldsymbol{A}$）$\boldsymbol{X}=\boldsymbol{0}$. 由

$$\boldsymbol{E}+\boldsymbol{A}=\begin{pmatrix}1 & 1 & 1\\ 1 & 1 & 1\\ 1 & 1 & 1\end{pmatrix}\to\begin{pmatrix}1 & 1 & 1\\ 0 & 0 & 0\\ 0 & 0 & 0\end{pmatrix}$$

得同解方程

$$x_1+x_2+x_3=0$$

求得基础解系

$$\boldsymbol{P}_2=(-1,1,0)^{\mathrm{T}},\ \boldsymbol{P}_3=(-1,0,1)^{\mathrm{T}}$$

所以，对应于 $\lambda_2=\lambda_3=-1$ 的全部特征向量为

$$k_2\boldsymbol{P}_2+k_3\boldsymbol{P}_3$$

其中 k_2，k_3 为不同时为零的任意常数.

例 3 求矩阵 $\boldsymbol{A}$ 的特征值与特征向量

$$\boldsymbol{A}=\begin{pmatrix}2 & 0 & 0\\ 1 & 1 & 0\\ 1 & 1 & 1\end{pmatrix}$$

解 $\boldsymbol{A}$ 的特征多项式为

$$|\lambda \boldsymbol{E}-\boldsymbol{A}|=\begin{vmatrix}\lambda-2 & 0 & 0\\ -1 & \lambda-1 & 0\\ -1 & -1 & \lambda-1\end{vmatrix}=(\lambda-2)(\lambda-1)^2$$

所以 $\boldsymbol{A}$ 的特征值为 $\lambda_1=2$，$\lambda_2=\lambda_3=1$.

对于 $\lambda_1=2$，解齐次线性方程组 $(2\boldsymbol{E}-\boldsymbol{A})\boldsymbol{X}=\boldsymbol{0}$，得基础解系为 $\boldsymbol{P}_1=\left(\frac{1}{2},\ \frac{1}{2},\ 1\right)^{\mathrm{T}}$，故与 $\lambda_1=2$ 对应的全体特征向量为

$$k_1\boldsymbol{P}_1 \qquad (k_1\ \text{为非零任意常数})$$

对于 $\lambda_2=\lambda_3=1$，解齐次线性方程组 $(\boldsymbol{E}-\boldsymbol{A})\boldsymbol{X}=\boldsymbol{0}$，得基础解系为 $\boldsymbol{P}_2=(0,\ 0,\ 1)^{\mathrm{T}}$，故与 $\lambda_2=\lambda_3=1$ 对应的全体特征向量为

$$k_2\boldsymbol{P}_2 \qquad (k_2\ \text{为非零任意常数})$$

注意　实方阵 $\boldsymbol{A}$ 的特征值可能为实数，也可能为复数．例如，矩阵

$$\boldsymbol{A}=\begin{pmatrix}0 & -1\\ 1 & 0\end{pmatrix}$$

的特征值即为一对共轭复数：$\lambda_1=\mathrm{i}$，$\lambda_2=-\mathrm{i}$.

例 4　设 λ 是方阵 $\boldsymbol{A}$ 的特征值，证明 λ^2 是 $\boldsymbol{A}^2$ 的特征值．

证　因 λ 是 $\boldsymbol{A}$ 的特征值，故有向量 $\boldsymbol{P}\neq\boldsymbol{0}$，使 $\boldsymbol{AP}=\lambda\boldsymbol{P}$，于是

$$\boldsymbol{A}^2\boldsymbol{P}=\boldsymbol{A}(\boldsymbol{AP})=\boldsymbol{A}(\lambda\boldsymbol{P})=\lambda(\boldsymbol{AP})=\lambda^2\boldsymbol{P}$$

所以 λ^2 是 $\boldsymbol{A}^2$ 的特征值．

以此类推，不难证明：如果 λ 是 $\boldsymbol{A}$ 的特征值，则 λ^k 是 $\boldsymbol{A}^k$ 的特征值，$\varphi(\lambda)$ 是 $\varphi(\boldsymbol{A})$ 的特征值（其中 $\varphi(\lambda)=a_0+a_1\lambda+\cdots+a_m\lambda^m$，$\varphi(\boldsymbol{A})=a_0\boldsymbol{E}+a_1\boldsymbol{A}+\cdots+a_m\boldsymbol{A}^m$）.

例 5　设 $\boldsymbol{A}^2=\boldsymbol{E}$，证明 $\boldsymbol{A}$ 的特征值只能是 ±1.

证　设 λ 为 $\boldsymbol{A}$ 的特征值，$\boldsymbol{P}$ 是对应的特征向量，则

$$\boldsymbol{AP}=\lambda\boldsymbol{P}$$

用矩阵 $\boldsymbol{A}$ 左乘上式两端，并由 $\boldsymbol{A}^2=\boldsymbol{E}$，得

$$\boldsymbol{A}^2\boldsymbol{P}=\boldsymbol{EP}=\lambda\boldsymbol{AP}=\lambda^2\boldsymbol{P}$$

故

$$(\lambda^2-1)\boldsymbol{P}=\boldsymbol{0}$$

由于特征向量 $\boldsymbol{P}$ 为非零向量，因而

$$\lambda^2-1=0$$

即 $\lambda = \pm 1$.

定理1 设 $\boldsymbol{P}_1$，$\boldsymbol{P}_2$，…，$\boldsymbol{P}_m$ 是矩阵 $\boldsymbol{A}$ 的互异特征值 λ_1，λ_2，…，λ_m 对应的特征向量，则 $\boldsymbol{P}_1$，$\boldsymbol{P}_2$，…，$\boldsymbol{P}_m$ 线性无关.

证 对特征值的个数作数学归纳法. 由于特征向量是非零向量，所以一个特征向量必线性无关. 现在设对应于 $m-1$ 个不同特征值的特征向量线性无关，我们来证明对应于 m 个不同特征值 λ_1，λ_2，…，λ_m 的特征向量 $\boldsymbol{P}_1$，$\boldsymbol{P}_2$，…，$\boldsymbol{P}_m$ 也线性无关，设

$$k_1\boldsymbol{P}_1 + k_2\boldsymbol{P}_2 + \cdots + k_m\boldsymbol{P}_m = \boldsymbol{0}$$

因为 $\boldsymbol{AP}_i = \lambda_i\boldsymbol{P}_i$（$i=1$，2，…，$m$），用 $\boldsymbol{A}$ 左乘上式，得

$$k_1\lambda_1\boldsymbol{P}_1 + \cdots + k_{m-1}\lambda_{m-1}\boldsymbol{P}_{m-1} + k_m\lambda_m\boldsymbol{P}_m = \boldsymbol{0}$$

由上两式消去 $\boldsymbol{P}_m$，得到

$$k_1(\lambda_1 - \lambda_m)\boldsymbol{P}_1 + \cdots + k_{m-1}(\lambda_{m-1} - \lambda_m)\boldsymbol{P}_{m-1} = \boldsymbol{0}$$

由归纳假设，$\boldsymbol{P}_1$，$\boldsymbol{P}_2$，…，$\boldsymbol{P}_{m-1}$线性无关，于是有

$$k_i(\lambda_i - \lambda_m) = 0,\ i = 1,2,\cdots,m-1$$

但 $\lambda_i - \lambda_m \neq 0$（$i=1$，2，…，$m-1$），所以 $k_1 = k_2 = \cdots = k_{m-1} = 0$，于是 $k_m = 0$，这说明 $\boldsymbol{P}_1$，$\boldsymbol{P}_2$，…，$\boldsymbol{P}_m$ 线性无关.

推论 对应于矩阵 $\boldsymbol{A}$ 的各个不同特征值的各组线性无关的特征向量合在一起也是线性无关的.

例如，设 $\boldsymbol{X}_1$，$\boldsymbol{X}_2$，…，$\boldsymbol{X}_k$；$\boldsymbol{Y}_1$，$\boldsymbol{Y}_2$，…，$\boldsymbol{Y}_l$；$\boldsymbol{Z}_1$，$\boldsymbol{Z}_2$，…，$\boldsymbol{Z}_m$ 分别为对应于不同特征值 λ_1，λ_2，λ_3 的三组线性无关的特征向量，那么向量组 $\boldsymbol{X}_1$，$\boldsymbol{X}_2$，…，$\boldsymbol{X}_k$，$\boldsymbol{Y}_1$，$\boldsymbol{Y}_2$，…，$\boldsymbol{Y}_l$，$\boldsymbol{Z}_1$，$\boldsymbol{Z}_2$，…，$\boldsymbol{Z}_m$ 也是线性无关的.

推论的证明方法可由定理1得到，这里略去.

由多项式的根与系数之间的关系，可以得到

定理2 设 λ_1，λ_2，…，λ_n 为 n 阶方阵 $\boldsymbol{A} = (a_{ij})_{n\times n}$的 n 个特征值（k 重特征值算作 k 个特征值），则

（1）$\lambda_1\lambda_2\cdots\lambda_n = |\boldsymbol{A}|$.

（2）$\lambda_1 + \lambda_2 + \cdots + \lambda_n = a_{11} + a_{22} + \cdots + a_{nn}$.

第二节　相似矩阵和矩阵的对角化

定义 对于 n 阶方阵 $\boldsymbol{A}$，$\boldsymbol{B}$，若存在 n 阶可逆矩阵 $\boldsymbol{P}$，使

$$P^{-1}AP = B$$

则称 A 与 B 相似，或称 A 相似于 B.

由定义可见，若 A 与 B 相似，则 B 也必与 A 相似，相似矩阵的行列式值相等.

定理 1 若 n 阶方阵 A 与 B 相似，则 A 与 B 的特征多项式相同，从而 A 与 B 的特征值也相同.

证 因为 A 相似于 B，所以，必存在可逆矩阵 P，使得

$$P^{-1}AP = B$$

故

$$\begin{aligned} |\lambda E - B| &= |\lambda P^{-1}EP - P^{-1}AP| \\ &= |P^{-1}||\lambda E - A||P| = |\lambda E - A| \end{aligned}$$

推论 若 n 阶方阵 A 与对角阵

$$\Lambda = \begin{pmatrix} \lambda_1 & & & \\ & \lambda_2 & & \\ & & \ddots & \\ & & & \lambda_n \end{pmatrix}$$

相似，则 λ_1，λ_2，…，λ_n 是 A 的特征值.

证 因为 λ_1，λ_2，…，λ_n 是 Λ 的特征值，由定理 1，λ_1，λ_2，…，λ_n 也是 A 的特征值.

如果 n 阶矩阵 A 与对角阵相似，则存在可逆方阵 P，使得

$$P^{-1}AP = \begin{pmatrix} \lambda_1 & & & \\ & \lambda_2 & & \\ & & \ddots & \\ & & & \lambda_n \end{pmatrix}$$

将上式两端左乘 P，则有 $AP = P\Lambda$. 把 P 用列向量表示为

$$P = (P_1, P_2, \cdots, P_n)$$

可得

$$A(P_1, P_2, \cdots, P_n) = (P_1, P_2, \cdots, P_n)\begin{pmatrix} \lambda_1 & & & \\ & \lambda_2 & & \\ & & \ddots & \\ & & & \lambda_n \end{pmatrix}$$

于是有 $AP_i=\lambda_iP_i\ (i=1,2,\cdots,n)$.

因为 P 可逆，所以 $P_i\ (i=1,2,\cdots,n)$ 都是非零向量，且线性无关，再由特征值和特征向量的定义知，P_1，P_2，…，P_n 为 A 的 n 个线性无关的特征向量.

反之，如果 A 有 n 个线性无关的特征向量 P_1，P_2，…，P_n，分别对应于特征值 λ_1，λ_2，…，λ_n，即有

$$AP_i=\lambda_iP_i\ (i=1,2,\cdots,n)$$

记 $P=(P_1,P_2,\cdots,P_n)$，因为 P_1，P_2，…，P_n 线性无关，故 P 可逆，于是有

$$\begin{aligned}AP&=A(P_1,P_2,\cdots,P_n)=(AP_1,AP_2,\cdots,AP_n)\\&=(\lambda_1P_1,\lambda_2P_2,\cdots,\lambda_nP_n)\\&=(P_1,P_2,\cdots,P_n)\begin{pmatrix}\lambda_1&&&\\&\lambda_2&&\\&&\ddots&\\&&&\lambda_n\end{pmatrix}=P\begin{pmatrix}\lambda_1&&&\\&\lambda_2&&\\&&\ddots&\\&&&\lambda_n\end{pmatrix}\end{aligned}$$

以 P^{-1} 左乘上两端，得

$$P^{-1}AP=\begin{pmatrix}\lambda_1&&&\\&\lambda_2&&\\&&\ddots&\\&&&\lambda_n\end{pmatrix}$$

因此，矩阵 A 与对角阵相似.

于是由上面的讨论可得

定理2 n 阶矩阵 A 相似于对角阵 Λ 的充要条件是 A 有 n 个线性无关的特征向量.

推论 若 n 阶矩阵 A 有 n 个不同的特征值，则 A 与对角阵相似.

注意 （1）假如 P_1，P_2，…，P_n 是 A 的 n 个线性无关的特征向量，构造矩阵 $P=(P_1,P_2,\cdots,P_n)$，则有

$$P^{-1}AP=\begin{pmatrix}\lambda_1&&&\\&\lambda_2&&\\&&\ddots&\\&&&\lambda_n\end{pmatrix}$$

其中λ_1，λ_2，…，λ_n应与$\boldsymbol{P}_1$，$\boldsymbol{P}_2$，…，$\boldsymbol{P}_n$的顺序相对应．即$\boldsymbol{P}_i$应是对应于λ_i的特征向量．

例如在第一节例2中，三阶矩阵

$$\boldsymbol{A}=\begin{pmatrix}0&1&1\\1&0&1\\1&1&0\end{pmatrix}$$

有三个线性无关的特征向量$\boldsymbol{P}_1=(1,1,1)^{\mathrm{T}}$，$\boldsymbol{P}_2=(-1,1,0)^{\mathrm{T}}$，$\boldsymbol{P}_3=(-1,0,1)^{\mathrm{T}}$，所以$\boldsymbol{A}$相似于对角矩阵．构造

$$\boldsymbol{P}=(\boldsymbol{P}_1,\boldsymbol{P}_2,\boldsymbol{P}_3)=\begin{pmatrix}1&-1&-1\\1&1&0\\1&0&1\end{pmatrix}$$

则

$$\boldsymbol{P}^{-1}\boldsymbol{A}\boldsymbol{P}=\begin{pmatrix}2&&\\&-1&\\&&-1\end{pmatrix}$$

（2）因为n阶矩阵的线性无关特征向量最多有n个，但不一定有n个，所以任给一个矩阵不一定能与对角矩阵相似．

例如在第一节例3中矩阵

$$\boldsymbol{A}=\begin{pmatrix}2&0&0\\1&1&0\\1&1&1\end{pmatrix}$$

只有两个线性无关的特征向量$\boldsymbol{P}_1$，$\boldsymbol{P}_2$，所以$\boldsymbol{A}$不与对角阵相似．

称可与对角阵相似的矩阵为**可对角化矩阵**．利用矩阵$\boldsymbol{A}$可对角化，可以简化求其高次幂$\boldsymbol{A}^k$的计算．

例1　设矩阵

$$\boldsymbol{A}=\begin{pmatrix}1&-1\\2&4\end{pmatrix}$$

求$\boldsymbol{A}^n$.

解　因为$|\lambda\boldsymbol{E}-\boldsymbol{A}|=(\lambda-2)(\lambda-3)$，所以$\boldsymbol{A}$有两个特征值$\lambda_1=2$，$\lambda_2=3$.

当$\lambda_1=2$时，解方程组$(2\boldsymbol{E}-\boldsymbol{A})\boldsymbol{X}=\boldsymbol{0}$得基础解系

$$\boldsymbol{P}_1=(-1,1)^{\mathrm{T}}$$

当 $\lambda_2=3$ 时，解方程组 $(3\boldsymbol{E}-\boldsymbol{A})\boldsymbol{X}=\boldsymbol{0}$ 得基础解系

$$\boldsymbol{P}_2=\left(-\frac{1}{2},1\right)^{\mathrm{T}}$$

显然，$\boldsymbol{A}$ 有两个线性无关的特征向量，所以 $\boldsymbol{A}$ 为可对角化的矩阵.

令

$$\boldsymbol{P}=(\boldsymbol{P}_1,\boldsymbol{P}_2)=\begin{pmatrix}-1 & -\frac{1}{2}\\ 1 & 1\end{pmatrix},\ \boldsymbol{\Lambda}=\begin{pmatrix}2 & \\ & 3\end{pmatrix}$$

则有

$$\boldsymbol{P}^{-1}\boldsymbol{A}\boldsymbol{P}=\boldsymbol{\Lambda}$$

从而

$$\begin{aligned}\boldsymbol{A}^n &= (\boldsymbol{P}\boldsymbol{\Lambda}\boldsymbol{P}^{-1})\cdots(\boldsymbol{P}\boldsymbol{\Lambda}\boldsymbol{P}^{-1}) = \boldsymbol{P}\boldsymbol{\Lambda}(\boldsymbol{P}^{-1}\boldsymbol{P})\boldsymbol{\Lambda}\cdots(\boldsymbol{P}^{-1}\boldsymbol{P})\boldsymbol{\Lambda}\boldsymbol{P}^{-1}\\ &= \boldsymbol{P}\boldsymbol{\Lambda}^n\boldsymbol{P}^{-1} = \begin{pmatrix}-1 & -\frac{1}{2}\\ 1 & 1\end{pmatrix}\begin{pmatrix}2^n & \\ & 3^n\end{pmatrix}\begin{pmatrix}-2 & -1\\ 2 & 2\end{pmatrix}\\ &= \begin{pmatrix}2^{n+1}-3^n & 2^n-3^n\\ -2^{n+1}+2\times 3^n & -2^n+2\times 3^n\end{pmatrix}\end{aligned}$$

由例 1 可知，若 $\boldsymbol{A}$ 相似于 $\boldsymbol{B}$，则 $\boldsymbol{A}^k$ 相似于 $\boldsymbol{B}^k$，由此可得

$$f(\boldsymbol{A})=a_0\boldsymbol{E}+a_1\boldsymbol{A}+\cdots+a_k\boldsymbol{A}^k$$

相似于

$$f(\boldsymbol{B})=a_0\boldsymbol{E}+a_1\boldsymbol{B}+\cdots+a_k\boldsymbol{B}^k$$

例 2 设三阶矩阵 $\boldsymbol{A}$ 的特征值为 1，2，-3，求 $|\boldsymbol{A}^3-3\boldsymbol{A}+\boldsymbol{E}|$.

解 因为三阶矩阵 $\boldsymbol{A}$ 有三个不同的特征值 1，2，-3，所以 $\boldsymbol{A}$ 相似于对角阵

$$\boldsymbol{\Lambda}=\begin{pmatrix}1 & & \\ & 2 & \\ & & -3\end{pmatrix}$$

因此矩阵 $f(\boldsymbol{A})=\boldsymbol{A}^3-3\boldsymbol{A}+\boldsymbol{E}$ 相似于对角阵

$$f(\boldsymbol{\Lambda})=\boldsymbol{\Lambda}^3-3\boldsymbol{\Lambda}+\boldsymbol{E}$$

$$
=\begin{pmatrix}1&&\\&2&\\&&-3\end{pmatrix}^3-3\begin{pmatrix}1&&\\&2&\\&&-3\end{pmatrix}+\begin{pmatrix}1&&\\&1&\\&&1\end{pmatrix}=\begin{pmatrix}-1&&\\&3&\\&&-17\end{pmatrix}
$$

因为相似矩阵对应的行列式相等，所以

$$
|\boldsymbol{A}^3-3\boldsymbol{A}+\boldsymbol{E}|=\begin{vmatrix}-1&&\\&3&\\&&-17\end{vmatrix}=51
$$

第三节　实对称矩阵的对角化

一、向量的内积

定义 1　设有 n 维实向量

$$
\boldsymbol{\alpha}=\begin{pmatrix}a_1\\a_2\\\vdots\\a_n\end{pmatrix},\quad \boldsymbol{\beta}=\begin{pmatrix}b_1\\b_2\\\vdots\\b_n\end{pmatrix}
$$

令

$$
(\boldsymbol{\alpha},\boldsymbol{\beta})=a_1b_1+a_2b_2+\cdots+a_nb_n=\boldsymbol{\alpha}^{\mathrm{T}}\boldsymbol{\beta}
$$

称（$\boldsymbol{\alpha}$，$\boldsymbol{\beta}$）为向量 $\boldsymbol{\alpha}$ 与 $\boldsymbol{\beta}$ 的**内积**.

易证由定义 1 给出的内积（$\boldsymbol{\alpha}$，$\boldsymbol{\beta}$）具有如下的性质：

（1）$(\boldsymbol{\alpha},\boldsymbol{\beta})=(\boldsymbol{\beta},\boldsymbol{\alpha})$

（2）$(\lambda\boldsymbol{\alpha},\boldsymbol{\beta})=\lambda(\boldsymbol{\alpha},\boldsymbol{\beta})$

（3）$(\boldsymbol{\alpha}+\boldsymbol{\beta},\boldsymbol{\gamma})=(\boldsymbol{\alpha},\boldsymbol{\gamma})+(\boldsymbol{\beta},\boldsymbol{\gamma})$

在解析几何中，向量 $\boldsymbol{\alpha}=(a_1,a_2,a_3)$，$\boldsymbol{\beta}=(b_1,b_2,b_3)$ 的数量积

$$
\boldsymbol{\alpha}\cdot\boldsymbol{\beta}=|\boldsymbol{\alpha}||\boldsymbol{\beta}|\cos\theta=a_1b_1+a_2b_2+a_3b_3
$$

由此可知，n 维向量的内积是三维向量的数量积的一种推广．由于 n 维向量没有三维向量那样直观的几何意义，因此只能按数量积的直角坐标计算公式，类似地给出 n 维向量的长度和夹角等概念．

定义 2 令 $|\boldsymbol{\alpha}| = \sqrt{(\boldsymbol{\alpha}, \boldsymbol{\alpha})} = \sqrt{a_1^2 + a_2^2 + \cdots + a_n^2}$，$|\boldsymbol{\alpha}|$ 称为 n 维向量 $\boldsymbol{\alpha}$ 的**长度**.

当 $|\boldsymbol{\alpha}| = 1$ 时，称 $\boldsymbol{\alpha}$ 为单位向量. 显然，当 $|\boldsymbol{\beta}| \neq 0$ 时，$\dfrac{\boldsymbol{\beta}}{|\boldsymbol{\beta}|}$ 是单位向量.

当 $|\boldsymbol{\alpha}| \neq 0$，$|\boldsymbol{\beta}| \neq 0$ 时，称

$$\theta = \arccos \frac{(\boldsymbol{\alpha}, \boldsymbol{\beta})}{|\boldsymbol{\alpha}||\boldsymbol{\beta}|}$$

为 n 维向量 $\boldsymbol{\alpha}$ 与 $\boldsymbol{\beta}$ 的**夹角**.

定义 3 如果 n 维向量 $\boldsymbol{\alpha}$ 与 $\boldsymbol{\beta}$ 的内积 $(\boldsymbol{\alpha},\boldsymbol{\beta}) = 0$，则称向量 $\boldsymbol{\alpha}$ 与 $\boldsymbol{\beta}$ 正交. 一组两两正交的非零向量组称为正交向量组.

显然，如 $\boldsymbol{\alpha} = \mathbf{0}$，则 $\boldsymbol{\alpha}$ 与任何 n 维向量都正交.

定理 1 若 $\boldsymbol{\alpha}_1$，$\boldsymbol{\alpha}_2$，…，$\boldsymbol{\alpha}_r$ 是一组两两正交的非零 n 维向量，则 $\boldsymbol{\alpha}_1$，$\boldsymbol{\alpha}_2$，$\boldsymbol{\alpha}_r$ 线性无关.

证 设有 λ_1，λ_2，…，λ_r 使

$$\lambda_1\boldsymbol{\alpha}_1 + \lambda_2\boldsymbol{\alpha}_2 + \cdots + \lambda_r\boldsymbol{\alpha}_r = \mathbf{0}$$

以 $\boldsymbol{\alpha}_1^{\mathrm{T}}$ 左乘上式两端，得

$$\lambda_1\boldsymbol{\alpha}_1^{\mathrm{T}}\boldsymbol{\alpha}_1 + \lambda_2\boldsymbol{\alpha}_1^{\mathrm{T}}\boldsymbol{\alpha}_2 + \cdots + \lambda_r\boldsymbol{\alpha}_1^{\mathrm{T}}\boldsymbol{\alpha}_r = \mathbf{0}$$

因 $\boldsymbol{\alpha}_1^{\mathrm{T}}\boldsymbol{\alpha}_i = \mathbf{0}$（$i = 2$，3，…，$r$），于是有

$$\lambda_1\boldsymbol{\alpha}_1^{\mathrm{T}}\boldsymbol{\alpha}_1 = 0$$

又因 $\boldsymbol{\alpha}_1 \neq \mathbf{0}$，所以 $\lambda_1 = 0$. 同理可证 $\lambda_2 = \cdots = \lambda_r = 0$. 所以 $\boldsymbol{\alpha}_1$，$\boldsymbol{\alpha}_2$，…，$\boldsymbol{\alpha}_r$ 线性无关.

反过来，若向量组 $\boldsymbol{\alpha}_1$，$\boldsymbol{\alpha}_2$，…，$\boldsymbol{\alpha}_r$ 线性无关，在一般情况下，$\boldsymbol{\alpha}_1$，$\boldsymbol{\alpha}_2$，…，$\boldsymbol{\alpha}_r$ 未必是正交的向量组. 不过，我们可以从线性无关向量组 $\boldsymbol{\alpha}_1$，$\boldsymbol{\alpha}_2$，…，$\boldsymbol{\alpha}_r$ 的线性组合中构造出 r 个两两正交的单位向量组，这种方法将称为**标准正交化方法**.

我们用以下办法把 $\boldsymbol{\alpha}_1$，$\boldsymbol{\alpha}_2$，…，$\boldsymbol{\alpha}_r$ 标准正交化：

取

$$\boldsymbol{\beta}_1 = \boldsymbol{\alpha}_1$$

$$\boldsymbol{\beta}_2 = \boldsymbol{\alpha}_2 - \frac{(\boldsymbol{\beta}_1, \boldsymbol{\alpha}_2)}{(\boldsymbol{\beta}_1, \boldsymbol{\beta}_1)}\boldsymbol{\beta}_1$$

$$\vdots$$

$$\boldsymbol{\beta}_r=\boldsymbol{\alpha}_r-\frac{(\boldsymbol{\beta}_1,\ \boldsymbol{\alpha}_r)}{(\boldsymbol{\beta}_1,\ \boldsymbol{\beta}_1)}\boldsymbol{\beta}_1-\frac{(\boldsymbol{\beta}_2,\ \boldsymbol{\alpha}_r)}{(\boldsymbol{\beta}_2,\ \boldsymbol{\beta}_2)}\boldsymbol{\beta}_2-\cdots-\frac{(\boldsymbol{\beta}_{r-1},\ \boldsymbol{\alpha}_r)}{(\boldsymbol{\beta}_{r-1},\ \boldsymbol{\beta}_{r-1})}\boldsymbol{\beta}_{r-1}$$

容易验证$\boldsymbol{\beta}_1$，…，$\boldsymbol{\beta}_r$两两正交，且$\boldsymbol{\beta}_1$，…，$\boldsymbol{\beta}_r$与$\boldsymbol{\alpha}_1$，…，$\boldsymbol{\alpha}_r$等价.

然后再把它们单位化，即取

$$\boldsymbol{e}_1=\frac{\boldsymbol{\beta}_1}{|\boldsymbol{\beta}_1|},\ \boldsymbol{e}_2=\frac{\boldsymbol{\beta}_2}{|\boldsymbol{\beta}_2|},\ \cdots,\ \boldsymbol{e}_r=\frac{\boldsymbol{\beta}_r}{|\boldsymbol{\beta}_r|}$$

就得到r个正交单位向量组$\boldsymbol{e}_1$，$\boldsymbol{e}_2$，…，$\boldsymbol{e}_r$.

上述从线性无关向量组$\boldsymbol{\alpha}_1$，…，$\boldsymbol{\alpha}_r$导出正交向量组$\boldsymbol{\beta}_1$，…，$\boldsymbol{\beta}_r$的过程称为**施密特**（Schimidt）**正交标准化过程**.

例1 试用施密特正交化方法把向量

$$\boldsymbol{\alpha}_1=\begin{pmatrix}1\\1\\1\end{pmatrix},\ \boldsymbol{\alpha}_2=\begin{pmatrix}1\\1\\-1\end{pmatrix},\ \boldsymbol{\alpha}_3=\begin{pmatrix}1\\-1\\-1\end{pmatrix}$$

标准正交化.

解 取

$$\boldsymbol{\beta}_1=\boldsymbol{\alpha}_1$$

$$\boldsymbol{\beta}_2=\boldsymbol{\alpha}_2-\frac{(\boldsymbol{\beta}_1,\ \boldsymbol{\alpha}_2)}{(\boldsymbol{\beta}_1,\ \boldsymbol{\beta}_1)}\boldsymbol{\beta}_1=\begin{pmatrix}1\\1\\-1\end{pmatrix}-\frac{1}{3}\begin{pmatrix}1\\1\\1\end{pmatrix}=\begin{pmatrix}\frac{2}{3}\\\frac{2}{3}\\-\frac{4}{3}\end{pmatrix}$$

$$\begin{aligned}\boldsymbol{\beta}_3&=\boldsymbol{\alpha}_3-\frac{(\boldsymbol{\beta}_1,\ \boldsymbol{\alpha}_3)}{(\boldsymbol{\beta}_1,\ \boldsymbol{\beta}_1)}\boldsymbol{\beta}_1-\frac{(\boldsymbol{\beta}_2,\ \boldsymbol{\alpha}_3)}{(\boldsymbol{\beta}_2,\ \boldsymbol{\beta}_2)}\boldsymbol{\beta}_2\\&=\begin{pmatrix}1\\-1\\-1\end{pmatrix}-\left(\frac{-1}{3}\right)\begin{pmatrix}1\\1\\1\end{pmatrix}-\frac{1}{2}\begin{pmatrix}\frac{2}{3}\\\frac{2}{3}\\-\frac{4}{3}\end{pmatrix}=\begin{pmatrix}1\\-1\\0\end{pmatrix}\end{aligned}$$

再把它们单位化，得

$$e_1=\frac{\boldsymbol{\beta}_1}{|\boldsymbol{\beta}_1|}=\frac{1}{\sqrt{3}}\begin{pmatrix}1\\1\\1\end{pmatrix},\ e_2=\frac{\boldsymbol{\beta}_2}{|\boldsymbol{\beta}_2|}=\frac{\sqrt{6}}{4}\begin{pmatrix}\frac{2}{3}\\ \frac{2}{3}\\ -\frac{4}{3}\end{pmatrix},\ e_3=\frac{\boldsymbol{\beta}_3}{|\boldsymbol{\beta}_3|}=\frac{\sqrt{2}}{2}\begin{pmatrix}1\\-1\\0\end{pmatrix}$$

二、正交矩阵

定义 4 如果 n 阶矩阵 $\boldsymbol{Q}$ 满足

$$\boldsymbol{Q}\boldsymbol{Q}^{\mathrm{T}}=\boldsymbol{E}\qquad (\text{即 } \boldsymbol{Q}^{-1}=\boldsymbol{Q}^{\mathrm{T}})$$

那么称 $\boldsymbol{Q}$ 为**正交矩阵**.

例如：$\begin{pmatrix}1&0\\0&1\end{pmatrix}$，$\begin{pmatrix}1&0\\0&-1\end{pmatrix}$，$\begin{pmatrix}\cos\theta&-\sin\theta\\ \sin\theta&\cos\theta\end{pmatrix}$均为正交矩阵.

设 $\boldsymbol{Q}=\begin{pmatrix}a_{11}&a_{12}&\cdots&a_{1n}\\a_{21}&a_{22}&\cdots&a_{2n}\\ \vdots&\vdots&&\vdots\\a_{n1}&a_{n2}&\cdots&a_{nn}\end{pmatrix}$是一个正交矩阵，根据正交矩阵的定义

$$\boldsymbol{Q}\boldsymbol{Q}^{\mathrm{T}}=\begin{pmatrix}a_{11}&a_{12}&\cdots&a_{1n}\\a_{21}&a_{22}&\cdots&a_{2n}\\ \vdots&\vdots&&\vdots\\a_{n1}&a_{n2}&\cdots&a_{nn}\end{pmatrix}\begin{pmatrix}a_{11}&a_{21}&\cdots&a_{n1}\\a_{12}&a_{22}&\cdots&a_{n2}\\ \vdots&\vdots&&\vdots\\a_{1n}&a_{2n}&\cdots&a_{nn}\end{pmatrix}=\begin{pmatrix}1&0&\cdots&0\\0&1&\cdots&0\\ \vdots&\vdots&&\vdots\\0&0&\cdots&1\end{pmatrix}$$

可得

$$a_{i1}^2+a_{i2}^2+\cdots+a_{in}^2=1\quad (i=1,2,\cdots,n)$$
$$a_{i1}a_{j1}+a_{i2}a_{j2}+\cdots+a_{in}a_{jn}=0\quad (i\neq j)$$

即

$$\sum_{k=1}^{n}a_{ik}a_{jk}=\begin{cases}1, & i=j\\0, & i\neq j\end{cases}\quad (i,j=1,2,\cdots,n)$$

这说明：方阵 $\boldsymbol{Q}$ 为正交阵的充分必要条件是 $\boldsymbol{Q}$ 的行向量是两两正交

的单位向量.

由 $\boldsymbol{QQ}^{\mathrm{T}}=\boldsymbol{E}$ 得 $\boldsymbol{Q}^{\mathrm{T}}\boldsymbol{Q}=\boldsymbol{E}$，所以上述结论对 $\boldsymbol{Q}$ 的列向量也成立.

根据正交矩阵的定义可知，如果 $\boldsymbol{Q}$ 为正交矩阵，则 $|\boldsymbol{Q}|=1$ 或 -1，并且 $\boldsymbol{Q}^{-1}$，$\boldsymbol{Q}^{\mathrm{T}}$ 也是正交矩阵.

三、实对称阵的对角化

我们知道，实方阵的特征值不一定为实数，但对于实对称矩阵，有

定理 2 实对称矩阵的特征值全是实数.

证明略去.

定理 3 实对称矩阵的不同特征值对应的特征向量正交.

证 设 λ_1，λ_2 为实对称矩阵的两个不同的特征值，$\boldsymbol{P}_1$，$\boldsymbol{P}_2$ 分别为它们对应的特征向量，则

$$\boldsymbol{AP}_1=\lambda_1\boldsymbol{P}_1,\boldsymbol{AP}_2=\lambda_2\boldsymbol{P}_2$$

故

$$\lambda_2\boldsymbol{P}_2^{\mathrm{T}}\boldsymbol{P}_1=\boldsymbol{P}_2^{\mathrm{T}}\boldsymbol{AP}_1=\lambda_1\boldsymbol{P}_2^{\mathrm{T}}\boldsymbol{P}_1$$

因此

$$(\lambda_2-\lambda_1)\boldsymbol{P}_2^{\mathrm{T}}\boldsymbol{P}_1=0$$

因为 $\lambda_1\neq\lambda_2$，所以

$$(\boldsymbol{P}_2,\boldsymbol{P}_1)=\boldsymbol{P}_2^{\mathrm{T}}\boldsymbol{P}_1=0$$

即 $\boldsymbol{P}_1$，$\boldsymbol{P}_2$ 正交.

定理 4 设 $\boldsymbol{A}$ 为 n 阶实对称矩阵，则必有正交矩阵 $\boldsymbol{Q}$，使

$$\boldsymbol{Q}^{-1}\boldsymbol{AQ}=\begin{pmatrix}\lambda_1 & & & \\ & \lambda_2 & & \\ & & \ddots & \\ & & & \lambda_n\end{pmatrix}$$

为对角阵，其中 λ_1，λ_2，…，λ_n 是 $\boldsymbol{A}$ 的特征值.

证明略去.

下面直接给出求一个正交阵 $\boldsymbol{Q}$ 将一个实对称阵化为对角阵的方法：

（1）由 $|\lambda\boldsymbol{E}-\boldsymbol{A}|=0$，求出实对称阵 $\boldsymbol{A}$ 的全部特征值 λ_1，λ_2，…，λ_n；

（2）对于每个λ_i（相同的只需计算一次），求出齐次线性方程组$(\lambda_i\boldsymbol{E}-\boldsymbol{A})\boldsymbol{X}=\boldsymbol{0}$的基础解系，它们是属于$\lambda_i$的线性无关的特征向量；

（3）将每个λ_i相应的线性无关的特征向量用施密特方法正交标准化，这时如λ_i只有一个线性无关的特征向量，只需将这个向量单位化就可以了；

（4）将所有属于不同特征值的已单位正交化的特征向量放在与特征值在对角阵相应的位置就得到了正交矩阵$\boldsymbol{Q}$.

例2 设实对称矩阵

$$\boldsymbol{A}=\begin{pmatrix}1&1&1\\1&1&1\\1&1&1\end{pmatrix}$$

求正交矩阵$\boldsymbol{Q}$，使$\boldsymbol{Q}^{-1}\boldsymbol{A}\boldsymbol{Q}$为对角阵.

解 $|\lambda\boldsymbol{E}-\boldsymbol{A}|=\lambda^2(\lambda-3)$，故$\boldsymbol{A}$的特征值$\lambda_1=\lambda_2=0$，$\lambda_3=3$.

当$\lambda_1=\lambda_2=0$时，解方程组

$$-\boldsymbol{A}\boldsymbol{X}=\boldsymbol{0}$$

解得一个基础解系

$$\boldsymbol{\alpha}_1=(-1,1,0)^{\mathrm{T}},\boldsymbol{\alpha}_2=(-1,0,1)^{\mathrm{T}}$$

用施密特正交化过程将$\boldsymbol{\alpha}_1$，$\boldsymbol{\alpha}_2$正交化，得到两个正交特征向量

$$\boldsymbol{\beta}_1=\boldsymbol{\alpha}_1$$

$$\boldsymbol{\beta}_2=\boldsymbol{\alpha}_2-\frac{(\boldsymbol{\beta}_1,\boldsymbol{\alpha}_2)}{(\boldsymbol{\beta}_1,\boldsymbol{\beta}_1)}\boldsymbol{\beta}_1=(-1,0,1)^{\mathrm{T}}-\frac{1}{2}(-1,1,0)^{\mathrm{T}}=\left(-\frac{1}{2},-\frac{1}{2},1\right)^{\mathrm{T}}$$

当$\lambda_3=3$时，解方程组

$$(3\boldsymbol{E}-\boldsymbol{A})\boldsymbol{X}=\boldsymbol{0}$$

得基础解系

$$\boldsymbol{\alpha}_3=(1,1,1)^{\mathrm{T}}$$

再把$\boldsymbol{\beta}_1$，$\boldsymbol{\beta}_2$，$\boldsymbol{\alpha}_3$单位化，得

$$\boldsymbol{e}_1=\left(-\frac{1}{\sqrt{2}},\frac{1}{\sqrt{2}},0\right)^{\mathrm{T}},\boldsymbol{e}_2=\left(-\frac{1}{\sqrt{6}},-\frac{1}{\sqrt{6}},\frac{2}{\sqrt{6}}\right)^{\mathrm{T}},\boldsymbol{e}_3=\left(\frac{1}{\sqrt{3}},\frac{1}{\sqrt{3}},\frac{1}{\sqrt{3}}\right)^{\mathrm{T}}$$

于是求得正交阵

$$Q=(e_1, e_2, e_3)=\begin{pmatrix}-\frac{1}{\sqrt{2}} & -\frac{1}{\sqrt{6}} & \frac{1}{\sqrt{3}}\\ \frac{1}{\sqrt{2}} & -\frac{1}{\sqrt{6}} & \frac{1}{\sqrt{3}}\\ 0 & \frac{2}{\sqrt{6}} & \frac{1}{\sqrt{3}}\end{pmatrix}, \text{且 } Q^{-1}AQ=\begin{pmatrix}0 & & \\ & 0 & \\ & & 3\end{pmatrix}$$

例 3 求一个三阶实对称矩阵 A，它的特征值为 6，3，3，且特征值 6 对应的特征向量为 $P_1=(1, 1, 1)^{\mathrm{T}}$.

解 设特征值 3 对应的特征向量为 $X=(x_1, x_2, x_3)^{\mathrm{T}}$，因为实对称矩阵不同的特征值对应的特征向量正交，所以

$$(P_1, X)=x_1+x_2+x_3=0$$

解这个齐次线性方程组得基础解系

$$P_2=(-1,1,0)^{\mathrm{T}}, P_3=(-1,0,1)^{\mathrm{T}}$$

取 P_2，P_3 为特征值 3 对应的两个线性无关的特征向量，并令

$$P=(P_1,P_2,P_3)=\begin{pmatrix}1 & -1 & -1\\ 1 & 1 & 0\\ 1 & 0 & 1\end{pmatrix}$$

则 $P^{-1}AP=\begin{pmatrix}6 & & \\ & 3 & \\ & & 3\end{pmatrix}$，其中 $P^{-1}=\frac{1}{3}\begin{pmatrix}1 & 1 & 1\\ -1 & 2 & -1\\ -1 & -1 & 2\end{pmatrix}$.

所以

$$A=P\Lambda P^{-1}=P\begin{pmatrix}6 & & \\ & 3 & \\ & & 3\end{pmatrix}P^{-1}=\begin{pmatrix}4 & 1 & 1\\ 1 & 4 & 1\\ 1 & 1 & 4\end{pmatrix}.$$

第四节　二次型及其标准形

二次型就是二次齐次多项式．它的理论起源于二次曲线和二次曲面的化简问题．

例如，为了便于研究二次曲线

$$ax^2+bxy+cy^2=1$$

的几何性质，我们可以选择适当的坐标旋转变换

$$\begin{cases}x=x'\cos\theta-y'\sin\theta\\y=x'\sin\theta+y'\cos\theta\end{cases}$$

把方程化为标准形

$$mx'^2+ny'^2=1$$

从代数学的观点看，化标准形的过程就是通过变量的线性变换化简一个二次齐次多项式，使它只含有平方项，二次齐次多项式不仅在几何问题中出现，而且在数学的其他分支及物理，力学和网络计算中常会遇到．现在我们把这类问题一般化，讨论 n 个变量的二次齐次多项式的化简问题．

一、二次型及其矩阵形式

定义 1 含有 n 个变量 x_1，x_2，…，x_n 的二次齐次多项式

$$\begin{aligned}f(x_1,x_2,\cdots,x_n)=&a_{11}x_1^2+a_{22}x_2^2+\cdots a_{nn}x_n^2+2a_{12}x_1x_2+\\&2a_{13}x_1x_3+\cdots+2a_{1n}x_1x_n+2a_{23}x_2x_3+\\&\cdots+2a_{2n}x_2x_n+\cdots+2a_{n-1,n}x_{n-1}x_n\end{aligned}\qquad(4.4)$$

称为 n **元二次型**，简称**二次型**．当 a_{ij} 为实数时，f 称为实二次型．我们仅讨论实二次型．

将 $2a_{ij}x_ix_j$ 写成 $a_{ij}x_ix_j+a_{ji}x_jx_i$，其中 $a_{ij}=a_{ji}$，于是式（4.4）可写成对称的形式

$$\begin{aligned}f=&a_{11}x_1^2+a_{12}x_1x_2+a_{13}x_1x_3+\cdots+a_{1n}x_1x_n+\\&a_{21}x_2x_1+a_{22}x_2^2+a_{23}x_2x_3+\cdots+a_{2n}x_2x_n+\\&\cdots+a_{n1}x_nx_1+a_{n2}x_nx_1+a_{n3}x_nx_3+\cdots+a_{nn}x_n^2\end{aligned}$$

若令

$$\boldsymbol{A}=\begin{pmatrix}a_{11}&a_{12}&\cdots&a_{1n}\\a_{21}&a_{22}&\cdots&a_{2n}\\\vdots&\vdots&&\vdots\\a_{n1}&a_{n2}&\cdots&a_{nn}\end{pmatrix},\ \boldsymbol{X}=\begin{pmatrix}x_1\\x_2\\\vdots\\x_n\end{pmatrix}$$

则

$$f=(x_1,x_2,\cdots,x_n)\begin{pmatrix}a_{11}&a_{12}&\cdots&a_{1n}\\a_{21}&a_{22}&\cdots&a_{2n}\\\vdots&\vdots&&\vdots\\a_{n1}&a_{n2}&\cdots&a_{nn}\end{pmatrix}\begin{pmatrix}x_1\\x_2\\\vdots\\x_n\end{pmatrix}=\boldsymbol{X}^{\mathrm{T}}\boldsymbol{A}\boldsymbol{X}\qquad(4.5)$$

其中 $\boldsymbol{A}$ 为对称矩阵，即 $a_{ij}=a_{ji}$（i，$j=1$，2，…，n）.

由此可知，任给一个二次型 f，就唯一地确定一个对称矩阵 $\boldsymbol{A}$；反之，任给一个对称矩阵 $\boldsymbol{A}$，也可唯一确定一个二次型 f. 这样二次型与对称矩阵之间存在一一对应关系，二次型完全由对称矩阵 $\boldsymbol{A}$ 所决定.

于是，我们把对称矩阵 $\boldsymbol{A}$ 称为二次型 f 的（系数）矩阵. 对称矩阵 $\boldsymbol{A}$ 的秩称为二次型 f 的秩.

例 1 试将二次型 $f(x_1, x_2, x_3)=x_1^2+3x_2^2+6x_3^2+2x_1x_2+2x_1x_3+8x_2x_3$ 用矩阵的形式表示.

解

$$f(x_1,x_2,x_3)=(x_1,x_2,x_3)\begin{pmatrix}1&1&1\\1&3&4\\1&4&6\end{pmatrix}\begin{pmatrix}x_1\\x_2\\x_3\end{pmatrix}$$

二、用正交变换化二次型为标准形

定义 2 只含有平方项的二次型

$$f=k_1y_1^2+k_2y_2^2+\cdots+k_ny_n^2\qquad(4.6)$$

叫做**二次型的标准形**.

标准形如用矩阵表示，可以写成

$$f=(y_1,y_2,\cdots,y_n)\begin{pmatrix}k_1&&&\\&k_2&&\\&&\ddots&\\&&&k_n\end{pmatrix}\begin{pmatrix}y_1\\y_2\\\vdots\\y_n\end{pmatrix}$$

即标准形所对应的矩阵为一对角阵.

为了把一般的二次型化为标准形，下面将坐标旋转的概念进行推广.

定义 3 设变量 x_1，x_2，…，x_n 能用变量 y_1，y_2，…，y_n 线性

表示，即

$$\begin{cases} x_1 = c_{11}y_1 + c_{12}y_2 + \cdots + c_{1n}y_n \\ x_2 = c_{21}y_1 + c_{22}y_2 + \cdots + c_{2n}y_n \\ \qquad \vdots \\ x_n = c_{n1}y_1 + c_{n2}y_2 + \cdots + c_{nn}y_n \end{cases} \tag{4.7}$$

称为变量 y_1，y_2，…，y_n 到变量 x_1，x_2，…，x_n 的**线性变换**，其中 $c_{ij}(i,\ j=1,\ 2,\ \cdots,\ n)$ 为常数. 矩阵

$$\boldsymbol{C} = \begin{pmatrix} c_{11} & c_{12} & \cdots & c_{1n} \\ c_{21} & c_{22} & \cdots & c_{2n} \\ c_{n1} & c_{n2} & \cdots & c_{nn} \end{pmatrix}$$

称为线性变换式（4.7）的**系数矩阵**. 当 $\boldsymbol{C}$ 为可逆矩阵时，称式（4.7）为可逆（线性）变换. 当 $\boldsymbol{C}$ 为正交矩阵时，式（4.7）称为正交变换，如坐标旋转变换就是正交变换. 记

$$\boldsymbol{X} = (x_1, x_2, \cdots, x_n)^{\mathrm{T}}, \boldsymbol{Y} = (y_1, y_2, \cdots, y_n)^{\mathrm{T}}$$

则式（4.7）可记为

$$\boldsymbol{X} = \boldsymbol{C}\boldsymbol{Y} \tag{4.8}$$

不难验证，如 $\boldsymbol{X} = \boldsymbol{C}\boldsymbol{Y}$ 为可逆的线性变换，则向量 $\boldsymbol{X} \neq \boldsymbol{0}(=\boldsymbol{0})$ 的充要条件为向量 $\boldsymbol{Y} \neq \boldsymbol{0}(=\boldsymbol{0})$.

定理 1 任给实二次型 $f = \boldsymbol{X}^{\mathrm{T}}\boldsymbol{A}\boldsymbol{X}$，总有正交变换 $\boldsymbol{X} = \boldsymbol{Q}\boldsymbol{Y}$，使 f 化为标准形

$$f = \lambda_1 y_1^2 + \lambda_2 y_2^2 + \cdots + \lambda_n y_n^2$$

其中 λ_1，λ_2，…，λ_n 是 f 的系数矩阵 $\boldsymbol{A}$ 的特征值.

证 $\boldsymbol{A}$ 为二次型 f 的实对称矩阵，由前面的定理知，总可以找到一个正交矩阵 $\boldsymbol{Q}$，使得 $\boldsymbol{Q}^{-1}\boldsymbol{A}\boldsymbol{Q}$ 为对角阵 $\boldsymbol{\Lambda}$.

又因 $\boldsymbol{Q}^{-1} = \boldsymbol{Q}^{\mathrm{T}}$，于是就有

$$\boldsymbol{Q}^{\mathrm{T}}\boldsymbol{A}\boldsymbol{Q} = \boldsymbol{\Lambda} = \begin{pmatrix} \lambda_1 & & & \\ & \lambda_2 & & \\ & & \ddots & \\ & & & \lambda_n \end{pmatrix}$$

即总有正交变换 $\boldsymbol{X}=\boldsymbol{QY}$ 存在，使 f 化为标准形

$$\begin{aligned}f&=\boldsymbol{X}^{\mathrm{T}}\boldsymbol{AX}=(\boldsymbol{QY})^{\mathrm{T}}\boldsymbol{A}(\boldsymbol{QY})=\boldsymbol{Y}^{\mathrm{T}}(\boldsymbol{Q}^{\mathrm{T}}\boldsymbol{AQ})\boldsymbol{Y}=\boldsymbol{Y}^{\mathrm{T}}\boldsymbol{\Lambda Y}\\&=\lambda_1y_1^2+\lambda_2y_2^2+\cdots+\lambda_ny_n^2\end{aligned}$$

其中 λ_1，λ_2，…，λ_n 是 $\boldsymbol{A}$ 的全部特征值.

例 2 求一个正交变换 $\boldsymbol{X}=\boldsymbol{QY}$，把二次型

$$f=2x_1^2+3x_2^2+3x_3^2+4x_2x_3$$

化为标准形.

解 二次型的矩阵为

$$\boldsymbol{A}=\begin{pmatrix}2&0&0\\0&3&2\\0&2&3\end{pmatrix}$$

由 $|\lambda\boldsymbol{E}-\boldsymbol{A}|=(\lambda-2)(\lambda-5)(\lambda-1)=0$，得 $\lambda_1=2$，$\lambda_2=5$，$\lambda_3=1$.

当 $\lambda_1=2$ 时，解方程组 $(2\boldsymbol{E}-\boldsymbol{A})\boldsymbol{X}=\boldsymbol{0}$ 得基础解系 $\boldsymbol{P}_1=(1,\ 0,\ 0)^{\mathrm{T}}$.

当 $\lambda_2=5$ 时，解方程组 $(5\boldsymbol{E}-\boldsymbol{A})\boldsymbol{X}=\boldsymbol{0}$ 得基础解系 $\boldsymbol{P}_2=(0,\ 1,\ 1)^{\mathrm{T}}$.

当 $\lambda_3=1$ 时，解方程组 $(\boldsymbol{E}-\boldsymbol{A})\boldsymbol{X}=\boldsymbol{0}$ 得基础解系 $\boldsymbol{P}_3=(0,\ -1,\ 1)^{\mathrm{T}}$.

显然，$\boldsymbol{P}_1$，$\boldsymbol{P}_2$，$\boldsymbol{P}_3$ 相互正交，将它们单位化得

$$\boldsymbol{e}_1=(1,0,0)^{\mathrm{T}},\boldsymbol{e}_2=\left(0,\frac{1}{\sqrt{2}},\frac{1}{\sqrt{2}}\right)^{\mathrm{T}},\boldsymbol{e}_3=\left(0,-\frac{1}{\sqrt{2}},\frac{1}{\sqrt{2}}\right)^{\mathrm{T}}$$

令

$$\boldsymbol{Q}=(\boldsymbol{e}_1,\ \boldsymbol{e}_2,\ \boldsymbol{e}_3)=\begin{pmatrix}1&0&0\\0&\frac{1}{\sqrt{2}}&-\frac{1}{\sqrt{2}}\\0&\frac{1}{\sqrt{2}}&\frac{1}{\sqrt{2}}\end{pmatrix}$$

则二次型经正交变换 $\boldsymbol{X}=\boldsymbol{QY}$ 化成标准形

$$f=2y_1^2+5y_2^2+y_3^2$$

三、用配方法化二次型为标准形

配方法就是初等数学中的配完全平方的方法．我们仍通过例题来说明这种方法．

例 3 化二次型

$$f=x_1^2+2x_2^2+5x_3^2+2x_1x_2+2x_1x_3+6x_2x_3$$

为标准形，并求所用的可逆线性变换．

解 由于 f 中含变量 x_1 的平方项，故先将所有包含 x_1 的项配成一个完全平方，即

$$\begin{aligned}f&=x_1^2+2(x_2+x_3)x_1+2x_2^2+5x_3^2+6x_2x_3\\&=x_1^2+2(x_2+x_3)x_1+(x_2+x_3)^2-(x_2+x_3)^2+2x_2^2+5x_3^2+6x_2x_3\\&=(x_1+x_2+x_3)^2+x_2^2+4x_2x_3+4x_3^2\end{aligned}$$

再将所有包含 x_2 的项配成一个完全平方，得到

$$f=(x_1+x_2+x_3)^2+(x_2+2x_3)^2$$

于是线性变换

$$\begin{cases}y_1=x_1+x_2+x_3\\y_2=\quad\ \ x_2+2x_3\\y_3=\qquad\quad\ \ x_3\end{cases}\text{，即}\begin{cases}x_1=y_1-y_2+y_3\\x_2=\quad\ \ y_2-2y_3\\x_3=\qquad\quad\ \ y_3\end{cases}$$

把 f 化为标准形

$$f=y_1^2+y_2^2$$

所用的可逆变换为 $\boldsymbol{X}=\boldsymbol{CY}$，其中

$$\boldsymbol{C}=\begin{pmatrix}1&-1&1\\0&1&-2\\0&0&1\end{pmatrix}$$

且 $|\boldsymbol{C}|=1\neq0$.

例 4 化二次型

$$f=x_1x_2+x_2x_3+x_3x_1$$

为标准形，并求出所用的可逆线性变换．

解 在 f 中不含平方项．由于含有 x_1x_2 乘积项，故令

$$\begin{cases}x_1=y_1+y_2\\x_2=y_1-y_2\\x_3=y_3\end{cases}$$

代入可得

$$
\begin{aligned}
f &= (y_1+y_2)(y_1-y_2)+(y_1-y_2)y_3+(y_1+y_2)y_3 \\
&= y_1^2-y_2^2+2y_1y_3 = (y_1+y_3)^2-y_2^2-y_3^2
\end{aligned}
$$

令

$$
\begin{cases} z_1 = y_1+y_3 \\ z_2 = y_2 \\ z_3 = y_3 \end{cases}，即 \begin{cases} y_1 = z_1-z_3 \\ y_2 = z_2 \\ y_3 = z_3 \end{cases}
$$

把化为标准形

$$
f = z_1^2-z_2^2-z_3^2
$$

所用的可逆线性变换为 $\boldsymbol{X}=\boldsymbol{CZ}$，其中

$$
\boldsymbol{C}=\boldsymbol{C}_1\boldsymbol{C}_2=\begin{pmatrix}1 & 1 & 0\\1 & -1 & 0\\0 & 0 & 1\end{pmatrix}\begin{pmatrix}1 & 0 & -1\\0 & 1 & 0\\0 & 0 & 1\end{pmatrix}=\begin{pmatrix}1 & 1 & -1\\1 & -1 & -1\\0 & 0 & 1\end{pmatrix}
$$

$$
|\boldsymbol{C}| = -2\neq 0
$$

一般地，任何二次型都可用上面两例的方法找到可逆变换，把二次型化成标准形.

二次型的标准形显然不是唯一的，它的标准形与所采用的可逆线性变换有关. 但是，可逆线性变换不改变二次型的秩. 因而，在将一个二次型化为不同的标准形时，系数不等于零的平方项的项数总是相同的. 不仅如此，在限定变换为实变换时，标准形中正系数的个数是不变的（从而负系数的个数也不变）.

定理 2 设有实二次型 $f=\boldsymbol{X}^{\mathrm{T}}\boldsymbol{AX}$，它的秩为 r，有两个实的可逆变换

$$
\boldsymbol{X}=\boldsymbol{C}_1\boldsymbol{Y} \text{ 及 } \boldsymbol{X}=\boldsymbol{C}_2\boldsymbol{Z}
$$

分别使

$$
f=k_1y_1^2+k_2y_2^2+\cdots+k_ry_r^2 \qquad (k_i\neq 0)
$$

及

$$
f=\lambda_1z_1^2+\lambda_2z_2^2+\cdots+\lambda_rz_r^2 \qquad (\lambda_i\neq 0)
$$

则 k_1，k_2，…，k_r 中正数的个数与 λ_1，λ_2，…，λ_r 中正数的个数相等.

这个定理称为惯性定理，证明从略.

通常，我们把实二次型 f 的标准形中正系数的个数叫做 f 的**正惯性指数**，负系数的个数叫做 f 的**负惯性指数**. 显然，正惯性指数与

负惯性指数的和等于二次型的秩.

第五节 正定二次型

本节我们讨论一种特殊的二次型，即所谓正定二次型.

定义1 设有实二次型$f(x_1, x_2, \cdots, x_n) = \boldsymbol{X}^{\mathrm{T}}\boldsymbol{A}\boldsymbol{X}$，对于任意$\boldsymbol{X} = (x_1, x_2, \cdots, x_n)^{\mathrm{T}} \neq \boldsymbol{0}$，如果都有$f(x_1, x_2, \cdots, x_n) > 0$，则称$f$为**正定二次型**，称正定二次型的矩阵$\boldsymbol{A}$为**正定矩阵**.

显然，二次型$f(x_1, x_2, \cdots, x_n) = d_1x_1^2 + d_2x_2^2 + \cdots + d_nx^n$是正定的，其中$d_i(i=1, 2, \cdots, n)$均为大于零的常数.

更进一步，如果二次型经可逆变换$\boldsymbol{X} = \boldsymbol{C}\boldsymbol{Y}$变成标准形

$$f = k_1y_1^2 + k_2y_2^2 + \cdots + k_ny_n^2 \quad k_i > 0(i=1,2,\cdots,n) \tag{4.9}$$

则对任意的$\boldsymbol{X} \neq \boldsymbol{0}$，可唯一确定$\boldsymbol{Y} = \boldsymbol{C}^{-1}\boldsymbol{X} \neq \boldsymbol{0}$，使得

$$f = k_1y_1^2 + k_2y_2^2 + \cdots + k_ny_n^2 > 0$$

即f是正定的.

反之，若f是正定的，则f经可逆变换$\boldsymbol{X} = \boldsymbol{C}\boldsymbol{Y}$变得的标准形(4.9)必有$k_i > 0$ $(i=1, 2, \cdots, n)$. 事实上，若有某个$k_i \leqslant 0$，取$\boldsymbol{Y} = \boldsymbol{e}_i$，由$\boldsymbol{X} = \boldsymbol{C}\boldsymbol{Y}$得$\boldsymbol{X} \neq \boldsymbol{0}$使$f(\boldsymbol{X}) = f(\boldsymbol{C}\boldsymbol{Y}) = f(\boldsymbol{C}\boldsymbol{e}_i) = k_i \leqslant 0$，这与$f$为正定矛盾，于是得证.

定理1 实二次型$f = \boldsymbol{X}^{\mathrm{T}}\boldsymbol{A}\boldsymbol{X}$为正定的充要条件是它的标准形的$n$个系数全大于零.

联系到正交变换下二次型的标准形的系数就是它的矩阵的特征值. 于是得

定理2 实二次型$f = \boldsymbol{X}^{\mathrm{T}}\boldsymbol{A}\boldsymbol{X}$为正定的充要条件是其矩阵$\boldsymbol{A}$的所有特征值$\lambda_1, \lambda_2, \cdots, \lambda_n$都是正数，亦即实对称矩阵$\boldsymbol{A}$为正定的充要条件是$\boldsymbol{A}$的特征值都是正数.

例1 设

$$f(x_1, x_2, x_3) = 3x_1^2 + 4x_1x_2 + 3x_2^2 + x_3^2$$

判定$f(x_1, x_2, x_3)$是否为正定二次型.

解法1 二次型的矩阵为

$$\boldsymbol{A} = \begin{pmatrix} 3 & 2 & 0 \\ 2 & 3 & 0 \\ 0 & 0 & 1 \end{pmatrix}$$

$\boldsymbol{A}$ 的特征方程为

$$|\lambda \boldsymbol{E}-\boldsymbol{A}|=(\lambda-1)^2(\lambda-5)=0$$

因此，$\boldsymbol{A}$ 的特征值为

$$\lambda_1=\lambda_2=1>0,\ \lambda_3=5>0$$

所以，$\boldsymbol{A}$ 为正定二次型.

解法 2 由配方法得

$$f(x_1,x_2,x_3)=3\left(x_1+\frac{2}{3}x_2\right)^2+\frac{5}{3}x_2^2+x_3^2$$

f 的标准形的系数都大于零，因此，它是正定二次型.

定理 3 n 阶实对称矩阵 $\boldsymbol{A}=(a_{ij})$ 为正定的充要条件是 $\boldsymbol{A}$ 的各阶顺序主子式都大于零，即

$$a_{11}>0,\begin{vmatrix} a_{11} & a_{12} \\ a_{21} & a_{22}\end{vmatrix}>0,\cdots,\begin{vmatrix} a_{11} & a_{12} & \cdots & a_{1n} \\ a_{21} & a_{22} & \cdots & a_{2n} \\ \vdots & \vdots & & \vdots \\ a_{n1} & a_{n2} & \cdots & a_{nn}\end{vmatrix}>0$$

这个定理称为**霍尔维茨**（Hurwitz）定理，证明略去.

例 2 λ 为何值时，二次型

$$f=x_1^2+x_2^2+5x_3^2+2\lambda x_1x_2-2x_1x_3+4x_2x_3$$

是正定的.

解 f 的矩阵

$$\boldsymbol{A}=\begin{pmatrix} 1 & \lambda & -1 \\ \lambda & 1 & 2 \\ -1 & 2 & 5\end{pmatrix}$$

$$a_{11}=1>0,\ \begin{vmatrix} 1 & \lambda \\ \lambda & 1\end{vmatrix}=1-\lambda^2>0,\ |\boldsymbol{A}|=\begin{vmatrix} 1 & \lambda & -1 \\ \lambda & 1 & 2 \\ -1 & 2 & 5\end{vmatrix}=-5\lambda^2-4\lambda>0$$

解得

$$-\frac{4}{5}<\lambda<0$$

故当 $-\dfrac{4}{5}<\lambda<0$ 时，f 是正定的.

例 3 设 $\boldsymbol{A}$ 是 n 阶正定矩阵. 证明 $|\boldsymbol{A}+\boldsymbol{E}|>1$.

证 因 $\boldsymbol{A}$ 是 n 阶正定矩阵，则存在正交矩阵 $\boldsymbol{Q}$，使

$$Q^{-1}AQ=\begin{pmatrix}\lambda_1 & & & \\ & \lambda_2 & & \\ & & \ddots & \\ & & & \lambda_n\end{pmatrix}，且 \lambda_i>0(i=1,2,\cdots,n)$$

所以

$$|A+E|=|Q^{-1}||A+E||Q|=|Q^{-1}AQ+E|$$

$$=\begin{vmatrix}\lambda_1+1 & & & \\ & \lambda_2+1 & & \\ & & \ddots & \\ & & & \lambda_n+1\end{vmatrix}=(\lambda_1+1)\cdots(\lambda_n+1)>1$$

除了正定二次型外，实二次型中还有负定二次型，半正（负）定二次型以及不定二次型．它们的定义如下：

定义 2　设$f(x_1,x_2,\cdots,x_n)=X^TAX$为实二次型，如果对任意的$X=(x_1,\ x_2,\ \cdots,\ x_n)^T\neq\mathbf{0}$，都有

$$f(x_1,x_2,\cdots,x_n)<0$$

则称$f(x_1,\ x_2,\ \cdots,\ x_n)$为**负定二次型**；如果对任意的$X=(x_1,\ x_2,\ \cdots,\ x_n)^T\neq\mathbf{0}$，都有

$$f(x_1,x_2,\cdots,x_n)\geqslant 0\quad (f(x_1,x_2,\cdots,x_n)\leqslant 0)$$

则称$f(x_1,\ x_2,\ \cdots,\ x_n)$为**半正（负）定二次型**；如果$f(x_1,\ x_2,\ \cdots,\ x_n)$即不是半正定二次型，又不是半负定二次型，则称它为**不定二次型**．

负定二次型，半正定二次型及半负定二次型的矩阵分别称为**负定矩阵**、**半正定矩阵**与**半负定矩阵**．

可以像正定二次型那样讨论上述各类二次型的相关性质，这里不再叙述了．

*第六节　解题方法导引

一、有关特征值与特征向量的概念

例 1　方阵A的属于λ_0的特征向量是否唯一？

解　不唯一．因为若A有一个属于λ_0的特征向量α，则

$$A\alpha=\lambda_0\alpha$$

因此，对 $k\neq 0$，有 $\boldsymbol{A}(k\boldsymbol{\alpha})=k\boldsymbol{A}\boldsymbol{\alpha}=\lambda_0(k\boldsymbol{\alpha})$，所以 $k\boldsymbol{\alpha}$（$k\neq 0$）都是 $\boldsymbol{A}$ 的属于 λ_0 的特征向量.

例 2 设 λ_1，λ_2 是 n 阶方阵 $\boldsymbol{A}$ 的两个不同的特征值，$\boldsymbol{\alpha}_1$，$\boldsymbol{\alpha}_2$ 分别是 $\boldsymbol{A}$ 的属于 λ_1，λ_2 的特征向量. 证明：当 k_1，k_2 都不为零时，$k_1\boldsymbol{\alpha}_1+k_2\boldsymbol{\alpha}_2$ 不是 $\boldsymbol{A}$ 的特征向量.

证 用反证法，设 $k_1\boldsymbol{\alpha}_1+k_2\boldsymbol{\alpha}_2$ 是 $\boldsymbol{A}$ 的属于特征值 λ 的特征向量，则

$$\boldsymbol{A}(k_1\boldsymbol{\alpha}_1+k_2\boldsymbol{\alpha}_2)=\lambda(k_1\boldsymbol{\alpha}_1+k_2\boldsymbol{\alpha}_2)=\lambda k_1\boldsymbol{\alpha}_1+\lambda k_2\boldsymbol{\alpha}_2$$

$$\boldsymbol{A}(k_1\boldsymbol{\alpha}_1+k_2\boldsymbol{\alpha}_2)=k_1\boldsymbol{A}\boldsymbol{\alpha}_1+k_2\boldsymbol{A}\boldsymbol{\alpha}_2=k_1\lambda_1\boldsymbol{\alpha}_1+k_2\lambda_2\boldsymbol{\alpha}_2$$

将两式相减得 $$k_1(\lambda-\lambda_1)\boldsymbol{\alpha}_1+k_2(\lambda-\lambda_2)\boldsymbol{\alpha}_2=\boldsymbol{0}$$

因为 $\boldsymbol{\alpha}_1$，$\boldsymbol{\alpha}_2$ 是 $\boldsymbol{A}$ 的属于互异特征 λ_1，λ_2 的特征向量，故 $\boldsymbol{\alpha}_1$，$\boldsymbol{\alpha}_2$ 线性无关，从而 $k_1(\lambda-\lambda_1)=k_2(\lambda-\lambda_2)=0$.

因为 $k_1\neq 0$，$k_2\neq 0$，所以 $\lambda_1=\lambda_2$，这与 $\lambda_1\neq\lambda_2$ 矛盾，因此原命题得证.

例 3 设 $\boldsymbol{A}$ 为正交矩阵，若 $|\boldsymbol{A}|=-1$，证明 $\boldsymbol{A}$ 有特征值 -1.

证 只需证 $|-\boldsymbol{E}-\boldsymbol{A}|=0$，因 $\boldsymbol{A}\boldsymbol{A}^{\mathrm{T}}=\boldsymbol{E}$，所以

$$\begin{aligned}|-\boldsymbol{E}-\boldsymbol{A}|&=|-\boldsymbol{A}\boldsymbol{A}^{\mathrm{T}}-\boldsymbol{A}|=|\boldsymbol{A}||-\boldsymbol{A}^{\mathrm{T}}-\boldsymbol{E}|\\&=-|(-\boldsymbol{E}-\boldsymbol{A})^{\mathrm{T}}|=-|-\boldsymbol{E}-\boldsymbol{A}|\end{aligned}$$

因此 $2|-\boldsymbol{E}-\boldsymbol{A}|=0$，即得 $|-\boldsymbol{E}-\boldsymbol{A}|=0$.

注 由上面的例子可以想到要证 λ_0 是方阵 $\boldsymbol{A}$ 的特征值的两种方法：方法一，只需证明存在向量 $\boldsymbol{\alpha}\neq\boldsymbol{0}$，使 $\boldsymbol{A}\boldsymbol{\alpha}=\lambda_0\boldsymbol{\alpha}$. 方法二，只需证明 $|\lambda_0\boldsymbol{E}-\boldsymbol{A}|=0$. 为实现上述方法，还要运用必要的证明技巧，望读者在证明中归纳总结.

二、特征值、特征向量的应用

方法 1 已知 $\boldsymbol{A}$ 的特征值计算 $|f(\boldsymbol{A})|$（f 为 λ 的多项式）.

一般可依据下面例 4 的结论及本章第一节中定理 2 来完成.

例 4 设 $\boldsymbol{A}$ 为 n 阶矩阵，λ 是 $\boldsymbol{A}$ 的特征值，$\boldsymbol{\alpha}$ 是对应的特征向量. 证明 $f(\lambda)=a_0+a_1\lambda+\cdots+a_m\lambda^m$ 是矩阵 $f(\boldsymbol{A})=a_0\boldsymbol{E}+a_1\boldsymbol{A}+\cdots+a_m\boldsymbol{A}^m$ 的特征值，$\boldsymbol{\alpha}$ 是对应的特征向量.

证 因为 λ 是 $\boldsymbol{A}$ 的特征值，所以 $\boldsymbol{A}\boldsymbol{\alpha}=\lambda\boldsymbol{\alpha}(\boldsymbol{\alpha}\neq\boldsymbol{0})$，由此可得

$$\boldsymbol{A}^k\boldsymbol{\alpha}=\boldsymbol{A}^{k-1}(\boldsymbol{A}\boldsymbol{\alpha})=\boldsymbol{A}^{k-1}\lambda\boldsymbol{\alpha}=\cdots=\lambda^k\boldsymbol{\alpha}$$

因而

$$f(\boldsymbol{A})\boldsymbol{\alpha}=(a_0\boldsymbol{E}+a_1\boldsymbol{A}+\cdots+a_m\boldsymbol{A}^m)\boldsymbol{\alpha}$$
$$=a_0\boldsymbol{\alpha}+a_1\boldsymbol{A}\boldsymbol{\alpha}+\cdots+a_m\boldsymbol{A}^m\boldsymbol{\alpha}=a_0\boldsymbol{\alpha}+a_1\lambda\boldsymbol{\alpha}+\cdots+a_m\lambda^m\boldsymbol{\alpha}$$
$$=(a_0+a_1\lambda+\cdots+a_m\lambda^m)\boldsymbol{\alpha}=f(\lambda)\boldsymbol{\alpha}$$

例5 已知三阶矩阵 $\boldsymbol{A}$ 的特征值为1，-1，2，设 $\boldsymbol{B}=\boldsymbol{A}^3-5\boldsymbol{A}^2$，求 $|\boldsymbol{B}|$，$|\boldsymbol{A}-5\boldsymbol{E}|$.

解 (1) 计算 $|\boldsymbol{B}|$

设 $f(\lambda)=\lambda^3-5\lambda^2$，则 $\boldsymbol{B}=f(\boldsymbol{A})$.

因为 $\boldsymbol{A}$ 的特征值为1，-1，2，所以 $f(1)=-4$，$f(-1)=-6$，$f(2)=-12$ 是 $\boldsymbol{B}=f(\boldsymbol{A})$ 的全部特征值，于是

$$|\boldsymbol{B}|=(-4)\times(-6)\times(-12)=-288$$

(2) 计算 $|\boldsymbol{A}-5\boldsymbol{E}|$

方法1 令 $f(\lambda)=\lambda-5$，则 $f(\boldsymbol{A})=\boldsymbol{A}-5\boldsymbol{E}$.

因为 $\boldsymbol{A}$ 的特征值为1，-1，2，所以 $f(\boldsymbol{A})=\boldsymbol{A}-5\boldsymbol{E}$ 的特征值为 $f(1)=-4$，$f(-1)=-6$，$f(2)=-3$，于是

$$|\boldsymbol{A}-5\boldsymbol{E}|=|f(\boldsymbol{A})|=(-4)\times(-6)\times(-3)=-72$$

方法2 因为 $\boldsymbol{A}$ 的特征值为1，-1，2，故 $f(\lambda)=|\lambda\boldsymbol{E}-\boldsymbol{A}|=(\lambda-1)(\lambda+1)(\lambda-2)$. 令 $\lambda=5$，得 $f(5)=|5\boldsymbol{E}-\boldsymbol{A}|=(5-1)(5+1)(5-2)=72$. 因此得 $|\boldsymbol{A}-5\boldsymbol{E}|=(-1)^3|5\boldsymbol{E}-\boldsymbol{A}|=-72$

方法2 用方阵 $\boldsymbol{A}$ 的特征值判断 $k\boldsymbol{E}-\boldsymbol{A}$ 的可逆性.

主要根据是：$k\boldsymbol{E}-\boldsymbol{A}$ 可逆等价于 $|k\boldsymbol{E}-\boldsymbol{A}|\neq 0$，等价于 k 不是 $\boldsymbol{A}$ 的特征值.

例6 设 $\boldsymbol{A}$ 满足 $\boldsymbol{A}^2=\boldsymbol{A}$，证明 $3\boldsymbol{E}-\boldsymbol{A}$ 可逆.

证 因 $\boldsymbol{A}^2=\boldsymbol{A}$，故 $\boldsymbol{A}$ 的特征值为1或0，故3不是 $\boldsymbol{A}$ 的特征值，从而 $|3\boldsymbol{E}-\boldsymbol{A}|\neq 0$，即 $3\boldsymbol{E}-\boldsymbol{A}$ 可逆.

例7 设 $\boldsymbol{A}$ 为 n 阶正交矩阵，且 $|\boldsymbol{A}|=-1$，证明 $\boldsymbol{E}+\boldsymbol{A}$ 不可逆.

证 因为

$$|\boldsymbol{E}+\boldsymbol{A}|=|\boldsymbol{A}^{\mathrm{T}}\boldsymbol{A}+\boldsymbol{A}|=|\boldsymbol{A}^{\mathrm{T}}+\boldsymbol{E}||\boldsymbol{A}|=|(\boldsymbol{A}+\boldsymbol{E})^{\mathrm{T}}||\boldsymbol{A}|=-|\boldsymbol{E}+\boldsymbol{A}|$$

所以 $|\boldsymbol{E}+\boldsymbol{A}|=0$，即 $\boldsymbol{E}+\boldsymbol{A}$ 不可逆.

三、两抽象矩阵相似的证法

主要根据相似矩阵的定义进行证明，如若证明 $\boldsymbol{A}$ 与 $\boldsymbol{B}$ 相似，关

键在于找可逆矩阵 $\boldsymbol{P}$，使 $\boldsymbol{P}^{-1}\boldsymbol{A}\boldsymbol{P}=\boldsymbol{B}$.

例 8 设 $\boldsymbol{A}$ 为 n 阶可逆阵，$\boldsymbol{A}$ 与 $\boldsymbol{B}$ 相似，证明 $\boldsymbol{A}^*$ 与 $\boldsymbol{B}^*$ 相似.

证 因为 $\boldsymbol{A}$ 与 $\boldsymbol{B}$ 相似，所以存在可逆阵 $\boldsymbol{P}$，使 $\boldsymbol{P}^{-1}\boldsymbol{A}\boldsymbol{P}=\boldsymbol{B}$，两边取行列式 $|\boldsymbol{A}|=|\boldsymbol{B}|\neq 0$，故 $\boldsymbol{B}$ 可逆，且 $\boldsymbol{P}^{-1}\boldsymbol{A}^{-1}\boldsymbol{P}=\boldsymbol{B}^{-1}$. 从而 $\boldsymbol{A}^{-1}$ 与 $\boldsymbol{B}^{-1}$ 相似，且有

$$|\boldsymbol{A}|\boldsymbol{P}^{-1}\boldsymbol{A}^{-1}\boldsymbol{P}=\boldsymbol{P}^{-1}|\boldsymbol{A}|\boldsymbol{A}^{-1}\boldsymbol{P}=|\boldsymbol{A}|\boldsymbol{B}^{-1}=|\boldsymbol{B}|\boldsymbol{B}^{-1}$$

故

$$\boldsymbol{P}^{-1}\boldsymbol{A}^*\boldsymbol{P}=\boldsymbol{B}^*$$

所以 $\boldsymbol{A}^*$ 与 $\boldsymbol{B}^*$ 相似.

四、方阵的对角化方法

方法 1 计算 n 阶矩阵 $\boldsymbol{A}$ 的特征值与特征向量，若 $\boldsymbol{A}$ 有 n 个线性无关特征向量，则 $\boldsymbol{A}$ 可对角化.

依据为：n 阶矩阵 $\boldsymbol{A}$ 与对角阵相似的充要条件是 $\boldsymbol{A}$ 的每个 k 重特征值对应有 k 个线性无关的特征向量；更进一步说，就是 $(\lambda\boldsymbol{E}-\boldsymbol{A})\boldsymbol{X}=\boldsymbol{0}$ 的基础解系含有 k 个向量[即 $\mathrm{r}(\lambda\boldsymbol{E}-\boldsymbol{A})=n-k$].

例 9 已知 $\boldsymbol{\alpha}=(1,\ 1,\ -1)^{\mathrm{T}}$ 是 $\boldsymbol{A}=\begin{pmatrix}2&-1&2\\5&a&3\\-1&b&-2\end{pmatrix}$ 的一个特征向量.

（1）试确定参数 a，b 及特征向量 $\boldsymbol{\alpha}$ 的所对应的特征值.

（2）问 $\boldsymbol{A}$ 是否与对角阵相似?

解 （1）设特征向量 $\boldsymbol{\alpha}$ 的对应的特征值为 λ，则 λ 应满足 $(\lambda\boldsymbol{E}-\boldsymbol{A})\boldsymbol{\alpha}=\boldsymbol{0}$.

即得 $\begin{cases}\lambda-2+1+2=0\\-5+\lambda-a+3=0\\1-b-\lambda-2=0\end{cases}$，解得 $\begin{cases}\lambda=-1\\a=-3.\\b=0\end{cases}$

（2）由 $a=-3$，$b=0$ 得

$$\boldsymbol{A}=\begin{pmatrix}2&-1&2\\5&-3&3\\-1&0&-2\end{pmatrix}$$

从而得特征多项式 $|\lambda\boldsymbol{E}-\boldsymbol{A}|=(\lambda+1)^3$

可知，A 只有三重特征值 $\lambda=-1$，但 $\mathrm{r}(-E-A)=2\neq3$，从而 $\lambda=-1$ 只对应一个线性无关的特征向量，所以 A 不能化为对角阵.

方法 2 通过计算或证明得知 A 的特征值两两互异，则 A 可对角化.

例 10 设 A 为二阶实矩阵，问

(1) 若 $|A|<0$，A 是否可对角化?

(2) 设 $A=\begin{pmatrix} a & b \\ c & d \end{pmatrix}$，其中 $ad-bc=1$，$|a+d|>2$，A 是否可对角化?

解 (1) 设 A 的特征值为 λ_1，λ_2，由其性质 $|A|=\lambda_1\lambda_2<0$，即 λ_1，λ_2 互异，从而 A 有两个互异特征值，故 A 可对角化.

(2) A 的特征多项式 $f(\lambda)=|\lambda E-A|=\lambda^2-(a+d)\lambda+1$（展开过程中用到 $ad-bc=1$）.

因 $|a+d|>2$，故 $\Delta=(a+d)^2-4>0$，所以 A 有两个互异实根. 因而 A 可对角化.

方法 3 不计算 A 的特征值、特征向量，只需证明满足 $P^{-1}AP=\Lambda$ 的可逆阵 P 和对角阵 Λ 存在.

例 11 设 n 阶矩阵 A 可对角化，$|A|\neq0$. 证明 A^* 也可对角化.

证 因为 A 可对角化，所以存在可逆阵 P，使

$$P^{-1}AP=\mathrm{diag}(\lambda_1,\lambda_2,\cdots,\lambda_n)$$

其中 λ_1，λ_2，…，λ_n 是 A 的特征值. 因为 $|A|\neq0$，所以 $\lambda_i\neq0$（$i=1$，2，…，n）.

对上式两边取逆，得

$$P^{-1}A^{-1}P=\mathrm{diag}\left(\frac{1}{\lambda_1},\frac{1}{\lambda_2},\cdots,\frac{1}{\lambda_n}\right)$$

上式两边分别乘 $|A|$，得

$$P^{-1}|A|A^{-1}P=\mathrm{diag}\left(\frac{|A|}{\lambda_1},\frac{|A|}{\lambda_2},\cdots,\frac{|A|}{\lambda_n}\right)$$

即

$$P^{-1}A^*P=\mathrm{diag}\left(\frac{|A|}{\lambda_1},\frac{|A|}{\lambda_2},\cdots,\frac{|A|}{\lambda_n}\right)$$

所以，A^*可对角化.

例 12 证明若 n 阶方阵 A 与对角阵相似，则 A^{T} 与对角阵相似.

证 因 A 与对角阵相似，故存在可逆阵 P，使

$$P^{-1}AP=\mathrm{diag}(\lambda_1,\lambda_2,\cdots,\lambda_n)$$

其中 λ_1，λ_2，$\cdots$，λ_n 为 A 的特征值.

对上式两边取转置

$$P^{\mathrm{T}}A^{\mathrm{T}}(P^{-1})^{\mathrm{T}}=\mathrm{diag}(\lambda_1,\lambda_2,\cdots,\lambda_n)$$

即
$$[(P^{\mathrm{T}})^{-1}]^{-1}A^{\mathrm{T}}(P^{\mathrm{T}})^{-1}=\mathrm{diag}(\lambda_1,\lambda_2,\cdots,\lambda_n)$$

所以 A^{T} 与对角阵相似.

方法 4 求方阵的幂

设 n 阶矩阵 A 与对角阵 $\mathrm{diag}(\lambda_1,\lambda_2,\cdots,\lambda_n)$ 相似，则存在可逆阵 P，使 $A=P\mathrm{diag}(\lambda_1,\lambda_2,\cdots,\lambda_n)P^{-1}$，所以

$$A^n=P\mathrm{diag}(\lambda_1^n,\lambda_2^n,\cdots,\lambda_n^n)P^{-1}$$

因为任何实对称矩阵都相似于对角阵，所以运用矩阵的对角化的方法计算一般实对称矩阵的幂将是十分方便的.

本章第二节中已经有例子，这里不再举例.

五、二次型及标准形中的参数的确定

主要根据二次型 $f=X^{\mathrm{T}}AX$ 经正交变换 $X=QY$ 化成标准形

$$f=\lambda_1y_1^2+\lambda_2y_2^2+\cdots+\lambda_ny_n^2$$

而 $Q^{-1}AQ=\mathrm{diag}(\lambda_1,\lambda_2,\cdots,\lambda_n)$（其中 λ_1，$\cdots$，λ_n 是 A 的特征值），来确定二次型及标准形中的参数.

例 13 设二次型 $f=x_1^2+ax_2^2+x_3^2-4x_1x_2-8x_1x_3-4x_2x_3$ 通过正交变换化为标准形 $f=5y_1^2+by_2^2-4y_3^2$，试求参数 a，b.

解 二次型对应的矩阵为

$$A=\begin{pmatrix}1&-2&-4\\-2&a&-2\\-4&-2&1\end{pmatrix}$$

由$|\lambda \boldsymbol{E}-\boldsymbol{A}|=0$得$\boldsymbol{A}$的特征方程为

$$(1-\lambda)^2(a-\lambda)-16(a-\lambda)-8(1-\lambda)-32=0$$

而标准形$f=5y_1^2+by_2^2-4y_3^2$是经正交变换得到的，因此可知，$\lambda_1=5$，$\lambda_2=b$，$\lambda_3=-4$为$\boldsymbol{A}$的特征值，将$\lambda_3=-4$代入上式中得

$$25(a+4)-16(a+4)-72=0$$

即$a=4$.

再由$\lambda_1+\lambda_2+\lambda_3=a_{11}+a_{22}+a_{33}$，可知

$$5+b-4=1+a+1$$

得$b=5$.

六、正定矩阵

设$\boldsymbol{A}$为实对称矩阵，则下列命题等价.

(1) $\boldsymbol{A}$是正定的

(2) 二次型$f=\boldsymbol{X}^{\mathrm{T}}\boldsymbol{A}\boldsymbol{X}$是正定的

(3) $\boldsymbol{A}$的特征值均为正数

(4) $\boldsymbol{A}$的各阶顺序主子式大于零

例14 证明 $\boldsymbol{A}$为正定矩阵的充要条件是存在可逆矩阵$\boldsymbol{P}$，使$\boldsymbol{A}=\boldsymbol{P}^{\mathrm{T}}\boldsymbol{P}$.

证 必要性 因为$\boldsymbol{A}$为正定矩阵，所以$\boldsymbol{A}$是对称矩阵，因此存在正交矩阵$\boldsymbol{Q}$使

$$\boldsymbol{Q}^{\mathrm{T}}\boldsymbol{A}\boldsymbol{Q}=\operatorname{diag}(\lambda_1,\cdots,\lambda_n)$$

其中$\lambda_i>0$ ($i=1, 2, \cdots, n$)，为$\boldsymbol{A}$的特征值，由此可得

$$\begin{aligned}\boldsymbol{A}&=\boldsymbol{Q}\operatorname{diag}(\lambda_1,\cdots,\lambda_n)\boldsymbol{Q}^{\mathrm{T}}\\&=\boldsymbol{Q}\operatorname{diag}(\sqrt{\lambda_1},\cdots,\sqrt{\lambda_n})\cdot\operatorname{diag}(\sqrt{\lambda_1},\cdots,\sqrt{\lambda_n})\boldsymbol{Q}^{\mathrm{T}}\end{aligned}$$

令$\boldsymbol{P}=\operatorname{diag}(\sqrt{\lambda_1}, \cdots, \sqrt{\lambda_n})\boldsymbol{Q}^{\mathrm{T}}$，则$\boldsymbol{P}$可逆，且

$$\boldsymbol{P}^{\mathrm{T}}=\boldsymbol{Q}\operatorname{diag}(\sqrt{\lambda_1},\cdots,\sqrt{\lambda_n})$$

所以

$$\boldsymbol{A}=\boldsymbol{P}^{\mathrm{T}}\boldsymbol{P}$$

充分性 对任意n维列向量$\boldsymbol{X}\neq\boldsymbol{0}$，由$\boldsymbol{P}$可逆得$\boldsymbol{Y}=\boldsymbol{P}\boldsymbol{X}\neq\boldsymbol{0}$，因此二次型

$$f=\boldsymbol{X}^{\mathrm{T}}\boldsymbol{A}\boldsymbol{X}=\boldsymbol{X}^{\mathrm{T}}\boldsymbol{P}^{\mathrm{T}}\boldsymbol{P}\boldsymbol{X}=(\boldsymbol{X}^{\mathrm{T}}\boldsymbol{P}^{\mathrm{T}})(\boldsymbol{P}\boldsymbol{X})=\boldsymbol{Y}^{\mathrm{T}}\boldsymbol{Y}=|\boldsymbol{Y}|^2>0$$

所以二次型$f=\boldsymbol{X}^{\mathrm{T}}\boldsymbol{A}\boldsymbol{X}$为正定二次型. 由定义知，对称矩阵$\boldsymbol{A}=\boldsymbol{P}^{\mathrm{T}}\boldsymbol{P}$

为正定矩阵.

例 15 设 $\boldsymbol{A}$ 是 n 阶实对称矩阵，则当 t 充分大时，$\boldsymbol{A}+t\boldsymbol{E}$ 为正定矩阵.

证 设 $\boldsymbol{A}$ 的特征值为 λ_1，λ_2，$\cdots$，λ_n，取 $t>\max\{|\lambda_i|\}$，$1\leqslant i\leqslant n$. 则 $\boldsymbol{A}+t\boldsymbol{E}$ 的特征值 λ_i+t（$i=1, 2, \cdots, n$）全大于0，故 $\boldsymbol{A}+t\boldsymbol{E}$ 为正定矩阵.

例 16 设 $\boldsymbol{A}$ 为正定矩阵，求证 $\boldsymbol{A}^{-1}$ 也是正定矩阵.

证 因 $\boldsymbol{A}$ 正定，故 $\boldsymbol{A}$ 的特征值 $\lambda_i>0$（$i=1, 2, \cdots, n$），从而 $\boldsymbol{A}^{-1}$ 的特征值 $1/\lambda_i(i=1, 2, \cdots, n)$ 均大于零. 又因 $\boldsymbol{A}$ 为正定矩阵，所以 $\boldsymbol{A}^{\mathrm{T}}=\boldsymbol{A}$，故 $(\boldsymbol{A}^{-1})^{\mathrm{T}}=(\boldsymbol{A}^{\mathrm{T}})^{-1}=\boldsymbol{A}^{-1}$，因此 $\boldsymbol{A}^{-1}$ 为对称矩阵，且全 $\boldsymbol{A}^{-1}$ 的全部特征值均大于零，故 $\boldsymbol{A}^{-1}$ 也是正定矩阵.

习 题 四

习 题

1. 求下列矩阵的特征值与特征向量:

(1) $\begin{pmatrix} 2 & -3 \\ -3 & 1 \end{pmatrix}$; (2) $\begin{pmatrix} 3 & -1 & 1 \\ 2 & 0 & 1 \\ 1 & -1 & 2 \end{pmatrix}$;

(3) $\begin{pmatrix} 2 & 0 & 0 \\ 1 & 1 & 1 \\ 1 & -1 & 3 \end{pmatrix}$; (4) $\begin{pmatrix} 2 & -1 & 2 \\ 5 & -3 & 3 \\ -1 & 0 & -2 \end{pmatrix}$

2. 设 λ 是可逆方阵 $\boldsymbol{A}$ 的特征值，证明（1）$\lambda\neq0$；（2）λ^{-1} 是 $\boldsymbol{A}^{-1}$ 的特征值.

3. 若方阵 $\boldsymbol{A}$ 满足 $\boldsymbol{A}^2=\boldsymbol{A}$，证明 $\boldsymbol{A}$ 的特征值只能是0或者1.

4. 若方阵 $\boldsymbol{A}$ 与单位阵 $\boldsymbol{E}$ 相似，证明 $\boldsymbol{A}$ 也是单位阵.

5. 若 $\boldsymbol{A}$ 与对角阵 $\boldsymbol{\Lambda}=\begin{pmatrix} 1 & & \\ & 2 & \\ & & 3 \end{pmatrix}$ 相似，求 $|\boldsymbol{A}|$.

6. 设 $\boldsymbol{A}$，$\boldsymbol{B}$ 都是 n 阶方阵，且 $|\boldsymbol{A}|\neq0$，证明 $\boldsymbol{AB}$ 与 $\boldsymbol{BA}$ 相似.

7. 下列矩阵 $\boldsymbol{A}$ 是否相似于某一对角阵，若相似于某一对角阵，求出可逆矩阵 $\boldsymbol{P}$ 及相应的对角阵 $\boldsymbol{\Lambda}$，使 $\boldsymbol{P}^{-1}\boldsymbol{AP}=\boldsymbol{\Lambda}$:

(1) $\begin{pmatrix}1 & 1\\1 & 1\end{pmatrix}$; (2) $\begin{pmatrix}1 & 0\\-2 & 1\end{pmatrix}$; (3) $\begin{pmatrix}1 & 2 & 3\\0 & 1 & 0\\2 & 1 & 2\end{pmatrix}$; (4) $\begin{pmatrix}3 & -2 & 1\\0 & 2 & 0\\0 & 0 & 0\end{pmatrix}$.

8. 设矩阵 $\boldsymbol{A}$ 与 $\boldsymbol{B}$ 相似，其中

$$\boldsymbol{A}=\begin{pmatrix}-2 & 0 & 0\\2 & 0 & 2\\3 & 1 & 1\end{pmatrix},\ \boldsymbol{B}=\begin{pmatrix}-1 & 0 & 0\\0 & x & 0\\0 & 0 & y\end{pmatrix}.$$

求 x、y 的值.

9. 用施密特正交化方法将下列向量组标准正交化.

(1) (3, 4), (2, 3);

(2) (2, 0, 0), (0, 1, −1), (5, 6, 0).

10. 试判别下列矩阵是否为正交阵:

(1) $\begin{pmatrix}\frac{1}{\sqrt{2}} & \frac{1}{\sqrt{2}} & 0\\-\frac{1}{\sqrt{2}} & \frac{1}{\sqrt{2}} & 0\\0 & 0 & 1\end{pmatrix}$; (2) $\begin{pmatrix}1 & -\frac{1}{2} & \frac{1}{3}\\-\frac{1}{2} & 1 & \frac{1}{2}\\\frac{1}{3} & \frac{1}{2} & -1\end{pmatrix}$.

11. 若 $\boldsymbol{A}$ 为正交矩阵，证明 $\boldsymbol{A}^{\mathrm{T}}$，$\boldsymbol{A}^{-1}$ 也是正交矩阵.

12. 求正交矩阵 $\boldsymbol{Q}$，使 $\boldsymbol{Q}^{-1}\boldsymbol{A}\boldsymbol{Q}$ 为对角阵，其中对称阵 $\boldsymbol{A}$ 为

(1) $\begin{pmatrix}\frac{3}{2} & -\frac{1}{2} & 0\\-\frac{1}{2} & \frac{3}{2} & 0\\0 & 0 & 3\end{pmatrix}$; (2) $\begin{pmatrix}4 & 0 & 0\\0 & 3 & 1\\0 & 1 & 3\end{pmatrix}$.

13. 已知三阶实对称矩阵 $\boldsymbol{A}$ 的特征值为 −1，−1，8，且对应于 −1 的特征向量为 $(-1, 2, 0)^{\mathrm{T}}$，$(1, 0, -1)^{\mathrm{T}}$，求矩阵 $\boldsymbol{A}$.

14. 判断下列各式是否为二次型:

(1) $f_1=x_1^2+2x_2^2+4x_1x_2+2x_3$;

(2) $f_2=x_1^2+3x_2^2-5x_3^2+x_1x_3-x_2x_3+1$;

(3) $x_1^2+x_2^2+4x_1x_2=0$;

(4) $f_3=x_1^2+x_2^2+3x_3^2+2x_1x_2+2x_1x_3+4x_2x_3$.

15. 将下列二次型表示成矩阵形式:

(1) $f=x_1^2+2x_1x_2+4x_2^2+2x_1x_3+x_3^2+4x_2x_3$;

（2）$f=x_1x_2+x_2x_3+x_3x_4+x_4x_1$.

16. 求一个正交变换，将下列二次型化为标准形：

（1）$f=5x_1^2+5x_2^2+6x_1x_2$；

（2）$f=3x_1^2+6x_2^2+3x_3^2-4x_1x_2-8x_1x_3-4x_2x_3$.

17. 已知$\boldsymbol{A}$，$\boldsymbol{B}$是n阶正定矩阵，证明$\boldsymbol{A}+\boldsymbol{B}$也是正定矩阵.

18. 判别下列二次型的正定性：

（1）$f(x_1, x_2, x_3)=x_1^2+2x_2^2-3x_3^2+4x_1x_2+2x_2x_3$；

（2）$f(x_1, x_2, x_3, x_4)=3x_1^2+3x_2^2+3x_3^2+x_4^2+2x_1x_2+2x_1x_3+2x_2x_3$.

19. 当λ取何值时，下列二次型是正定的：

（1）$f(x_1, x_2, x_3)=5x_1^2+x_2^2+\lambda x_3^2+4x_1x_2-2x_1x_3-2x_2x_3$；

（2）$f(x_1, x_2, x_3)=2x_1^2+x_2^2+3x_3^2+2\lambda x_1x_2+2x_1x_3$.

20. 证明实二次型$f=\boldsymbol{X}^T\boldsymbol{A}\boldsymbol{X}$为正定的充要条件是：存在可逆阵$\boldsymbol{U}$，使$\boldsymbol{A}=\boldsymbol{U}^{\mathrm{T}}\boldsymbol{U}$.

自测题

1. 单项选择题

（1）若方阵$\boldsymbol{A}$满足方程$\boldsymbol{A}^2-3\boldsymbol{A}+2\boldsymbol{E}=\boldsymbol{O}$，则$\boldsymbol{A}$的特征值必为（　　）.

（A）0 或 1　（B）2 或 3　（C）-1 或 1　（D）1 或 2

（2）$\lambda=2$是可逆矩阵$\boldsymbol{A}$的一个特征值，则矩阵$\boldsymbol{E}+(\frac{1}{2}\boldsymbol{A}^3)^{-1}$有一个特征值等于（　　）.

（A）$\frac{1}{4}$　（B）$\frac{5}{4}$　（C）5　（D）$\frac{4}{5}$

（3）已知三阶矩阵$\boldsymbol{A}$的特征值为-1，1，2，则矩阵$\boldsymbol{B}=(3\boldsymbol{A}^*)^{-1}$的特征值为（　　）.

（A）1，-1，-2　（B）$\frac{1}{6}$，$-\frac{1}{6}$，$-\frac{1}{3}$

（C）$-\frac{1}{6}$，$\frac{1}{6}$，$\frac{1}{3}$　（D）$\frac{1}{2}$，$-\frac{1}{2}$，1

（4）设λ_1，λ_2是n阶方阵$\boldsymbol{A}$的两个不同的特征值，且$\boldsymbol{\alpha}_1$，$\boldsymbol{\alpha}_2$是分别属于$\boldsymbol{A}$的特征值λ_1，λ_2的特征向量，则当（　　）时，$\boldsymbol{\beta}=k_1\boldsymbol{\alpha}_1+k_2\boldsymbol{\alpha}_2$是$\boldsymbol{A}$的特征向量.

（A）$k_1\neq0$，$k_2=0$　（B）$k_1k_2=0$　（C）$k_1=k_2=0$　（D）$k_1k_2\neq0$

（5）设λ_1，λ_2是n阶方阵$\boldsymbol{A}$的两个不同的特征值，对应的特征向量分别是$\boldsymbol{\alpha}_1$，$\boldsymbol{\alpha}_2$，则$\boldsymbol{\alpha}_1$，$\boldsymbol{A}(\boldsymbol{\alpha}_1+\boldsymbol{\alpha}_2)$线性无关的充要条件是（　　）.

(A) $\lambda_1 \neq 0$　　(B) $\lambda_2 \neq 0$　　(C) $\lambda_1 = 0$　　(D) $\lambda_2 = 0$

(6) 若 n 阶方阵 $\boldsymbol{A}$ 能对角化，则（　　）.

(A) $\mathrm{r}(\boldsymbol{A}) = n$　　(B) $\boldsymbol{A}$ 有 n 个线性无关的特征向量

(C) $\boldsymbol{A}$ 一定是对角阵　　(D) $\boldsymbol{A}$ 有 n 个互异的特征值

(7) 设矩阵 $\boldsymbol{B} = \begin{pmatrix} 0 & 0 & 1 \\ 0 & 1 & 0 \\ 1 & 0 & 0 \end{pmatrix}$，已知矩阵 $\boldsymbol{A}$ 相似于 $\boldsymbol{B}$，则 $\mathrm{r}(\boldsymbol{A} - 2\boldsymbol{E})$ 与 $\mathrm{r}(\boldsymbol{A} - \boldsymbol{E})$ 之和等于（　　）.

(A) 2　　(B) 3　　(C) 4　　(D) 5

(8) 对于 n 阶实对称矩阵 $\boldsymbol{A}$，以下结论正确的是（　　）.

(A) 存在正交矩阵 $\boldsymbol{T}$，使 $\boldsymbol{T}^{\mathrm{T}}\boldsymbol{A}\boldsymbol{T}$ 成为对角矩阵

(B) 一定有 n 个不同的特征值

(C) 它的特征值一定是正数

(D) 属于不同的特征值的特征向量线性无关，但不一定正交

(9) n 阶实对称矩阵 $\boldsymbol{A}$ 正定的充要条件是（　　）.

(A) $|\boldsymbol{A}| > 0$　　(B) 存在 n 阶矩阵 $\boldsymbol{C}$，使 $\boldsymbol{A} = \boldsymbol{C}^{\mathrm{T}}\boldsymbol{C}$

(C) $\boldsymbol{A}$ 的特征值均是非负数　　(D) $\boldsymbol{A}$ 的各阶主子式均大于零

(10) 下列二次型正定的是（　　）.

(A) $f(x_1, x_2) = x_1x_2$　　(B) $f(x_1, x_2, x_3) = x_1x_2 + x_1x_3$

(C) $f(x_1, x_2) = x_1^2 + x_2^2$　　(D) $f(x_1, x_2, x_3) = x_1^2 + x_2^2$

2. 填空题

(1) 若 $\lambda = 0$ 是方阵 $\boldsymbol{A}$ 的一个特征值，则 $|\boldsymbol{A}| =$ ________.

(2) 设 $\boldsymbol{A}$ 是三阶可逆矩阵，其逆矩阵的特征值为 $\frac{1}{2}$，$\frac{1}{3}$，$\frac{1}{4}$，则行列式 $|\boldsymbol{E} - \boldsymbol{A}| =$ ________.

(3) 设 n 阶矩阵 $\boldsymbol{A}$ 有 n 个特征值 0，1，2…，$n-1$，且方阵 $\boldsymbol{B}$ 与 $\boldsymbol{A}$ 相似，则 $|\boldsymbol{B} + \boldsymbol{E}| =$ ________.

(4) 设方阵 $\boldsymbol{A}$ 与 $\boldsymbol{B}$ 相似，且 $\boldsymbol{B}^2 = \boldsymbol{B}$，则 $\boldsymbol{A}^2 =$ ________.

(5) 若 $\boldsymbol{A}$ 既是正交矩阵，又是正定矩阵，则 $\boldsymbol{A} =$ ________.

(6) 设矩阵 $\boldsymbol{A} = \begin{pmatrix} 0 & 0 & 1 \\ x & 1 & y \\ 1 & 0 & 0 \end{pmatrix}$ 可对角阵化，则 x 与 y 应满足的条件是________.

(7) 已知方阵 $\boldsymbol{A}$ 与 $\boldsymbol{B}$ 相似，则 $\mathrm{r}(\boldsymbol{A})$ 与 $\mathrm{r}(\boldsymbol{B})$ 的关系为________.

(8) 设三阶实对称阵 $\boldsymbol{A}$ 满足 $\boldsymbol{A}^2 + \boldsymbol{A} = \boldsymbol{O}$，且 $\mathrm{r}(\boldsymbol{A}) = 2$，则 $\boldsymbol{A}$ 相似于对角阵

$\boldsymbol{\Lambda}=$________.

(9) 二次型$f(x_1, x_2, x_3)=-2x_1x_2+2x_1x_3+2x_2x_3$在正交变换$\boldsymbol{X}=\boldsymbol{CY}$下的标准为________.

(10) 设二次型$f(x_1, x_2, x_3)=ax_1^2+4x_2^2+ax_3^2+6x_1x_2+2x_2x_3$为正定二次型，则$a$的取值范围是________.

3. 设$\boldsymbol{A}$，$\boldsymbol{B}$为两个n阶矩阵，若存在n阶可逆矩阵$\boldsymbol{C}$，使得$\boldsymbol{C}^{\mathrm{T}}\boldsymbol{AC}=\boldsymbol{B}$，则称矩阵$\boldsymbol{A}$与$\boldsymbol{B}$合同．验证合同关系具有如下性质：

(1) 自反性：任意矩阵$\boldsymbol{A}$与自身合同；

(2) 对称性：若$\boldsymbol{A}$与$\boldsymbol{B}$合同，则$\boldsymbol{B}$与$\boldsymbol{A}$合同；

(3) 传递性：若$\boldsymbol{A}$与$\boldsymbol{B}$合同，$\boldsymbol{B}$与$\boldsymbol{C}$合同，则$\boldsymbol{A}$与$\boldsymbol{C}$合同；

(4) 保秩性：若$\boldsymbol{A}$与$\boldsymbol{B}$合同，则$\mathrm{r}(\boldsymbol{A})=\mathrm{r}(\boldsymbol{B})$；

(5) 保对称性：若$\boldsymbol{A}$与$\boldsymbol{B}$合同，$\boldsymbol{A}$是对称矩阵，则$\boldsymbol{B}$也是对称矩阵；

(6) 任意n阶实对称矩阵$\boldsymbol{A}$均与对角阵合同．

4. 设矩阵$\boldsymbol{A}=\begin{pmatrix}1&1&1\\1&1&1\\1&1&1\end{pmatrix}$，$\boldsymbol{B}=\begin{pmatrix}3&0&0\\0&0&0\\0&0&0\end{pmatrix}$，证明$\boldsymbol{A}$与$\boldsymbol{B}$合同且相似．

5. 设n阶矩阵$\boldsymbol{A}$有n个两两正交的特征向量，证明$\boldsymbol{A}$是对称矩阵．

6. 已知矩阵$\boldsymbol{A}=\begin{pmatrix}2&0&0\\0&0&1\\0&1&x\end{pmatrix}$与$\boldsymbol{B}=\begin{pmatrix}2&0&0\\0&y&0\\0&0&-1\end{pmatrix}$相似，求（1）$x$与$y$的值；（2）一个满足$\boldsymbol{P}^{-1}\boldsymbol{AP}=\boldsymbol{B}$的可逆矩阵$\boldsymbol{P}$.

7. 设λ_1，λ_2，λ_3为三阶矩阵$\boldsymbol{A}$的特征值，其对应的特征向量分别为$\boldsymbol{\alpha}_1=(1, 1, 1)^{\mathrm{T}}$，$\boldsymbol{\alpha}_2=(0, 1, 1)^{\mathrm{T}}$，$\boldsymbol{\alpha}_3=(0, 0, 1)^{\mathrm{T}}$，求$\boldsymbol{A}^n$.

8. 设二次型$f(x_1, x_2, x_3)=2x_1^2+3x_2^2+3x_3^2+2ax_2x_3\ (a>0)$通过正交变换化为标准形$f=y_1^2+2y_2^2+5y_3^2$，求常数$a$及所用的正交变换．

9. 已知n阶方阵$\boldsymbol{A}$的任意一行的n个元素之和都是a，证明：

(1) $\lambda=a$是$\boldsymbol{A}$的特征值；

(2) $\boldsymbol{\alpha}=(1, 1, \cdots, 1)^{\mathrm{T}}$是$\boldsymbol{A}$的属于$a$的特征向量．

10. 设数x_1，x_2，x_3两两互异，且

$$\boldsymbol{A}=\begin{pmatrix}1&1&1\\x_1&x_2&x_3\\x_1^2&x_2^2&x_3^2\end{pmatrix}$$

证明$\boldsymbol{A}^{\mathrm{T}}\boldsymbol{A}$为正定矩阵．

11. 设$\boldsymbol{A}$是实对称矩阵，且$\boldsymbol{A}^3-3\boldsymbol{A}^2+5\boldsymbol{A}-3\boldsymbol{E}=\boldsymbol{O}$，证明$\boldsymbol{A}$为正定矩阵．

附　录　应用问题选讲

一、观测与导航问题

线性代数提供了一种方法，通过测量已知点 A，B 的位置，计算未知山峰 S 的经度和纬度，如图 1 所示. 若 A，B 与 S 相互接近，那么同地图一样，过这三点的平面可以近似地表示地球表面. 经度、纬度起平面直角坐标 x，y 的作用.

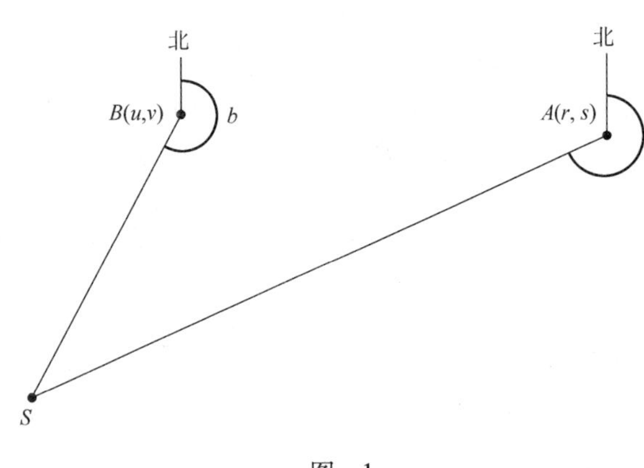

图　1

因此，利用一台罗盘仪或一台经纬仪，可以从两个参照的位置，$A(r, s)$ 与 $B(u, v)$，测量上述山峰 S 的方向. a 与 b 表示方向 a 与 b 的角，称为方位角. 它们分别由正北与从 A 到 S 的视线，与由正北与从 B 到 S 的视线构成. 这样线性代数给出 S 的坐标(x, y). 事实上，(x, y) 位于过 A，以 a 为方向的直线上，它的方程为

$$x\cos a - y\sin a = r\cos a - s\sin a$$

(x, y) 又位于过 B，以 b 为方向的直线上，它的方程为

$$x\cos b - y\sin b = u\cos b - v\sin b$$

因此，通过测量 a 与 b 来计算坐标 (x, y) 的问题，就化为解线性方程组

$$\begin{pmatrix} \cos a & -\sin a \\ \cos b & -\sin b \end{pmatrix}\begin{pmatrix} x \\ y \end{pmatrix} = \begin{pmatrix} r\cos a & -s\sin a \\ u\cos b & -v\sin b \end{pmatrix}$$

例如，从位于 A

$$(r, s) = (-120°24'19'', 48°37'51'')$$

的某山峰，人们观测到山峰 S 的方位角为 $a = 242°$. 类似地，从位于 B

$$(u, v)=(-120°31'19'', 48°37'51'')$$

的某山岗，人们观测到山峰 S 的方位角为 $b=198°$. 把这些值代入上述方程组，并解出 (x, y)，就得到山峰 S 的坐标

$$(x, y)=(-120°33'40'', 48°32'53'').$$

徒步旅行者可以利用同样的计算来辨认高峰. 通过在一张地图上按 $(x, y)=(-120°33'44'', 48°32'53'')$ 进行寻找山峰 S.

二、卫星定位问题

一个货运卡车公司假如能迅速地改变卡车的行车路线，来适应新的搭载、货运及其他计划的变化，就能扩大它的业务和增加收入. 当然公司可以设法在它的货车上安装蜂窝电话，但这样做付费很高，某些方面的服务不完善，而且还没有办法确定卡车的位置.

因此，这家公司找到了一种为卡车配备接收全球定位系统 GPS 信息的解决办法. 这个系统由 24 颗高轨道卫星组成，卡车从其中三颗卫星接收信号，如图 2 所示. 接收器里的软件利用线性代数方法来确定卡车的位置，确定的误差只在几英尺范围之内，并能自动传递到调度办公室.

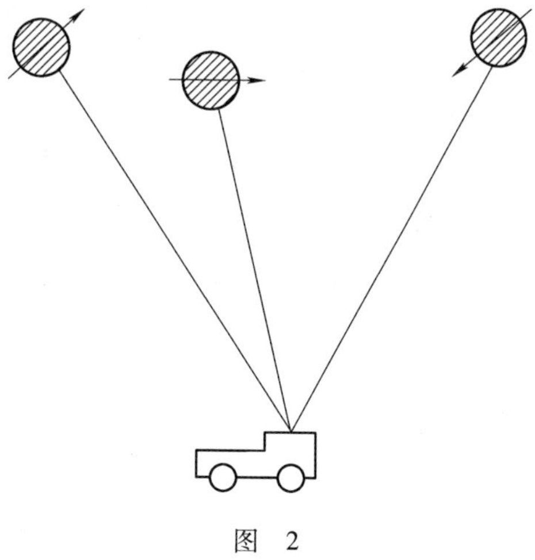

图 2

这些相交球面的几何关系告诉了我们为什么需要三颗卫星. 当卡车和一颗卫星关系时，接收器从信号往返的时间能确定从卡车到卫星的距离，例如为 14000 英里，从卫星来看，可以知道卡车位于以卫星为球心，半径为 14000 英里的球的表面上某个地方. 如果这辆卡车距离第二颗卫星是 17000 英里，则它处于以第二颗卫星为中心，半径为 17000 英里的球的表面上. 第三颗卫星确定的卡车位置依然是个球，这第三个球与前两个球相交得到的圆正好相交在两点：一点在地球的表面上，另一点在地面以上几千英里处. 不难知道这两点中的哪一个是卡车的位置.

所使用的线性代数知识如下所述. 设卡车位于 (x, y, z)，卫星位于 (a_1, b_1, c_1)，(a_2, b_2, c_2) 和 (a_3, b_3, c_3)，并且设从卡车到这些卫星的距离分别为

r_1，r_2，r_3. 由三维距离公式，可得

$$(x-a_1)^2+(y-b_1)^2+(z-c_1)^2=r_1^2$$
$$(x-a_2)^2+(y-b_2)^2+(z-c_2)^2=r_2^2$$
$$(x-a_3)^2+(y-b_3)^2+(z-c_3)^2=r_3^2$$

这些方程关于 x，y，z 不是线性的，然而从第一式减去第二式，第一式减去第三式可得

$$\begin{cases}(2a_2-2a_1)x+(2b_2-2b_1)y+(2c_2-2c_1)z=A\\(2a_3-2a_1)x+(2b_3-2b_1)y+(2c_3-2c_1)z=B\end{cases}$$

式中，$A=r_1^2-r_2^2+a_2^2-a_1^2+b_2^2-b_1^2+c_2^2-c_1^2$；$B=r_1^2-r_3^2+a_3^2-a_1^2+b_3^2-b_1^2+c_3^2-c_1^2$. 我们可以将这两个方程重新记为

$$\begin{cases}(2a_2-2a_1)x+(2b_2-2b_1)y=A-(2c_2-2c_1)z\\(2a_3-2a_1)x+(2b_3-2b_1)y=B-(2c_3-2c_1)z\end{cases}$$

利用消元法，用 z 求出 x，y. 把这些表达式代入原来任一距离方程中，就可得到关于 z 的一元二次方程. 我们求这些根并且把它们代入 x，y 的表达式，每一个根给出一点，共给出两个点：一个点是卡车的位置，另一个则是远离地球的一个点.

由 GPS 软件来完成的实际计算，是利用一个称为 Kalmam（卡尔曼）滤波的方法进行修正以达到较好的数值精度的. 所求出的 x，y，z 的值提供距离数据的最小二乘法拟合.

注 关于 GPS 及其在卡车运输中的应用的更详细的介绍可参见 Christine Whit的“OK-Rood，On-Time，and On-Line”，Byet（April 1995）60-66.

三、Leslie 人口模型

此模型是 20 世纪 40 年代被提出的，它是预测人口按年龄组变化的离散模型这个模型仅考虑女性人口的变化，因为一般男女人口的比例变化不大. 假设女性的最长寿命为 L 岁，把年龄区间 $[0, L]$ 分成 n 个等长的年龄段，从而将人口中的女性分为 n 个年龄类，年龄在第 i 个年龄段 $\left[\frac{i-1}{n}L, \frac{i}{n}L\right]$ 的女性属于第 i 个年龄类.

假设生殖率和死亡率在同一年龄段内保持不变，且观察时间间隔与年龄段等长，即第 k 次观察时间 $t_k=k\frac{L}{n}$（$k=0, 1, 2, \cdots$).

引入下列记号：

$x_i^{(k)}$ 表示第 k 次观察时（$t=t_k$）第 i 类的女性数，称 $\boldsymbol{X}^{(k)}=(x_1^{(k)},x_2^{(k)},\cdots,x_n^{(k)})^{\mathrm{T}}$ 为$t=t_k$ 时的年龄分布向量,$\boldsymbol{X}^{(0)}=(x_1^{(0)},x_2^{(0)},\cdots,x_n^{(0)})^{\mathrm{T}}$ 为初始年龄分布向量.

a_i 表示第 i 类中一个女性生育的平均数. b_i 表示第 i 类中的女性活到 $i+1$ 类的比例.

$t=t_k$ 时，各类中的女性数分别为

$$\begin{cases} x_1^{(k)}=a_1x_1^{(k-1)}+a_2x_2^{(k-1)}+\cdots+a_{n-1}x_{n-1}^{(k-1)}+a_nx_n^{(k-1)} \\ x_2^{(k)}=b_1x_1^{(k-1)} \\ x_3^{(k)}=b_2x_2^{(k-1)} \\ \quad\vdots \\ x_n^{(k)}=b_{n-1}x_{n-1}^{(k-1)} \end{cases}$$

其中第一个式子表示 $t=t_k$ 时第 1 类中的女性数 $x_1^{(k)}$ 等于 $t=t_{k-1}$时各类中的女性所生育的女性数之和.

将上式写成矩阵形式

$$\begin{pmatrix} x_1^{(k)} \\ x_2^{(k)} \\ x_3^{(k)} \\ \vdots \\ x_n^{(k)} \end{pmatrix}=\begin{pmatrix} a_1 & a_2 & \cdots & a_{n-1} & a_n \\ b_1 & 0 & \cdots & 0 & 0 \\ 0 & b_2 & \cdots & 0 & 0 \\ \vdots & \vdots & & \vdots & \vdots \\ 0 & 0 & \cdots & b_{n-1} & 0 \end{pmatrix}\begin{pmatrix} x_1^{(k-1)} \\ x_2^{(k-1)} \\ x_3^{(k-1)} \\ \vdots \\ x_n^{(k-1)} \end{pmatrix}$$

简记为
$$\boldsymbol{X}^{(k)}=\boldsymbol{L}\boldsymbol{X}^{(k-1)},\ k=1,2,\cdots.$$

其中

$$\boldsymbol{L}=\begin{pmatrix} a_1 & a_2 & \cdots & a_{n-1} & a_n \\ b_1 & 0 & \cdots & 0 & 0 \\ 0 & b_2 & \cdots & 0 & 0 \\ \vdots & \vdots & & \vdots & \vdots \\ 0 & 0 & \cdots & b_{n-1} & 0 \end{pmatrix}$$

称为 Leslie 矩阵.

$$\boldsymbol{X}^{(k)}=\boldsymbol{L}\boldsymbol{X}^{(k-1)}=\boldsymbol{L}^2\boldsymbol{X}^{(k-2)}=\cdots=\boldsymbol{L}^{(k)}\boldsymbol{X}^{(0)}$$

为估计种群增长过程的动态趋向，首先研究状态转移矩阵 Leslie 矩阵的特征值和特征向量.

$$p_n(\lambda)=|\lambda \boldsymbol{E}-\boldsymbol{L}|=\begin{vmatrix}\lambda-a_1 & -a_2 & \cdots & -a_{n-1} & -a_n\\ -b_1 & \lambda & \cdots & 0 & 0\\ \vdots & \vdots & & \vdots & \vdots\\ 0 & 0 & \cdots & -b_n & \lambda\end{vmatrix}$$

$$=\lambda^n-a_1\lambda^{n-1}-a_2b_1\lambda^{n-2}-a_3b_1b_2\lambda^{n-3}-\cdots-a_nb_1b_2\cdots b_{n-1}$$

当 $\lambda\neq 0$ 时,特征方程可变形为

$$a_1\lambda^{n-1}+a_2b_1\lambda^{n-2}+\cdots+a_nb_1b_2\cdots b_{n-1}=\lambda^n$$

用 λ^n 除两边,有

$$\frac{a_1}{\lambda}+\frac{a_2b_1}{\lambda^2}+\cdots+\frac{a_nb_1\cdots b_{n-1}}{\lambda^n}=1$$

记

$$q(\lambda)=\frac{a_1}{\lambda}+\frac{a_2b_1}{\lambda^2}+\cdots+\frac{a_nb_1\cdots b_{n-1}}{\lambda^n}$$

则 $p_n(\lambda)=0$ 等价于 $q(\lambda)=1$.

因 $a_i\geqslant 0(i=1,2,\cdots,n)$, $b_i>0$, 故 $q(\lambda)$关于 $\lambda>0$ 单调下降，且

$$\lambda\to 0,\ q(\lambda)\to\infty;\ \lambda\to\infty,\ q(\lambda)\to 0$$

从而存在唯一的 λ_1 使 $q(\lambda_1)=1$，即矩阵 $\boldsymbol{L}$ 有唯一的正特征根且为单根.

下面求对应 λ_1 的非零特征向量 $\boldsymbol{X}$，由

$$\begin{pmatrix}a_1 & a_2 & \cdots & a_{n-1} & a_n\\ b_1 & 0 & \cdots & 0 & 0\\ 0 & b_2 & \cdots & 0 & 0\\ \vdots & \vdots & & \vdots & \vdots\\ 0 & 0 & \cdots & b_{n-1} & 0\end{pmatrix}\begin{pmatrix}x_1\\x_2\\x_3\\ \vdots\\x_n\end{pmatrix}=\lambda_1\begin{pmatrix}x_1\\x_2\\x_3\\ \vdots\\x_n\end{pmatrix}$$

有

$$\begin{cases}a_1x_1+a_2x_2+\cdots+a_nx_n=\lambda_1x_1\\ x_2=\dfrac{b_1}{\lambda_1}x_1\\ x_3=\dfrac{b_2}{\lambda_1}x_2\\ \quad\vdots\\ x_n=\dfrac{b_{n-1}}{\lambda_1}x_n\end{cases}$$

即

$$x_1=1,\ x_i=\frac{b_1b_2\cdots b_{i-1}}{\lambda_1^{i-1}}\ (i=2,3,\cdots,n)$$

显然此特征向量 $\boldsymbol{P}$ 的所有元素为正，且它对应的特征子空间为一维，于是任何一个对应于 λ_1 的特征向量都是 $\boldsymbol{P}$ 的倍数. 此模型也适用于动物种群.

例 1 设某种动物种群中雌性最长寿命为 15 岁，现把种群分为三类，每 5 年为一类，设此种动物的 Leslie 矩阵为

$$\boldsymbol{L}=\begin{pmatrix}0&4&3\\\frac{1}{2}&0&0\\0&\frac{1}{4}&0\end{pmatrix}$$

及初始年龄分布为 $\boldsymbol{X}^{(0)}=(500,1000,500)^{\mathrm{T}}$，试分析若干年后此动物种群中雌性的年龄分布情况.

解

$$\boldsymbol{X}^{(1)}=\boldsymbol{L}\boldsymbol{X}^{(0)}=\begin{pmatrix}0&4&3\\\frac{1}{2}&0&0\\0&\frac{1}{4}&0\end{pmatrix}\begin{pmatrix}500\\1000\\500\end{pmatrix}=\begin{pmatrix}5500\\250\\250\end{pmatrix}$$

$$\boldsymbol{X}^{(2)}=\boldsymbol{L}^2\boldsymbol{X}^{(0)}=\begin{pmatrix}0&4&3\\\frac{1}{2}&0&0\\0&\frac{1}{4}&0\end{pmatrix}^2\begin{pmatrix}500\\1000\\500\end{pmatrix}=\begin{pmatrix}1750\\2750\\62.5\end{pmatrix}$$

为分析若干年后该动物种群年龄分布的特点，先求 Leslie 矩阵 $\boldsymbol{L}$ 的特征值

$$|\lambda\boldsymbol{E}-\boldsymbol{L}|=\begin{vmatrix}\lambda&-4&-3\\-\frac{1}{2}&\lambda&0\\0&-\frac{1}{4}&\lambda\end{vmatrix}=\left(\lambda-\frac{3}{2}\right)\left(\lambda^2-\frac{3}{2}\lambda+\frac{1}{4}\right)=0$$

得特征值 $\lambda_1=\dfrac{3}{2}$，$\lambda_2=\dfrac{-3+\sqrt{5}}{4}$，$\lambda_3=\dfrac{-3-\sqrt{5}}{4}$. 不难看出 λ_1 是矩阵 $\boldsymbol{L}$ 的唯一的正特

征值. 且

$$|\lambda_1| > |\lambda_i| \qquad (i=2,3)$$

而 λ_1 对应的特征向量

$$\boldsymbol{P}_1 = \left(1, \frac{b_1}{\lambda_1}, \frac{b_1 b_2}{\lambda_1^2}\right)^{\mathrm{T}} = \left(1, \frac{1}{3}, \frac{1}{18}\right)^{\mathrm{T}}$$

λ_2，λ_3 对应的特征向量为 $\boldsymbol{P}_2$，$\boldsymbol{P}_3$，则 $\boldsymbol{P}_1$，$\boldsymbol{P}_2$，$\boldsymbol{P}_3$ 线性无关.

令 $\boldsymbol{P} = (\boldsymbol{P}_1, \boldsymbol{P}_2, \boldsymbol{P}_3)$，$\boldsymbol{\Lambda} = \mathrm{diag}\{\lambda_1, \lambda_2, \lambda_3\}$，则

$$\boldsymbol{P}^{-1}\boldsymbol{L}\boldsymbol{P} = \boldsymbol{\Lambda} \text{ 或 } \boldsymbol{L} = \boldsymbol{P}\boldsymbol{\Lambda}\boldsymbol{P}^{-1}$$

于是得

$$\boldsymbol{X}^{(k)} = \boldsymbol{L}^k \boldsymbol{X}^{(0)} = \boldsymbol{P}\boldsymbol{\Lambda}^k \boldsymbol{P}^{-1}\boldsymbol{X}^{(0)} = \lambda_1^k \boldsymbol{P}\begin{pmatrix} 1 & 0 & 0 \\ 0 & (\lambda_2/\lambda_1)^k & 0 \\ 0 & 0 & (\lambda_3/\lambda_1)^k \end{pmatrix}\boldsymbol{P}^{-1}\boldsymbol{X}^{(0)}$$

即

$$\frac{1}{\lambda_1^k}\boldsymbol{X}^{(k)} = \boldsymbol{P}\mathrm{diag}\left\{1, \left(\frac{\lambda_2}{\lambda_1}\right)^k, \left(\frac{\lambda_3}{\lambda_1}\right)^k\right\}\boldsymbol{P}^{-1}\boldsymbol{X}^{(0)}$$

由 $\left|\dfrac{\lambda_2}{\lambda_1}\right| < 1$，$\left|\dfrac{\lambda_3}{\lambda_1}\right| < 1$，可得

$$\underset{k\to\infty}{\sin}\frac{1}{\lambda_1^k}\boldsymbol{X}^{(k)} = \boldsymbol{P}\mathrm{diag}\{1, 0, 0\}\boldsymbol{P}^{-1}\boldsymbol{X}^{(0)}$$

记列向量 $\boldsymbol{P}^{-1}\boldsymbol{X}^{(0)}$ 的第一个元素为 c(常数)，则上式可化为

$$\underset{k\to\infty}{\sin}\frac{1}{\lambda_1^k}\boldsymbol{X}^{(k)} = (\boldsymbol{P}_1, \boldsymbol{P}_2, \boldsymbol{P}_3)\begin{pmatrix} c \\ 0 \\ 0 \end{pmatrix} = c\boldsymbol{P}_1.$$

于是，当 k 充分大时，近似地

$$\boldsymbol{X}^{(k)} = c\lambda_1^k \boldsymbol{P}_1 = c\left(\frac{3}{2}\right)^k \begin{pmatrix} 1 \\ 1/3 \\ 1/18 \end{pmatrix} \quad (c \text{ 为常数})$$

这一结果说明，当时间充分长，这种动物中雌性的年龄分布将趋于稳定，即 $[0, 5)$，$[5, 10)$，$[10, 15)$，三个年龄组的雌性动物数量比为 $1:\frac{1}{3}:\frac{1}{18}$. 并由此可近似得到 t_k 时种群中雌性动物的总量，从而对整个种群的总量进行估计.

四、两城市出租汽车相互流动后的数量稳态问题

考虑在有两个城市 A 和 B 的岛上营业的一家小的汽车出租公司．该公司只有两个营业部，一个在城市 A，另一个在城市 B．每天 A 城的营业部中可出租汽车的 10% 由顾客租用开到 B 城，每天还有 B 城营业部中可出租汽车的 12% 开到 A 城．如果设 a_n 表示第 n 天 A 城可出租的汽车数，b_n 表示第 n 天 B 城的可出租的汽车数，则有

$$\begin{cases} a_{n+1}=0.9a_n+0.12b_n \\ b_{n+1}=0.1a_n+0.88b_n \end{cases}$$

如果一开始 A 城有 130 辆可供出租的汽车，而 B 城有 200 辆，试预测若干天后 A 和 B 两城出租汽车数量的发展趋势．

令

$$\boldsymbol{X}_0=\begin{pmatrix}130\\200\end{pmatrix},\ \boldsymbol{X}_n=\begin{pmatrix}a_n\\b_n\end{pmatrix},\ \boldsymbol{A}=\begin{pmatrix}0.9 & 0.12\\0.1 & 0.88\end{pmatrix}$$

因此，$\boldsymbol{X}_0$ 表示两城市初始出租汽车数，$\boldsymbol{X}_n$ 表示第 n 天两城市的出租汽车数，此问题转化为考察在 $n\to\infty$ 时 $\boldsymbol{X}_n$ 的发展趋势．

由于

$$\boldsymbol{X}_n=\boldsymbol{A}\boldsymbol{X}_{n-1}=\boldsymbol{A}^n\boldsymbol{X}_0$$

要分析 $\boldsymbol{X}_n$，就需计算 $\boldsymbol{A}$ 的 n 次幂 $\boldsymbol{A}^n$．为此，可将 $\boldsymbol{A}$ 对角化．

$$\begin{aligned}|\lambda\boldsymbol{E}-\boldsymbol{A}| &= \begin{vmatrix}\lambda-0.9 & -0.12\\ -0.1 & \lambda-0.88\end{vmatrix}\\ &=(\lambda-0.9)(\lambda-0.88)-0.012\\ &=\lambda^2-1.78\lambda+0.78=0\end{aligned}$$

故 $\boldsymbol{A}$ 的特征值为 $\lambda_1=1$，$\lambda_2=0.78$．分别解方程组

$$(\boldsymbol{E}-\boldsymbol{A})\boldsymbol{X}=\boldsymbol{0},\ (0.78\boldsymbol{E}-\boldsymbol{A})\boldsymbol{X}=\boldsymbol{0}$$

得特征向量 $\boldsymbol{q}_1=(6,5)^{\mathrm{T}}$，$\boldsymbol{q}_2=(1,-1)^{\mathrm{T}}$，并令 $\boldsymbol{Q}=(\boldsymbol{q}_1,\boldsymbol{q}_2)$，则有

$$\boldsymbol{A}=\boldsymbol{Q}\boldsymbol{\Lambda}\boldsymbol{Q}^{-1}$$

从而有

$$\boldsymbol{A}^n=\boldsymbol{Q}\boldsymbol{\Lambda}^n\boldsymbol{Q}^{-1}$$

再从

$$\boldsymbol{X}_n=\boldsymbol{A}^n\boldsymbol{X}_0$$

的表达式，逐天进行分析，可观察出若干天后，A、B 两城市出租汽车的数量，其

计算细节留给读者完成.

现给出另一途径的分析过程，从

$$\boldsymbol{\Lambda}=\begin{pmatrix}1 & 0\\ 0 & 0.78\end{pmatrix},\ \boldsymbol{\Lambda}^n=\begin{pmatrix}1 & 0\\ 0 & (0.78)^n\end{pmatrix}$$

可知，$n\to\infty$ 时，$\boldsymbol{\Lambda}^n$ 趋于

$$\begin{pmatrix}1 & 0\\ 0 & 0\end{pmatrix}$$

故知 $\boldsymbol{A}^n$ 将趋于

$$\boldsymbol{Q}\begin{pmatrix}1 & 0\\ 0 & 0\end{pmatrix}\boldsymbol{Q}^{-1}$$

因而 $\boldsymbol{X}_n$ 将趋于一确定的向量 $\boldsymbol{X}^*$，因此 $\boldsymbol{X}_{n-1}$亦必趋于 $\boldsymbol{X}^*$. 由

$$\boldsymbol{X}_n=\boldsymbol{A}\boldsymbol{X}_{n-1}$$

知 $\boldsymbol{X}^*$ 必满足

$$\boldsymbol{X}^*=\boldsymbol{A}\boldsymbol{X}^*$$

故 $\boldsymbol{X}^*$ 是矩阵 $\boldsymbol{A}$ 属于特征值 $\lambda_1=1$ 的一个特征向量，即有

$$\boldsymbol{X}^*=t\begin{pmatrix}6\\ 5\end{pmatrix}$$

由 $6t+5t=330$，得 $t=30$，亦即，照此规律流动，多天之后，A 城与 B 城的出租汽车数量将分别趋于 180 辆和 150 辆.

五、常系数线性齐次微分方程组的解

常系数线性齐次微分方程组的一般形式为

$$\begin{cases}\dfrac{\mathrm{d}x_1}{\mathrm{d}t}=a_{11}x_1+\cdots+a_{1n}x_n\\ \dfrac{\mathrm{d}x_2}{\mathrm{d}t}=a_{21}x_1+\cdots+a_{2n}x_n\\ \quad\vdots\\ \dfrac{\mathrm{d}x_n}{\mathrm{d}t}=a_{n1}x_1+\cdots+a_{nn}x_n\end{cases}$$

其中 x_1，x_2，…，x_n 是 t 的未知函数，系数 a_{ij}是常数，若记 $\boldsymbol{X}=(x_1,x_2,\cdots,x_n)^{\mathrm{T}}$，并规定

$$\dot{\boldsymbol{X}}=\frac{\mathrm{d}\boldsymbol{X}}{\mathrm{d}t}=\left(\frac{\mathrm{d}x_1}{\mathrm{d}t},\ \frac{\mathrm{d}x_2}{\mathrm{d}t},\ \cdots,\ \frac{\mathrm{d}x_n}{\mathrm{d}t}\right)^{\mathrm{T}}$$

则这个方程组可写成矩阵向量形式

$$\frac{\mathrm{d}\boldsymbol{X}}{\mathrm{d}t}=\boldsymbol{A}\boldsymbol{X}$$

当方程组的系数矩阵 $\boldsymbol{A}=(a_{ij})_{n\times n}$是可对角化的矩阵时，则其求解可用矩阵的方法简单地完成．设

$$\boldsymbol{A}=\boldsymbol{P}\boldsymbol{\Lambda}\boldsymbol{P}^{-1}=\boldsymbol{P}\begin{pmatrix}\lambda_1 & & & \\ & \lambda_2 & & \\ & & \ddots & \\ & & & \lambda_n\end{pmatrix}\boldsymbol{P}^{-1}$$

则有

$$\frac{\mathrm{d}\boldsymbol{X}}{\mathrm{d}t}=\boldsymbol{P}\boldsymbol{\Lambda}\boldsymbol{P}^{-1}\boldsymbol{X}$$

从而有

$$\boldsymbol{P}^{-1}\frac{\mathrm{d}\boldsymbol{X}}{\mathrm{d}t}=\boldsymbol{\Lambda}\boldsymbol{P}^{-1}\boldsymbol{X}$$

因为 $\boldsymbol{P}^{-1}$的元素全为常数，故上式可写成

$$\frac{\mathrm{d}}{\mathrm{d}t}(\boldsymbol{P}^{-1}\boldsymbol{X})=\boldsymbol{\Lambda}(\boldsymbol{P}^{-1}\boldsymbol{X})$$

引进待定函数 $\boldsymbol{Y}=\boldsymbol{P}^{-1}\boldsymbol{X}$，则上式成为

$$\frac{\mathrm{d}\boldsymbol{Y}}{\mathrm{d}t}=\boldsymbol{\Lambda}\boldsymbol{Y}$$

这是 n 个常系数常微分方程，具体写出来为

$$\begin{cases}\dfrac{\mathrm{d}y_1}{\mathrm{d}t}=\lambda_1 y_1\\[2mm] \dfrac{\mathrm{d}y_2}{\mathrm{d}t}=\lambda_2 y_2\\ \quad\vdots\\ \dfrac{\mathrm{d}y_n}{\mathrm{d}t}=\lambda_n y_n\end{cases}$$

这个方程组可对每个方程分别求解，得

$$y_1=c_1\mathrm{e}^{\lambda_1 t},\ y_2=c_2\mathrm{e}^{\lambda_2 t},\ \cdots,\ y_n=c_n\mathrm{e}^{\lambda_n t}$$

其中 λ_1，λ_2，…，λ_n 是矩阵 $\boldsymbol{A}$ 的特征值；c_1，c_2，…，c_n 是任意常数，由 $\boldsymbol{Y}=\boldsymbol{P}^{-1}\boldsymbol{X}$，可得

$$\boldsymbol{X}=\boldsymbol{PY}=\boldsymbol{P}\begin{pmatrix}c_1\mathrm{e}^{\lambda_1 t}\\ c_2\mathrm{e}^{\lambda_2 t}\\ \vdots\\ c_n\mathrm{e}^{\lambda_n t}\end{pmatrix}$$

这是原微分方程组的通解，如要一个问题的特解，只要将初始条件：$t=0$，x_1，x_2，…，x_n 的值代入，就可以得到常数 c_1，c_2，…，c_n 的值.

例 2 试求下列微分方程组的通解

$$\begin{cases}\dfrac{\mathrm{d}x_1}{\mathrm{d}t}=5x_1-4x_2-7x_3\\ \dfrac{\mathrm{d}x_2}{\mathrm{d}t}=-6x_1+7x_2+11x_3\\ \dfrac{\mathrm{d}x_3}{\mathrm{d}t}=6x_1-6x_2-10x_3\end{cases}$$

解 由

$$|\lambda\boldsymbol{E}-\boldsymbol{A}|=\begin{vmatrix}\lambda-5 & 4 & 7\\ 6 & \lambda-7 & -11\\ -6 & 6 & \lambda+10\end{vmatrix}=\lambda^3-2\lambda^2-\lambda+2$$

$$=(\lambda-1)(\lambda+1)(\lambda-2)=0$$

得系数矩阵 $\boldsymbol{A}$ 的特征值为 1，-1，2，相应的一组特征向量取为 $\boldsymbol{P}_1=(1,\ 1,\ 0)^{\mathrm{T}}$ $\boldsymbol{P}_2=(1,\ -2,\ 2)^{\mathrm{T}}$，$\boldsymbol{P}_3=(1,\ -1,\ 0)^{\mathrm{T}}$. 可取

$$\boldsymbol{P}=(\boldsymbol{P}_1,\ \boldsymbol{P}_2,\ \boldsymbol{P}_3)=\begin{pmatrix}1 & 1 & 1\\ 1 & -2 & -1\\ 0 & 2 & 1\end{pmatrix}$$

因此方程组的通解为

$$
\boldsymbol{X}=\begin{pmatrix}x_1\\x_2\\x_3\end{pmatrix}=\begin{pmatrix}1&1&1\\1&-2&-1\\0&2&1\end{pmatrix}\begin{pmatrix}c_1\mathrm{e}^{t}\\c_2\mathrm{e}^{-t}\\c_3\mathrm{e}^{2t}\end{pmatrix}
$$

$$
=\begin{pmatrix}c_1\mathrm{e}^{t}&+c_2\mathrm{e}^{-t}&+c_3\mathrm{e}^{2t}\\c_1\mathrm{e}^{t}&-2c_2\mathrm{e}^{-t}&-c_3\mathrm{e}^{2t}\\&2c_2\mathrm{e}^{-t}&+c_3\mathrm{e}^{2t}\end{pmatrix}
$$

部分习题参考答案

第一章习题参考答案

习　题

1. (1) (23, 18, 17); (2) (12, 12, 11).

2. (1, 2, 3, 4).

3. (1) $\begin{pmatrix} -1 & 6 & 5 \\ -2 & -1 & 12 \end{pmatrix}$; (2) $\begin{pmatrix} -1 & 4 \\ 0 & -2 \end{pmatrix}$; (3) $\begin{pmatrix} 2 & 4 \\ 6 & 8 \end{pmatrix}$.

4. (1) (14)或 14; (2) $\begin{pmatrix} ar & as & at \\ br & bs & bt \end{pmatrix}$; (3) $\begin{pmatrix} 2 & 5 & 5 \\ 8 & 2 & 8 \end{pmatrix}$; (4) $\begin{pmatrix} a_{11}x_1+a_{12}x_2+a_{13}x_3 \\ a_{21}x_1+a_{22}x_2+a_{23}x_3 \\ a_{31}x_1+a_{32}x_2+a_{33}x_3 \end{pmatrix}$.

5. $\begin{pmatrix} 2 & 2 & -2 \\ 2 & 0 & 0 \\ 4 & -4 & -2 \end{pmatrix}$.

6. (1) $\boldsymbol{A}^n = \begin{pmatrix} 1 & 0 \\ n\lambda & 1 \end{pmatrix}$. (2) $\boldsymbol{A}^2 = \begin{pmatrix} 0 & 0 & 1 \\ 0 & 0 & 0 \\ 0 & 0 & 0 \end{pmatrix}$, $\boldsymbol{A}^n = \begin{pmatrix} 0 & 0 & 0 \\ 0 & 0 & 0 \\ 0 & 0 & 0 \end{pmatrix}(n \geqslant 3)$.

7. $\boldsymbol{A}\boldsymbol{A}^{\mathrm{T}} = \begin{pmatrix} 5 & 1 \\ 1 & 26 \end{pmatrix}$, $\boldsymbol{A}^{\mathrm{T}}\boldsymbol{A} = \begin{pmatrix} 10 & -1 & 12 \\ -1 & 5 & -4 \\ 12 & -4 & 16 \end{pmatrix}$.

8. $x=-3$, $y=2$, $z=-1$.

10. (1) $\boldsymbol{A} = \begin{pmatrix} 0 & 1 \\ 0 & 0 \end{pmatrix}$; (2) $\boldsymbol{A} = \begin{pmatrix} 1 & 0 \\ 0 & 0 \end{pmatrix}$; (3) $\boldsymbol{A} = \begin{pmatrix} 1 & 0 \\ 0 & 0 \end{pmatrix}$, $\boldsymbol{X} = \begin{pmatrix} 1 & 0 \\ 0 & 1 \end{pmatrix}$, $\boldsymbol{Y} = \begin{pmatrix} 1 & 0 \\ 0 & 2 \end{pmatrix}$.

11. $x=y=1$.

12. $\boldsymbol{A}^{-1} = \frac{1}{2}(\boldsymbol{A}-\boldsymbol{E})$, $(\boldsymbol{E}-\boldsymbol{A})^{-1} = -\frac{\boldsymbol{A}}{2}$.

14. (1) $\frac{1}{3}\begin{pmatrix}-1 & 2\\ 2 & -1\end{pmatrix}$; (2) $\frac{1}{5}\begin{pmatrix}2 & -3 & 2\\ -3 & 2 & 2\\ 2 & 2 & -3\end{pmatrix}$; (3) $\begin{pmatrix}0 & 0 & 0 & 1\\ 0 & 0 & 1 & 0\\ 0 & 1 & 0 & 0\\ 1 & 0 & 0 & 0\end{pmatrix}$; (4) $\begin{pmatrix}1 & 0 & 0 & 0\\ -1 & 1 & 0 & 0\\ 0 & -1 & 1 & 0\\ 0 & 0 & -1 & 1\end{pmatrix}$.

15. (1) $\begin{pmatrix}2 & 3\\ -1 & 2\\ 3 & -1\end{pmatrix}$; (2) $\begin{pmatrix}5 & -17\\ -2 & 7\end{pmatrix}$.

16. $\begin{pmatrix}5 & 19 & 0 & 0\\ 18 & 70 & 0 & 0\\ 1 & 0 & 1 & 0\\ 0 & 1 & 2 & 3\end{pmatrix}$. 17. $\begin{pmatrix}\boldsymbol{O} & \boldsymbol{B}^{-1}\\ \boldsymbol{A}^{-1} & \boldsymbol{O}\end{pmatrix}$.

18. (1) $\begin{pmatrix}-\frac{1}{3} & \frac{2}{3} & 0\\ \frac{2}{3} & -\frac{1}{3} & 0\\ 0 & 0 & \frac{1}{2}\end{pmatrix}$; (2) $\begin{pmatrix}0 & 0 & 1 & 0\\ 0 & 0 & 0 & 1\\ 1 & -1 & 0 & 0\\ -3 & 4 & 0 & 0\end{pmatrix}$.

自 测 题

1. (1) B; (2) C; (3) D; (4) C; (5) A.

2. (1) $n \times s$; (2) $\boldsymbol{BA}-\boldsymbol{AB}$; (3) $4^{2013}\begin{pmatrix}2 & 1\\ 4 & 2\end{pmatrix}$; (4) $\begin{pmatrix}3 & 0 & 0\\ 0 & 3 & 0\\ 0 & 0 & -1\end{pmatrix}$; (5) $\begin{pmatrix}0 & 0 & 1\\ 0 & 1 & 0\\ 1 & 0 & 0\end{pmatrix}$

7. $\boldsymbol{A}=2\boldsymbol{E}, \boldsymbol{B}=\frac{1}{2}\boldsymbol{E}$.

8. $\begin{pmatrix}0 & 2 & 1\\ 0 & 0 & 0\\ 0 & 0 & 0\end{pmatrix}$.

9. 证明略. $(\boldsymbol{E}-\boldsymbol{A})^{-1}=(\boldsymbol{E}-\boldsymbol{A})^2$.

10. 证明略. $(\boldsymbol{A}^{-1}+\boldsymbol{B}^{-1})^{-1}=\boldsymbol{B}(\boldsymbol{A}+\boldsymbol{B})^{-1}\boldsymbol{A}$.

第二章习题参考答案

习 题

1. (1) 0; (2) 8; (3) 1; (4) 160.

2. (1) 4; (2) -18; (3) a^2b^2; (4) $[x+3a](x-a)^3$.

4. (1) $-a_1a_2a_3a_4$, $(-1)^{n+1}a_1a_2\cdots a_n$;

(2) $a^2(a^2-1)$, $a^{n-2}(a^2-1)$;

(3) $-2\cdot 3!$, $-2(n-2)!$;

(4) $x^4+a_1x^3+a_2x^2+a_3x+a_4$, $x^n+a_1x^{n-1}+a_2x^{n-2}+\cdots+a_n$.

5. (1) $\boldsymbol{A}^*=\begin{pmatrix} d & -b \\ -c & a \end{pmatrix}$.

6. (1) $-\frac{1}{2}\begin{pmatrix} 4 & -2 \\ -3 & 1 \end{pmatrix}$; (2) 不可逆; (3) 不可逆; (4) $\frac{1}{5}\begin{pmatrix} 3 & -3 & -1 \\ 2 & 3 & -4 \\ -1 & 1 & 2 \end{pmatrix}$.

7. $x_1=2$, $x_2=-2$, $x_3=1$.

8. $\lambda=-1$,或 $\lambda=4$.

9. $\lambda\neq-2$ 且 $\lambda\neq1$.

10. 当 $\lambda\neq1$ 且 $\lambda\neq-2$ 时，方程组有唯一解.

$$x_1=\frac{\lambda-4}{(\lambda+2)(\lambda-1)},\ x_2=\frac{2}{\lambda+2},\ x_3=\frac{3\lambda}{(\lambda+2)(\lambda-1)}.$$

自 测 题

1. (1) C; (2) D; (3) B; (4) C; (5) A.

2. (1) 0; (2) -4; (3) $\frac{2^{n+1}}{3}$; (4) -9; (5) $|\boldsymbol{A}|^{n-2}\boldsymbol{A}$.

4. (1) 1; (2) $n!$; (3) $(a_0+a_1+\cdots+a_{n-1})x^{n-1}$; (4) $(-1)^n[(x-1)^n-x^n]$.

5. (1) 0; (2) 0.

6. $\frac{2^{2n-1}}{3}$.

7. $\frac{1}{2}$.

8. -16.

9. $x_1=1$, $x_2=0$, $x_3=0$.

第三章习题参考答案

习 题

1. (1) 1; (2) 2; (3) 3; (4) 3.

2. (1) 3; (2) 2.

3. $k=3$.

4. (1) $\boldsymbol{\beta}=2\boldsymbol{\alpha}_1-\boldsymbol{\alpha}_2+\frac{5}{3}\boldsymbol{\alpha}_3+2\boldsymbol{\alpha}_4$; (2) $\boldsymbol{\beta}=-11\boldsymbol{\alpha}_1+14\boldsymbol{\alpha}_2+9\boldsymbol{\alpha}_3$.

5. (1) 错; (2) 错; (3) 对; (4)对.

10. (1) 线性相关; (2) 线性无关; (3) 线性无关; (4) 线性无关.

11. (1) $r=2$, $\boldsymbol{\alpha}_1$, $\boldsymbol{\alpha}_2$; (2) $r=3$, $\boldsymbol{\alpha}_1$, $\boldsymbol{\alpha}_2$, $\boldsymbol{\alpha}_3$.

12. (1) 基础解系: $\boldsymbol{\eta}_1=\left(1, 0, -\frac{5}{2}, \frac{7}{2}\right)^{\mathrm{T}}$, $\boldsymbol{\eta}_2=(0, 1, 5, -7)^{\mathrm{T}}$.

通解: $\boldsymbol{\eta}=k_1\boldsymbol{\eta}_1+k_2\boldsymbol{\eta}_2$, k_1, k_2 为任意常数.

(2) 基础解系: $\boldsymbol{\eta}_1=\left(0, \frac{1}{3}, 1, 0, 0\right)^{\mathrm{T}}$, $\boldsymbol{\eta}_2=\left(0, -\frac{2}{3}, 0, 0, 1\right)^{\mathrm{T}}$.

通解: $\boldsymbol{\eta}=k_1\boldsymbol{\eta}_1+k_2\boldsymbol{\eta}_2$, k_1, k_2 为任意常数.

(3) 基础解系: $\boldsymbol{\eta}=(1, 0, -3)^{\mathrm{T}}$, $\boldsymbol{\eta}_2=(0, 1, -2)^{\mathrm{T}}$.

通解: $\boldsymbol{\eta}=k_1\boldsymbol{\eta}_1+k_2\boldsymbol{\eta}_2$, k_1, k_2 为任意常数.

(4) 只有零解, 无基础解系.

13. (1) 无解.

(2) 通解:
$$\boldsymbol{\eta}=\left(\frac{13}{7}, -\frac{4}{7}, 0, 0\right)^{\mathrm{T}}+k_1\left(-\frac{3}{7}, \frac{2}{7}, 1, 0\right)^{\mathrm{T}}+k_2\left(-\frac{13}{7}, \frac{4}{7}, 0, 1\right)^{\mathrm{T}},$$
k_1, k_2 为任意常数.

14. $\lambda=-2$ 时有解, $\boldsymbol{\eta}=(13, 0, 5, 0)^{\mathrm{T}}+k_1(1, 1, 0, 0)^{\mathrm{T}}+k_2(-4, 0, -1, 1)^{\mathrm{T}}$, k_1, k_2 为任意常数.

16. 通解: $\boldsymbol{\eta}=(2, 3, 4, 5)^{\mathrm{T}}+k(3, 4, 5, 6)^{\mathrm{T}}$, k 为任意常数.

自测题

1. (1) B; (2) A; (3) D; (4) C; (5) B; (6) D; (7) D; (8) C; (9) B; (10) B; (11) C; (12) C; (13) A; (14) D; (15) A.

2. (1) -2; (2) 1; (3) 2; (4) -3; (5) $abc\neq 0$; (6) -1; (7) 3; (8) $k(1, 1, 1)^{\mathrm{T}}$; (9) $k(A_{i1}, A_{i2}, A_{i3})$; (10) $a_1+a_2+a_3+a_4=0$.

6. (1) 能, 证明略; (2) 不能, 证明略.

7. (1) 当 $\lambda\neq 0$ 且 $\lambda\neq 3$ 时, $\boldsymbol{\beta}$ 可由 $\boldsymbol{\alpha}_1$, $\boldsymbol{\alpha}_2$, $\boldsymbol{\alpha}_3$ 唯一表示;

(2) 当 $\lambda=0$ 时, $\boldsymbol{\beta}$ 可由 $\boldsymbol{\alpha}_1$, $\boldsymbol{\alpha}_2$, $\boldsymbol{\alpha}_3$ 线性表示, 且表示法不唯一;

(3) 当 $\lambda=3$ 时, $\boldsymbol{\beta}$ 不能由 $\boldsymbol{\alpha}_1$, $\boldsymbol{\alpha}_2$, $\boldsymbol{\alpha}_3$ 线性表示.

8. $k_1k_2\neq 1$.

13. $\begin{pmatrix} 2 & 2 & 1 \\ 2 & 3 & 1 \\ -1 & -1 & 0 \end{pmatrix}$.

第四章习题参考答案

习 题

1. (1) $\lambda=\dfrac{3}{2}\pm\dfrac{\sqrt{37}}{2}$, 对应特征向量$(6, 1\mp\sqrt{37})^{\mathrm{T}}$;

(2) $\lambda_1=1$, $\lambda_2=\lambda_3=2$, 对应特征向量$(0, 1, 1)^{\mathrm{T}}$, $(1, 1, 0)^{\mathrm{T}}$;

(3) $\lambda_1=\lambda_2=\lambda_3=2$, 对应特征向量$(0, 1, 1)^{\mathrm{T}}$, $(1, 1, 0)^{\mathrm{T}}$;

(4) $\lambda_1=\lambda_2=\lambda_3=-1$, 对应特征向量$(1, 1, -1)^{\mathrm{T}}$.

5. $|\boldsymbol{A}|=6$.

7. (1) 可逆矩阵 $\boldsymbol{P}=\dfrac{1}{\sqrt{2}}\begin{pmatrix}1&1\\-1&1\end{pmatrix}$, 相应对角阵 $\boldsymbol{\Lambda}=\begin{pmatrix}0&0\\0&2\end{pmatrix}$;

(2) 不可对角化;

(3) 可逆矩阵 $\boldsymbol{P}=\begin{pmatrix}-3&1&1\\0&-6&0\\2&4&1\end{pmatrix}$, 相应对角阵 $\boldsymbol{\Lambda}=\begin{pmatrix}-1&0&0\\0&1&0\\0&0&4\end{pmatrix}$;

(4) 可逆矩阵 $\boldsymbol{P}=\begin{pmatrix}1&2&1\\0&1&0\\-3&0&0\end{pmatrix}$, 相应对角阵 $\boldsymbol{\Lambda}=\begin{pmatrix}0&0&0\\0&2&0\\0&0&3\end{pmatrix}$.

8. $x=2$, $y=-2$.

9. (1) $\left(\dfrac{3}{5}, \dfrac{4}{5}\right)$, $\left(-\dfrac{4}{5}, \dfrac{3}{5}\right)$;

(2) $(1, 0, 0)$, $\left(0, \dfrac{1}{\sqrt{2}}, -\dfrac{1}{\sqrt{2}}\right)$, $\left(0, \dfrac{1}{\sqrt{2}}, \dfrac{1}{\sqrt{2}}\right)$.

10. (1) 是; (2) 不是.

12. (1) $\begin{pmatrix}\dfrac{1}{\sqrt{2}}&-\dfrac{1}{\sqrt{2}}&0\\\dfrac{1}{\sqrt{2}}&\dfrac{1}{\sqrt{2}}&0\\0&0&1\end{pmatrix}$; (2) $\begin{pmatrix}0&1&0\\\dfrac{1}{\sqrt{2}}&0&\dfrac{1}{\sqrt{2}}\\-\dfrac{1}{\sqrt{2}}&0&\dfrac{1}{\sqrt{2}}\end{pmatrix}$.

13. $\boldsymbol{A}=\begin{pmatrix}3&2&4\\2&0&2\\4&2&3\end{pmatrix}$.

14. (1)、(2)、(3) 不是; (4) 是.

15. (1) $\begin{pmatrix}1&1&1\\1&4&2\\1&2&1\end{pmatrix}$; (2) $\begin{pmatrix}0&\frac{1}{2}&0&\frac{1}{2}\\\frac{1}{2}&0&\frac{1}{2}&0\\0&\frac{1}{2}&0&\frac{1}{2}\\\frac{1}{2}&0&\frac{1}{2}&0\end{pmatrix}$.

16. (1) 正交变换：$\begin{pmatrix}x_1\\x_2\end{pmatrix}=\begin{pmatrix}-\frac{1}{\sqrt{2}}&\frac{1}{\sqrt{2}}\\\frac{1}{\sqrt{2}}&\frac{1}{\sqrt{2}}\end{pmatrix}\begin{pmatrix}y_1\\y_2\end{pmatrix}$, 标准形：$f=2y_1^2+8y_2^2$；

(2) 正交变换：$\begin{pmatrix}x_1\\x_2\\x_3\end{pmatrix}=\begin{pmatrix}\frac{2}{3}&\frac{1}{\sqrt{5}}&\frac{-4}{3\sqrt{5}}\\\frac{1}{3}&\frac{-2}{\sqrt{5}}&\frac{-2}{3\sqrt{5}}\\\frac{2}{3}&0&\frac{5}{3\sqrt{5}}\end{pmatrix}\begin{pmatrix}y_1\\y_2\\y_3\end{pmatrix}$, 标准形：$f=-2y_1^2+7y_2^2+7y_3^2$.

18. (1)否；(2)是.

19. (1)$\lambda>2$；(2)$|\lambda|<\sqrt{\frac{5}{3}}$.

自 测 题

1. (1) D；(2) B；(3) B；(4) A；(5) B；(6) B；(7) C；(8) A；(9) D；(10) C.

2. (1) 0；(2) -6；(3) $n!$；(4) $\boldsymbol{A}$；(5) $\boldsymbol{E}$；(6) $x+y=0$；(7) $\mathrm{r}(\boldsymbol{A})=\mathrm{r}(\boldsymbol{B})$；

(8) $\boldsymbol{\Lambda}=\begin{pmatrix}-1&&\\&-1&\\&&0\end{pmatrix}$；(9) $-2y_1^2+y_2^2+y_3^2$；(10) $a>\frac{5}{2}$.

6. (1)$x=0,y=1$；(2) $\boldsymbol{P}=\begin{pmatrix}1&0&0\\0&1&1\\0&1&-1\end{pmatrix}$.

7. $\begin{pmatrix}\lambda^n&0&0\\\lambda_1^n-\lambda_2^n&\lambda_2^n&0\\\lambda_1^n-\lambda_2^n&\lambda_2^n-\lambda_3^n&\lambda_3^n\end{pmatrix}$.

8. $a=2$, 正交变换 $\boldsymbol{X}=\boldsymbol{TY}$, 其中正交阵 $\boldsymbol{T}=\begin{pmatrix}0&1&0\\1/\sqrt{2}&0&1/\sqrt{2}\\-1/\sqrt{2}&0&1/\sqrt{2}\end{pmatrix}$.

参 考 文 献

[1] 邓泽清. 线性代数及其应用［M］. 北京：高等教育出版社，2001.

[2] 同济大学应用数学系. 线性代数［M］. 4 版. 北京：高等教育出版社，2003.

[3] 居余马，等. 线性代数［M］. 北京：清华大学出版社，2006.

[4] 方卫东，等. 线性代数［M］. 广州：华南理工大学出版社，2008.

[5] 上海交通大学数学系. 线性代数［M］. 上海：上海交通大学出版社，2009.

[6] 叶家琛，等. 线性代数［M］. 上海：同济大学出版社，2000.

[7] 张学元. 线性代数能力试题题解［M］. 武汉：华中理工大学出版社，2000.